JN409641

일반기계공학

이승철 · 홍성인 공저

머리말

하루가 다르게 발전되어 가는 현대의 자동차 산업은 전기, 전자, 기계공업 등이 총 망라된 산업이다. 세계적으로 자동차 산업은 가장 왕성한 성장에 성장을 거듭하는 유망 산업이며, 그 기술개발과 적용 속도가 매우 빠른 산업 분야 중의 하나이다. 이러한 자동차 기술발전에 현대인들의 발 빠른 적응이 필요할 때이다.

이 책은 자동차 공학을 공부하는 학생 및 일반인들도 "기계공학"을 쉽게 이해할 수 있도록 정리하였으며, 자동차 관련 시험을 준비하는 학생들도 쉽게 공부할 수 있도록 일반기계공학 관련 문제를 다수 정리 했습니다.

본 문제집은

Ⅰ. 초보자도 쉽게 "기계공학"을 공부할 수 있도록 기초 용어를 최대한 수록하여 기계공학의 길잡이가 되도록 하였습니다.

Ⅱ. 2003년부터 최근까지 출제되었던 모든 자동차 정비 산업기사 중 일반기계공학의 기출문제를 수록 및 해설을 실었습니다.

Ⅲ. 일반공학을 공부하는 학생 및 시험을 앞두고 마무리 작전에 돌입하는 수험생이나 시험 경향을 파악하고자 하는 이들에게 훌륭한 교과서가 될 것입니다.

좋은 책이 되도록 최선을 다했으나 부족한 점이 많으리라 생각됩니다. 내용 중 오류나 잘못된 점이 있다면 충고를 받아들여 보완해 나갈 것입니다. 아무쪼록, 이 책을 통해 뜻하는 목적을 꼭 이루시길 바랍니다.

끝으로, 이 책의 출판되기까지 애써주신 도서출판 기한재 사장님과 임직원 여러분, 조선이공대학교 및 서영대학교 교수님들께 진심으로 감사의 마음을 전합니다.

저자

출제기준(필기)

직무 분야	기계	중직무 분야	자동차	자격 종목	자동차정비산업기사	적용 기간	2012.01.01 ~ 2015.12.31

○ 직무내용 : 자동차정비에 관한 지식 및 기능을 가지고, 작업현장의 지도, 경영층과 정비 생산계층을 유기적으로 결합시켜주는 중간 관리자로서의 역할과 각종 공구 및 기기와 점검장비를 이용하여 엔진, 섀시, 전기장치 등의 결함이나 고장부위를 진단, 정비, 검사하고 작업지시를 내릴 수 있는 직무 수행

필기검정방법	객관식	문제수	20	시험시간	

필기과목명	문제수	주요항목	세부항목	세세항목
일반 기계 공학	20	1. 기계재료	1. 철과 강	1. 주철 2. 탄소강 3. 합금강 4. 공구강
			2. 비철금속 및 합금	1. 구리 2. 알루미늄 3. 마그네슘 4. 기타비철금속재료
			3. 비금속재료	1. 보온재료 2. 패킹 및 벨트용 재료
			4. 표면처리 및 열처리	1. 표면강화 2. 담금질, 풀림, 뜨임, 불림
		2. 기계요소	1. 결합용 기계요소	1. 나사 2. 키, 핀, 코터 3. 리벳 및 용접
			2. 축 관계 기계요소	1. 축 및 축이음 2. 베어링
			3. 전동용 기계요소	1. 기어 2. 벨트, 체인, 로프 3. 마찰차 및 캠
			4. 제어용 기계요소	1. 스프링 2. 브레이크

일반 기계 공학	20	**3. 기계공작법**	1. 주조	1. 주조공정 2. 원형의 종류 3. 주형 및 조형법
			2. 측정 및 손 다듬질	1. 측정기 종류 및 측정법 2. 손 다듬질 공구 및 특징
			3. 소성가공법	1. 소성가공의 개요, 종류 및 특징 2. 판금가공 종류 및 특징
			4. 공작기계의 종류 및 특성	1. 선반 및 밀링 2. 드릴링 및 연삭
			5. 용접	1. 전기용접 2. 가스용접, 절단 및 가공 3. 특수용접 종류 및 특성
		4. 유체기계	1. 유체기계 기초 이론	1. 유압기초 및 일반사항 2. 유압장치의 구성 및 유압유
			2. 유압기기	1. 유압펌프 및 모터 2. 유압 밸브 3. 유압실린더와 부속기기
			3. 유압회로	1. 유압회로의 기호 2. 유압회로의 구성 3. 유압회로 및 응용 (전자제어시스템 포함)
		5. 재료역학	1. 응력과 변형 및 안전율	1. 응력과 변형 및 안전율, 탄성계수 2. 신축에 따른 열응력
			2. 보의 응력과 처짐	1. 보의 종류 및 반력 2. 보의 응력과 처짐
			3. 비틀림	1. 단면계수와 비틀림 모멘트

chapter 01 기계재료_9

chapter 02 기계요소_43

chapter 03 기계공작법_83

chapter 04 유체기계_109

chapter 05 재료역학_125

01

기계재료

금속의 공통적 성질

① 실온에서 고체이며, 결정체이다(Hg 제외).

② 가공이 용이하고, 연성과 전성이 풍부하고 강도, 경도, 비중이 비교적 크다.

③ 불투명하고 교유의 색상이 있으며, 빛을 반사한다.

④ 전자, 중성자의 배열에 의하여 결정되는 내부구조이고 결정의 내부구조를 변경할 수 있다.

⑤ 비중이 크고, 경도 및 용융점이 높으며 순금속 융점은 그 금속의 고유의 온도이다.

⑥ 열 및 전기의 양도체이다.

⑦ 생성된 결정핵이 성장하여 수지상 결정을 만든다.

1. 금속의 분류

① 비중 4.5를 기준으로 경금속과 중금속을 구분한다.

② 경금속 : Al(2.7), Mg(1.74), Na(0.97), Si(2.33), Li(0.53)

③ 중금속 : Fe(7.87), Cu(8.96), Ni(8.85), Au(19.32), Ag(10.5), Sn(7.3), Pb(11.34), Ir(22.5)

2. 합금의 특성

① 강도와 경도가 커지고 전성과 연성이 작아진다.

② 전기전도율 및 열전도율, 용해점이 낮아진다.

③ 두 종류 이상의 결정 입자가 혼합할 때는 내식성이 나빠진다.

④ 담금질 효과가 크다.

3. 기계재료의 성질

1) 물리적 성질

① 비중(specific gravity) : 4℃에서 어떤 물체의 무게와 그 물체와 같은 체적의 물의 무게와의 비율

② 용융점(melting point) : 금속이 열을 가해 녹아 액체로 되는 온도.

③ 비열(specific heat) : 단위무게의 물체온도를 1℃ 높이는데 필요한 열량.

④ 선팽창계수(coefficiently of thermal expansion) : 물체의 단위 길이에 대하여 온도 1℃가 상승하였을 때 늘어난 길이와 늘어나기 전의 길이와의 비율
Zn → Pb → Mg

⑤ 열전도율(coefficiently of heat conductivity) : 열을 전달하는 속도를 나타내며, 순금속이 합금율이 높을수록 떨어진다.
Ag ← Cu ← Pt ← Al ← Zn ← Ni ← Fe

⑥ 전기전도율(Electric conductivity) : Ag ← Cu ← Al ← Mg ← Zn ← Ni ← Fe ← Pb ← Sn

⑦ 자성(magnetic properties) : 철을 자계에 놓으면 유도되어 자기를 띠어 자석이 되는 성질

2) 제작상 성질

① 주조성(가주성)

② 소성 가공성(단조성 : 단조, 압연, 인발)

③ 용접성(접합성)

④ 절삭성

4. 금속의 결정구조

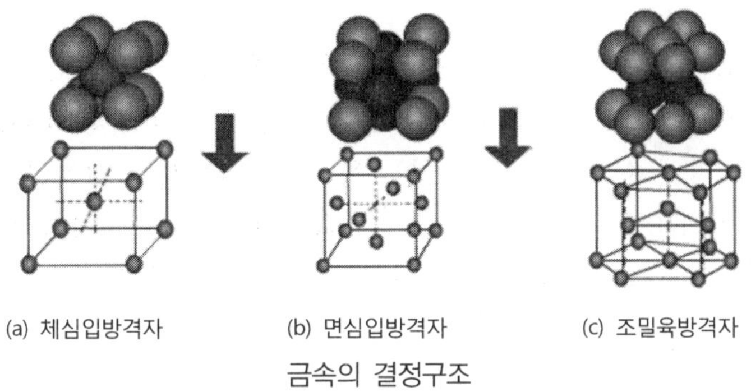

(a) 체심입방격자 (b) 면심입방격자 (c) 조밀육방격자

금속의 결정구조

금속의 결정격자에는 체심입방격자(B.C.C), 면심입방격자(F.C.C), 조밀육방격자(H.C.P) 등이 있다.

1) 체심입방격자(Body Centered Cubic Lattice)

입방체의 각 모서리와 입방체의 중심에 1개의 원자가 배열된 결정격자 구조이며, 순철의 경우 1400℃ 이상 910℃ 이하에서 이 구조를 갖는다. 체심입방격자의 금속에는 철(Fe), 크롬(Cr), 몰리브덴(Mo), 텅스텐(W) 등이 있다.

2) 면심입방격자(Face Centered Cubic Lattice)

입방체의 각 모서리와 면의 중심에 1개의 원자가 배열된 결정격자 구조이며, 순철에서는 900~1400℃에서 생긴다. 면심입방격자의 금속에는 마그네슘(Mg)이 있다.

3) 조밀육방격자(Hexagonal Close Packed Cubic Lattice)

6각기둥의 상·하 면의 각 모서리와 그 중심에 1개의 원자가 있고 6각기둥을 이루는 6개의 3각기둥 중 하나씩 거른 3각기둥의 중심에 1개의 원자배열을 갖는 결정격자이다. 조밀육방 격자의 금속에는 아연(Zn), 알루미늄(Al), 니켈(Ni), 구리(Cu) 등이 있다.

5. 금속의 변태

1) 동소변태

동소변태는 고체 내에서의 결정격자의 형상이 변화하는 것이며, 철(Fe), 코발트(Co), 티탄(Ti), 주석(Sn) 등의 원소가 변태된다. 예를 들면 순철(pure iron)에는 α, γ, δ의 3개의 동소체가 있다. α철은 910℃ 이하에서는 체심입방격자이고, γ철은 910℃에서 1400℃ 사이에서 면심입방격자이며, δ철은 1400℃에서 1530℃사이에서는 체심입방격자이다. 순철의 변태점은 다음과 같다.

① A_0변태점 : 210℃

② A_1변태점 : 720℃(순철의 퀴리점이라고도 함)

③ A_2변태점(자기 변태점) : 768℃

④ A_3변태점(동소 변태점) : 940℃

⑤ A_4변태점 : 1400℃

2) 자기변태

동서 변태에서는 결정격자의 배열에 변화가 발생한다. 그러나 원자 배열에는 변화가 일어나지 않고 원자내부에 어떤 변화를 일으키는 경우가 있다. 예를 들면 자장에 놓인 순철의 자기크기는 실제 온도에서 온도를 상승시킴에 따라 서서히 변화가 일어나며, 780℃ 부근에서는 급격히 자기의 크기에 변화를 일으킨다. 이를 자기변태라 하고 이변 온도를 자기변태점(Curie point)라 한다.

3) $Fe_e - C$ 평형상태도에서 일어나는 반응

① 포정반응

어떤 합금의 융액과 다른 합금성분의 고체 상태가 작용해 새로운 종류의 고체 상태를 만드는 항온가역 반응을 말한다.

② 공정반응

두 개의 금속성분이 용융되어 있을 때는 용합이 되어 균일한 액체를 형성하고 있으나, 응고 후에는 각각 다른 성분의 결정으로 분리되는 반응을 말한다.

③ 공석반응

공석반응은 공정반응과 유사한 고체 상태의 반응이나 하나의 고체 상태가 두 개의 고체 상태로 전이되는 반응을 말한다.

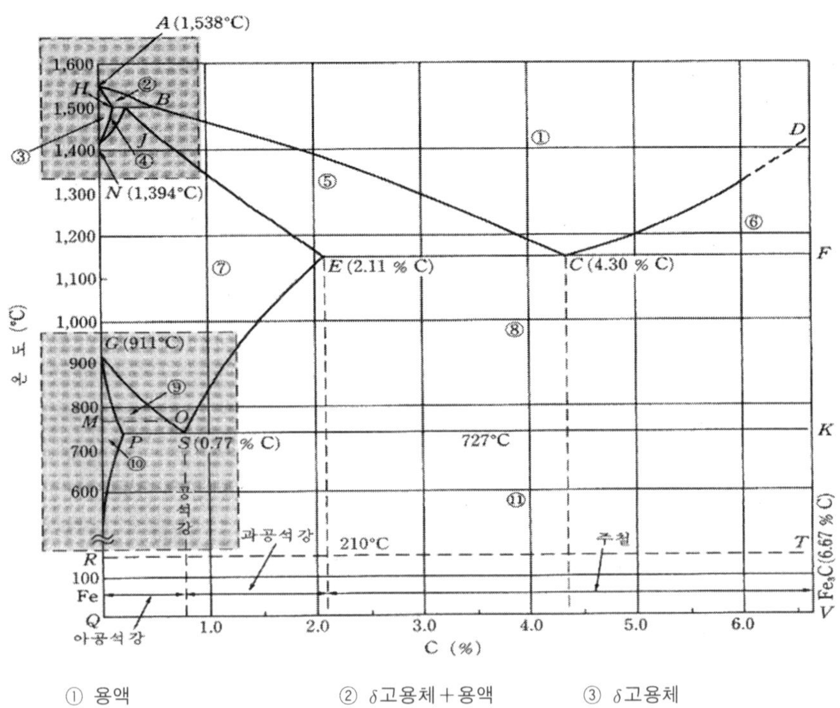

① 용액	② δ고용체+용액	③ δ고용체
④ δ고용체+γ고용체	⑤ γ고용체+용액	⑥ 용액+Fe_3C
⑦ γ고용체	⑧ γ고용체+Fe_3C	⑨ α고용체+γ고용체
⑩ α고용체	⑪ α고용체+Fe_3C	

Fe_3-C 상태도

주철의 특성

주철은 탄소(C)의 함유량이 2.11~6.68%(보통2.5~4.5%인 정도)인 철(Fe)-탄소(C)의 합금을 말한다. 인장강도가 강에 비하여 작고 메짐성이 크며, 고온에서도 소성변형이 되지 않는 결점이 있으나 주조성이 우수하여 복잡한 형상으로도 쉽게 주조되고 값이 저렴하므로 널리 이용되고 있다.

1. 주절의 장점

① 주조성이 우수하고 복잡한 부품의 성형이 가능하다.

② 가격이 저렴하다.

③ 잘 녹슬지 않고 칠(도색)이 좋다.

④ 마찰저항이 우수하고 절삭가공이 쉽다.

⑤ 압축 강도가 인장강도에 비하여 3~4배 정도 좋다.

⑥ 내마모성이 우수하고, 알칼리 물에 대한 내식성(부식)이 우수하다.

⑦ 용융점이 낮고 유동성이 좋다.

2. 주철의 단점

① 인장강도, 휨 강도가 작고 충격에 대해 약하다.

② 충격값, 연신율이 작고 취성이 크다.

③ 소성가공(고온가공)이 불가능하다.

④ 내열성은 400℃까지는 좋으나 이상온도에서는 나빠진다.

⑤ 산(질산, 염산)에 대한 내식성이 나쁘다.

⑥ 단조, 담금질, 뜨임이 불가능하다.

3. 마우러의 조직도(Maurer' s diagram)

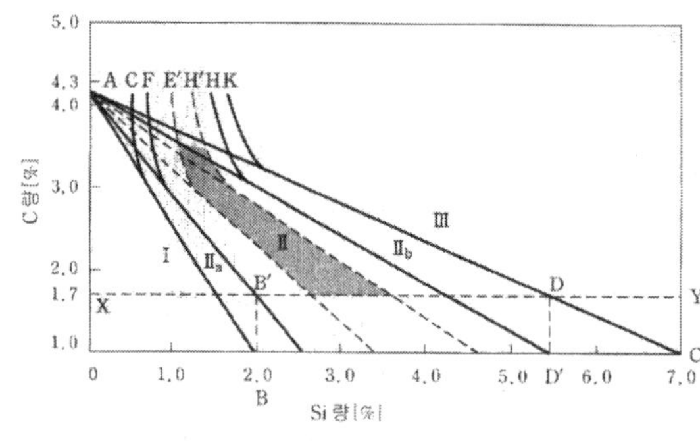

Ⅰ : 백주철

Ⅱa : 반주철

Ⅱ : 펄라이트 주철

Ⅱb : 펄라이트+페라이트 주철

Ⅲ : 페라이트 주철

Maurer's diagram

단소(C)량과 규소(Si)량에 의해 마우리가 주철의 조직도를 만든 것으로 냉각속도에 따른 조직의 변화를 표시한 것으로 규소(Si)는 강력한 흑연화 촉진 요소로 함유향이 많아질수록 회주철화 된다.

4. 주철에 미치는 원소의 영향

① C : 주철에 가장 큰 영향을 미치며, 탄소함유량이 적으면 백선화 된다. 반대로 증가하면 용유점이 저해되고 주조성이 좋아진다.

② Si : 주철의 질을 연하게 하고 냉각시 수축을 적게 한다. 규소가 많으면 공정점이 저탄소강 쪽으로 이동하며, 흑연화를 촉진시킨다.

③ Mn : 적당한 양의 망간은 강인성과 내열성을 크게 한다.

④ P : 쇳물의 유동성을 좋게 하고, 주물의 수축을 적게 하나 너무 많으면 단단해지고 균열이 생기기 쉽다.

⑤ S : 쇳물의 유동성을 나쁘게 하며 기공이 생기기 쉽고 수축율이 증가한다.

참고

시즈닝(자연시효) Natural aging

주철을 급냉하면 서냉시키는 것 보다 수축이 크고 수축 응력이 많이 생기므로 주물에 균열이 생긴다. 그러므로 정밀가공을 요하는 주물에는 응력을 제거하여야 하는데 응력을 제거하는 방법이 시즈닝이라 한다. 응력 제거는 주조 후 1년 이상 장시간 자연 중에 방치하는 자연시효와 인공시효가 있다. 자연균열을 일으키는 주된 원인은 상온취성이다.

5. 주철의 종류

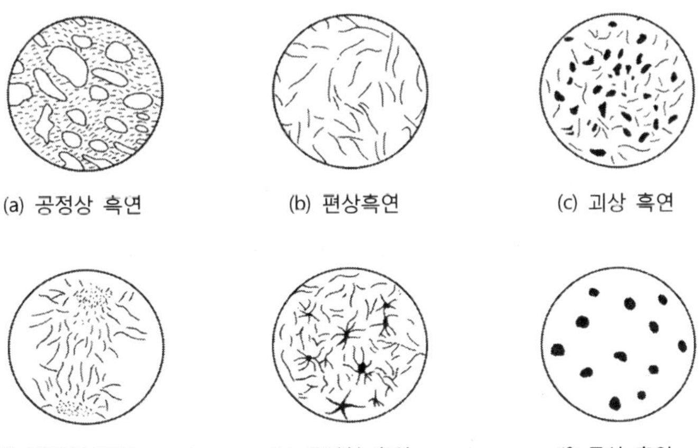
(a) 공정상 흑연 (b) 편상흑연 (c) 괴상 흑연
(d) 장미형 흑연 (e) 문어형 흑연 (f) 구상 흑연

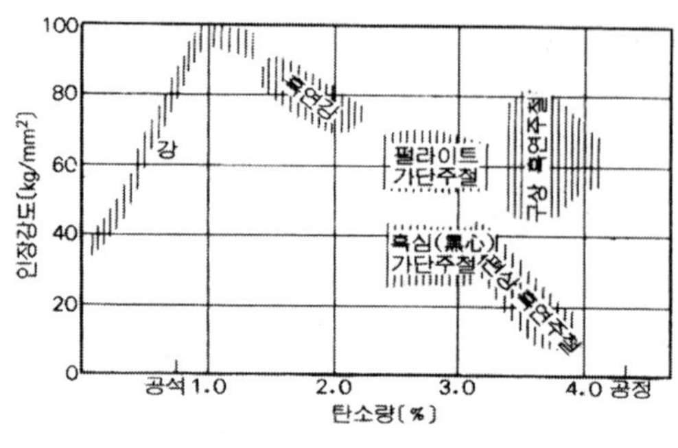

탄소성분과 강도

1) 보통주철(회주철)

① 조직 : 편상흑연과 페라이트(ferrite)로 되어 있으며, 다소의 펄라이트(pearlite)를 함유하는데 보통 회주철중의 1~3종을 말한다.
(보통 주철의 KS규격 : GC)

② 기계적 성질~인장강도, 하중, 경도 등으로 표시한다. 회주철의 인장강도는 100~392MPa(10~40kgf/mm^2)이며 보통 주철의 인장강도는 98~196MPa(10~20kgf/mm^2)이다.

2) 고급 주철(강인주철)

회주철 중에서 석출한 흑연편을 미세화하고 기지를 치밀한 펄라이트 조직화하여 강도와 인성을 높인 주철이다. C 2.5~3.2%, Si 1~2%이고 현미경 조직은 펄라이트와 미세한 흑연으로 된 것으로 인장강도 245MPa(25kgf/mm^2) 이상인 것을 말한다. 회주철 4~6종이 이에 속한다. 고강도, 내마멸성을 요구하는 기계 부품에 많이 사용된다.

3) 합금주철

내열성인 Al주철, 내식성인 Cr주철, 내마모성인 Ni주철과 내마모 주철로서 칠상주철, 애시큘러 주철(acicular cast iron)이 있다. 인장강도는 440~640MPa(45~65kgf/mm^2)이다.

4) 미하나이트 주철(Meehanite cast iron)

미하나이트 주철은 약 3%C, 1.5%Si 인 쇳물에 칼슘 실리케이트(Ca-Si)나 페로

실리콘(Fe-Si)을 접종시켜 미세한 흑연을 균일하게 분포시킨 펄라이트 주철이다. 인장강도는 255~340MPa(35~45kgf/mm^2)이고, 용도는 브레이크 드럼, 크랭크 축, 기어 등에 내마모성이 요구되는 공작기계의 안내면과 강도를 요하는 내연기관의 실린더 등에 사용한다. 접종(inoculation)은 백선화 억제 및 양호한 흑연을 얻기 위하여 첨가물을 용탕 속에 넣는 것이다.

5) 칠드주철(Chilled Casting : 냉경주물)

① 적당한 성분의 주철을 금형이 붙어 있는 사형에 주입해서 응고할 때 필요한 부분만을 급랭시키면 급랭된 부분은 단단하게 되어 연화고 강인한 성질을 갖게 되는 데 이와 같은 조작을 칠(chill)이라고 하며, 칠층의 두께는 10~25mm 정도이다. 이와 같이 해서 만들어진 주물을 냉경주물(chill casting)이라 한다.

② 칠드(chilled) 주철이란 표면은 백주철로 하고, 내부는 연한 회주철로 만든 것으로 압연용 칠드 롤러, 차륜 등과 같은 것에 사용된다.

6) 구상 흑연 주철

① 주철은 보통 주방 상태에서 흑연이 편상으로 된다. 그러나 특수한 처리(특수원소첨가, 열처리)를 하면 흑연이 구상으로 되는데 이것을 구상 흑연 주철이라 한다.

② 인장강도는 주조상태가 370~800MPa(50~70kgf/mm^2), 풀림 상태가 230~480MPa(45~55kgf/mm^2)이다.

③ 주철을 구상화하기 위하여 Mg, Ca, Ce 등을 첨가.
구상화 촉진원소 Cu > Al > Sn > Zr > B > Sb > Pb > Bi > Te이다.

7) 가단주철

① 백심 가단주철(WMC)
백주철을 철광석 밀 스케일(mill scale)과 같은 산화철과 함께 풀림 상자 안에 넣고 약 950~1000℃로 가열하여 표면에서 상당한 깊이까지 탈탄시킨 것이다. 이로써 표면은 탈탄하여 페라이트로 되어 연하며 내부로 들어갈수록 강인한 조직이 된다.

② 흑심 가단주철(BMC)

저탄소, 저규소의 백주철을 풀림 처리하여 Fe_3C의 분해시켜 흑연을 입상으로 석출시킨 것이다.

㉠ 제1단계 흑연화 : 백주철을 700~950℃로 가열 풀림 처리한다. 기지조직은 펄라이트 조직을 가지는데 이를 불스아이 조직이라 한다.

㉡ 제2단계 흑연화 : 펄라이트 조직 중의 공석 Fe_3C의 분해로 뜨임탄소와 페라이트 조직이 된다.

③ 펄라이트 가단주철(Pearlite)(PMC)

흑심 가단주철의 흑연화를 완전히 하지 않고 제2단의 흑연화를 막기 위하여 제1단의 흑연화가 끝난 후에 약 800℃에서 일정한 시간 동안 유지하고 급랭하면 펄라이트가 남게 되는데 이와 같은 처리를 한 것을 말한다. 가단주철은 그 용도가 많아 자동차 부속품, 방직기 부속품, 캠, 농기구, 기어, 밸브, 공구류, 차량의 프레임 등에 쓰인다.

참고

주철의 인장강도 순서

구상흑연 > 펄라이트가단 > 백심가단 > 흑심가단 > 미하나이트 > 칠드

탄소강(Carbon steel)

1. 탄소강의 특징

탄소강은 철과 탄소의 합금으로 탄소함유량은 0.03~1.7%가 포함되어 있으나 실용적으로는 0.05~1.7% 포함된 것이 많다. 탄소강은 탄소함유량이 많으므로 강도는 크나 연신율과 충격값이 낮다. 따라서 풀림, 불림, 담금질, 뜨임 등의 열처리에 의해 기계적 성질을 개선할 수 있다.

① 저 탄소강은 연질이므로 가공이 용이하나, 담금질효과가 거의 없다.

② 고탄소강은 경질이므로 가공이 어려우나, 담금질 효과가 매우 좋다.

③ 탄소강에 탄소함유량이 많아질수록 연신율이 감소하며, 경도 증가, 항복점 증

가, 충격 값 감소 등이 일어난다.

2. 탄소강에 함유된 성분과 영향

① 인(P)

인은 강의 결정입자를 거칠게 하며, 상온취성(=냉간취성)을 일으킨다. 기공이 없는 주물을 만들 수 있으며, 경도와 강도를 증가시키지만 가공할 때 균열을 일으킨다.

② 황(S)

황은 적열(고온)취성을 일으키며, 인장강도, 연신율, 충격값이 저하된다. 강의 유동성을 방해하여 용접성이 나쁘며, 기공이 발생하지만 망간과 화합하여 절삭성능을 개선한다.

③ 망간(Mn)

망간은 황(S)의 피해를 제거하며, 고온가공을 쉽게 한다. 강도, 경도, 인성을 증가하며, 고온에서 결정입자의 성장을 방해한다. 소성을 증가시키고 주조성능을 향상시키며, 담금질 효과를 크게 한다.

④ 규소(Si)

규소는 강의 경도, 탄성한계, 인장강도가 증가시키나 연신율 및 충격값을 감소시킨다. 상온에서 가단성, 전성을 감소시키며, 결정입자가 거칠어진다.

3. 탄소함유량에 따른 분류

① 아공석강

탄소 함유량이 0.85% 이하이고, 인장강도, 경도, 항복점 등은 탄소 함유량에 따라서 증가한다. 페라이트와 펄라이트의 공석강이다.

② 공석강

탄소 함유량이 0.85%이고, 이것을 경계로 하여 인장강도, 경도의 증가, 연신율, 단면 수축률, 충격값의 감소가 완만해 진다. 펄라이트 조직이다.

③ 과공석강

탄소 함유량 0.85%이상이며, 인장강도가 점차 증가하여 탄소 함유량 1.2%에서 최대가 된다. 시멘타이트와 펄라이트의 공석강이다.

4. 제강방법에 따른 분류

① 킬드강(Killed steel)

킬드강은 평로, 전기로에서 제조된 용강을 철-규소(Fe-Si), 철-망간(Fe-Mn), 알루미늄(Al) 등의 탈산제로 사용하며 완전히 탈산시킨 강이며 진정 강이라고도 부른다. 조용히 응고되며, 수축 관이 생기나 질이 양호하고 고탄소강, 합금강 제조에 사용되며, 값이 비싸다.

② 림드강(rimmed steel)

림드강은 평로나 전로에서 제조된 것을 철-망간(Fe-Mn)을 탄산제로 사용하며 불완전 탈산시킨 탄소 함유량 0.3% 이하인 일반적인 탄소강이다. 과잉 산소와 탄소가 반응하여 리밍 액션(rimming action)이 발생하며, 기공 및 편석이 생기고 질이 불량하다.

③ 세미킬드강

세미킬드강은 알루미늄(Al)을 탄산제로 사용하여 거의 탈산시킨 저탄소강이다. 즉 림드와 킬드의 중간 정도로 탈산시켜 중간 성질을 유지시킨 것이며 용접 구조물에서 주로 사용되고 기포나 편석은 없다.

참고

리밍 액션(rimming action)

림드강을 제조 할 때 산소와 탄소가 반응을 하여 이산화탄소가 발생하는데 이 가스가 빠져 나오는 현상(끓는 것처럼 보임)을 말한다.

합금강(Alloy steel, 특수강)

합금강이란 우수한 기계적 성질을 지닌 강을 필요로 할 때 그 목적에 따라 합금원소를 넣은 것을 말한다. 합금원소의 함유량에 따라 고합금강과 저합금강, 성분에 따라서 니켈강, 망간강, 텅스텐강, 몰리브덴강 등으로 분류되기도 하며, 용도에 따라서 구조용 합금강, 공구용 합금강, 내식-내열용 합금강, 특수용도용 합금강으로 나누기도 한다.

1. 합금강의 사용목적

① 강을 경화시킬 수 있는 깊이를 증가시켜 기계적 성질을 개선하기 위해

② 높은 강도와 연성을 유지하기 위해

③ 높은 온도와 낮은 온도에서의 기계적 성질을 개선하기 위해

④ 내식성, 내고온성, 내산화성 등을 개선하기 위해

⑤ 내마멸성 및 피로특성 등 특수한 성질을 개선하기 위해

2. 합금강(특수강)의 종류

① 니켈강(Ni steel)
니켈강은 강에 니켈(Ni)을 첨가하면 조직이 치밀해지고, 강도가 커져 내부식성, 내마멸성이 증가한다. 기어, 스핀들, 크랭크축, 추진축 등에서 사용된다.

② 크롬강(Cr steel)
크롬강은 강에 크롬(Cr)을 첨가하면 경도가 증가하고 인성이 향상되어 내마멸성, 내부식성, 내열성 등이 증가한다. 키, 핀, 조향기어, 차동기어 등에서 사용된다.

③ 니켈-크롬 강(Ni-Cr steel)
니켈-크롬강은 강성과 인성이 크고, 탄성한계가 높고 담금질 효과가 트다. 또 내마멸성, 내열성이 크며, 용접은 가능하지만 주조성능이 불량하다. 크랭크축, 커넥팅로드 등에서 사용된다.

④ 크롬-몰리브덴강(Cr-Mo steel)
크롬-몰리브덴강은 고온강도가 크고, 용접성이 좋다. 크랭크축, 차축, 내열용 부품(500℃ 이하), 기어 등에서 사용된다.

⑤ 스테인리스강(stain less steel)
스테인리스강은 크롬강의 일종이며, 강에 크롬을 첨가하여 내식성을 증대시킨 것이다. 일반적으로 크롬(Cr) 12~18%, 니켈(Ni) 7~10%, 탄소(C) 0.2% 이하를 함유하고 있다. 화학공업용 파이프, 실린더, 펌프, 선박용품, 긴축용 등에 많이 사용된다. 수중에서 내식성이 가장 우수하다. 스테인리스강의 분류는 다음과 같다.

㉠ 13크롬 : 강에 크롬을 12~13% 첨가한 것이며, 담금질에 의해 경화되는 특성이 있다.

㉡ 18크롬 : 강에 크롬을 17~20% 첨가한 것이며, 내식성이 우수하여 해수용 펌프 및 밸브재료로 사용된다.

㉢ 18-8크롬-니켈 : 강에 크롬 18%, 니켈 8%를 첨가한 것이며, 비자성이며, 질이 질기기 때문에 전성이 크며, 가공경화가 잘된다.

⑥ 텅스텐 강

텅스텐강은 경도가 크고, 내마멸성, 고온 강도가 크기 때문에 공구, 내열용 재료로 사용된다.

⑦ 스프링 강

스프링 강은 탄성한계가 높고, 피로에 대하여 강력함이 요구되므로 탄성한계를 높이는 망간강, 규소 망간 강 등을 사용한다.

⑧ 불변강(invariable steel)

주위의 온도변화에 따라 선팽창 계수나 탄성률 등의 특정한 성질이 변화하지 않는 강을 말하며, 비자성강으로 니켈(Ni) 26%에서 오스테나이트 조직을 지닌다. 종류는 다음과 같다.

㉠ 인바(invar)강 : 인바 강은 탄소함유량 0.2% 이하, 니켈 35~36%, 망간 0.4%가 함유된 철(Fe)합금이며, 200℃ 이하에서의 선팽창계수가 매우 작다. 20℃에서의 선팽창 계수가 1.2×10^{-6} 정도이며, 줄자, 표준 자, 시계 추 등의 재료로 사용된다.

㉡ 슈퍼 인바(super invar, 초인바)강 : 니켈 30.5~32.5%, 코발트 4.0~6.0%가 함유된 철(Fe)합금으로 20℃에서의 선팽창 계수가 0.1×10^{16} 정도로 인바의 1/12 밖에 되지 않으며, 정밀기계 부품 재료로 사용된다.

㉢ 엘린바(elinvar) : 니켈(Ni) 36%, 크롬(Cr) 12%가 함유된 철(Fe)합금이며, 온도변화에 따른 탄성률 변화가 거의 없다. 20℃에서는 선팽창 계수가 8.0×10^{-6} 정도이다.

㉣ 코엘린바(coelinvar) : 니켈(Ni) 16.5% 크롬(Cr) 10~11%, 코발트(Co) 26~58%가 함유된 철(Fe)합금이며, 온도변화에 따른 탄성률 변화가 매우 작

고, 공기나 물속에서 부식되지 않는 특성이 있다.

㉤ 그밖에 니켈은 75~80% 함유한 퍼멀로이(permalloy)와 철(Fe)-니켈(Ni) 42~46%, 코발트(Co) 18%를 함유한 플래티나이트(platinite)가 있다.

3. 공구강(Tools steel)

1) 합금공구강(STS)

탄소강은 높은 온도에서의 경도가 낮고, 고속절삭과 강력 절삭공구 또는 단조, 주조 등에 부적당하다. 이와 같은 결점을 보완하기 위해 탄소 공구강에 특수원소로서 크롬, 텅스텐, 망간, 니켈, 바나듐 등을 1종류 또는 2종류 이상 첨가하여 성능을 개선한 것을 합금 공구강이라 한다.

2) 고속도강(SKH)

고속도강은 절삭공구강의 일종이며, 500~600℃까지 가열하여도 뜨임에 의해서 연화하지 않고, 또 높은 온도에서도 경도 감소가 적은 것이 특징이다. 텅스텐(W) 18%, 크롬(Cr) 4%, 바나듐(V) 1% 형과 텅스텐(W) 14%, 크롬(Cr) 4%, 바나듐(V) 1% 형이다.

3) 스텔라이트(stellite, 주조합금)

스텔라이트는 주조한 상태의 것을 연마하여 사용하는 공구이며, 열처리를 하지 않아도 충분한 경도를 지닌다. 스텔라이트의 주성분은 코발트, 크롬, 텅스텐(몰리브덴), 철이다.

4) 초경합금

초경합금은 코발트(Co), 텅스텐(W), 크롬(Cr) 등의 분말형의 탄화물을 프레스로 성형하여 소결시킨 것이다.

5) 세라믹(ceramic)

세라믹은 고온에서 소결처리 하여 만든 무기화합의 비금속 고체이다. 점토 등의 천연의 원료를 사용하여 만들며, 용기로 사용되어 왔다. 이에 대하여 파인 세라믹스(FINE CERAMICS)는 높은 순도의 인공원료를 사용해 만들며, 전자재료,

정밀기계 재료 등 다양한 용도에 쓰인다. 세라믹은 금속과는 반대로 전기를 잘 전도하지 않을 뿐 아니라, 유기재료와는 달리 고온에도 잘 견딘다는 것이 특징이다. 세라믹은 알루미나(Al_2O_3)를 주성분으로 결합제를 사용하지 않고 소결시킨 공구이다.

담금질(Quenching)

담금질은 강을 강도 및 경도를 증가시킬 목적으로 아공석강인 경우 A_3+50℃, 공석강과 과공석강인 경우는 A_1+50℃로 높은 온도로 일정 시간 가열한 후 물 또는 기름과 같은 담금질제 중에서 급랭시키는 조작이다. 즉 오스테나이트 조직에서 급랭함에 따라 변태를 정지시키고 마텐자이트 조직을 얻는 방법이다.

1. 담금질 조직

① 오스테나이트(austenite)

㉠ 냉각속도가 지나치게 빠르고, 고 탄소강을 수냉하였을 때 나타나는 조직이다.

㉡ 탄소강에서는 상온에서 불안정하여 가열하면 분해되어 마텐자이트로 변한다.

㉢ 비자성체이며, 전기 저항이 크고 경도는 낮으며 인장 강도에 비하여 연신율이 크다.

㉣ 점성과 내식성이 크고 절삭성이 나쁘다.

② 소르바이트(sorbite)

㉠ 크루스타이트보다 냉각 속도를 공냉으로 느리게 하면 나타나는 조직이다.

㉡ 경도와 강도는 마텐자이트와 펄라이트의 중간 정도이다.

㉢ 큰 강재를 기름에 냉각하거나 작은 강재를 공기 중에서 냉각 할 때 나타난다.

㉣ 강도와 경도가 트루스타이트 보다 작다.

㉤ 인성과 탄성을 동시에 요하는 스프링, 와이어로프, 피아노선 등에 많이 이용된다.

㉥ 가공경화가 가장 적은 조직이다.

③ 트루스타이트(troostite)

㉠ 마텐자이트보다 냉각 속도를 조금 유냉으로 느리게 하였을 때 나타난다.

㉡ 냉각이 불충분하면 오스테나이트 조직이 페라이트와 시멘타이트로 변한 조직이다.

㉢ 인성과 연성이 있는 큰 경도와 약간의 충격값을 요구하는 곳에 쓰인다.

㉣ 큰 강재를 수중에 담금질할 경우 재료 중앙 부분에 잘 나타난다.

④ 마텐자이트(martensite)

㉠ 강을 물에 급랭시켰을 때 나타나는 침상조직으로 과포화 한 상태로 고용된 α철의 조직이 된다.

㉡ 부식 저항이 크고, 인장강도 및 경도는 가장 크나 취성이 있다.

㉢ 강자성체이며 여린 성질이 있고 연성이 작다.

㉣ 마텐자이트가 시작하는 온도를 Ms점, 끝나는 온도를 Mf점이라 한다.

㉤ 급냉이 너무 빠르면 오스테나이트의 일부가 남는다.

참고

담금질 조직이의 경한 순

시멘타이트(HB850) > 마텐자이트(HB650) > 트루스타이트(HB430) > 솔르바이트(HB270) > 펄라이트(HB200) > 오스테나이트(HB130) > 페라이트(HB100)

질량 효과(mass effect)

재료를 담금질할 때 질량이 작은 재료는 내외부에 온도차가 없으나 질량이 큰 재료는 열의 전도에 시간이 길게 소요되어 내외부에 온도차가 생겨 외부는 경화되어도 내부는 경화되지 않는 현상이다. 질량이 큰 재료일수록 질량효과가 크며 담금질 효과가 감소한다.

냉각방법

- 급냉 : 소금물, 물, 기름에서 급속히 냉각
- 노냉 : 노내에서 서서히 냉각
- 공냉 : 공기 중에서 자연 냉각
- 항온냉각 : 급냉 후 일정온도 유시한 나음 냉각

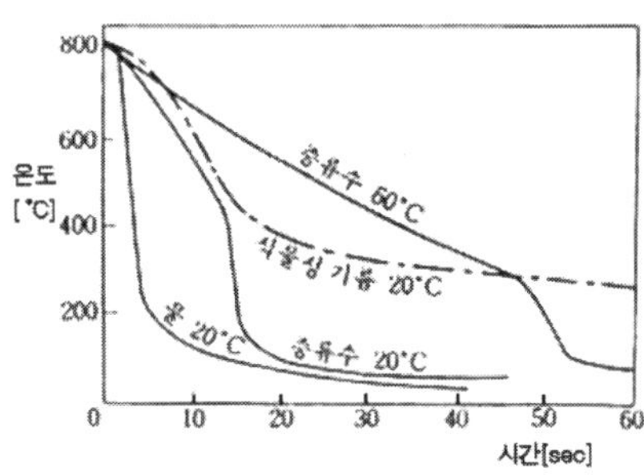

2. 뜨임(Tempering)

담금질한 강은 경도는 크나 반면 취성을 가지게 되므로 경도는 약간 낮추고 인성을 증가시키기 위해 재 가열하여 서냉하는 열처리 불안정한 조직을 안정화하는 것으로 재결정온도 이하에서 행한다. 재결정온도 이상으로 가열 유지시키면 담금질 전의 상태로 되돌아가게 된다. 담금질한 강을 재 가열하면 마아텐자이트 → 트루우스타이트 → 소르바이트 → 펄라이트로 변화한다.

1) 뜨임 방법

① 저온뜨임 : 주로 150~200℃ 가열 후 공냉시키며 내부응력을 제거하고 경도를 유지하면서 변형 방지, 내마모성 향상과 고속도강, 합금강등의 잔류 오스테나이트를 안정화시키기 위해서 한다. 주로 절삭공구, 게이지, 공구 등이 뜨임에 사용한다.

② 고온뜨임 : 주로 500~600℃ 가열 후 급냉시키며 뜨임 취성이 발생한다. 솔바이트 조직을 얻기 위해서 강도와 인성이 풍부한 조직으로 만들기 위해서는 고온에서 뜨임을 하는데 이것을 고온 뜨임이라 한다. 따라서 구조용 강과 같이 높은 강도와 풍부한 인성이 요구되고 좋은 절삭성이 요구되는 것은 열처리를 한 후 고온 뜨임을 하여 사용한다.

③ 뜨임은 담금질 후 뜨임처리를 실시하는데 이와 같이 담금질과 뜨임을 같이 실시하는 조작을 조질이라 하며, 상온가공한 강을 탄성한계를 향상시키기 위해 250~370℃로 가열하는 작업을 블루잉(bluing)이라 한다.

2) 뜨임 균열

① 발생원인 : 탈탄층이 있을 때, 급히 가열하였을 때, 급히 냉각하였을 때

② 방지책 : 뜨임 전에 탈탄층을 제거하고, 급 가열을 피하고 서냉한다.

3) 불림(Normalizing)

불림은 내부응력을 제거하면서 가계적, 물리적 성질을 표준화하는 것으로 단조, 압연 등의 소성가공이나 주조로 거칠어진 조직을 미세화하고, 편석이나 잔류 응력을 제거하기 위해 A_3변태점보다 약 30~50℃ 높게 가열하여 대기 중에서 공냉하는 조작을 불림이라 한다. 불림 처리한 강의 성질은 결정입자와 조직이 미

세하게 되어 경도, 강도가 크게 증가하고 연신율과 인성도 다소 증가한다.

4) 풀림(Annealing)

재료를 단조, 주조 및 기계 가공을 하면 조직이 불균일하며 거칠어지고 가공경화나 내부 응력이 생기게 되는데 이를 제거하기 위해 변태점 이상의 적당한 온도로 가열하여 서서히 냉각시키는 작업을 풀림이라 한다.

① 풀림의 목적

㉠ 기계적 성질 및 피절삭성의 개선이 개선되며 조직이 균일화 된다.

㉡ 내부 응력 및 재료의 불균일 제거시킨다.

㉢ 인성의 증가 및 조직을 개선하고 담금질 효과를 향상시킨다.

② 풀림의 종류

㉠ 완전 풀림 : 일반적으로 풀림이라면 완전풀림을 말하며, 단소강을 고온으로 가열하면 결정입자가 커지고, 재질이 약해진다. 이 결점을 제거하기 위하여 $A_3 \sim A_1$ 변태점보다 30~50℃ 높은 온도에서 풀림을 한다.

㉡ 구상화 풀림 : 퍼얼라이트 중에 시멘타이트가 망상으로 존재하면 가공성이 나쁘고 여리고 약해지며 담금질 할 때 변형이나 균열이 생기기 쉽다. 이것을 방지하기 위해 $AC_3 \sim A_{cm} \pm$(20~30℃)에서 가열과 냉각을 반복하든가 장시간 가열 후 서냉하여 망상조직을 구상화시킨다. 공구강과 같은 고 탄소강은 담금질하기 전에 반드시 시멘타이트를 구상화하여야 한다.

㉢ 저온 풀림 : 응력을 제거하는 목적으로 500~600℃로 가열 후 서냉하는 응력 제거풀림이다.

5) 심냉처리(SubZero-Treatment)

담금질 후 경도증가, 시효변형 방지하기 위하여 0℃ 이하의 온도로 냉각하면 잔류 오스테나이트를 마텐사이트로 만드는 처리를 심냉처리라 한다. 특히, 스테인레스강에서의 기계적 성질 개선과 조직 안정화와 게이지강에서의 자연시표 및 경도 증대를 위해 실시한다.

심냉처리의 목적

① 공구강의 경도증대 및 성능이 향상되고 강을 강인하게 만든다.

② 게이지 등 정밀기계부품의 조직을 안정화시키고, 형상 및 치수의 변형을 방지한다.

③ 스테인레스 강에서의 기계적 성질 개선시킨다.

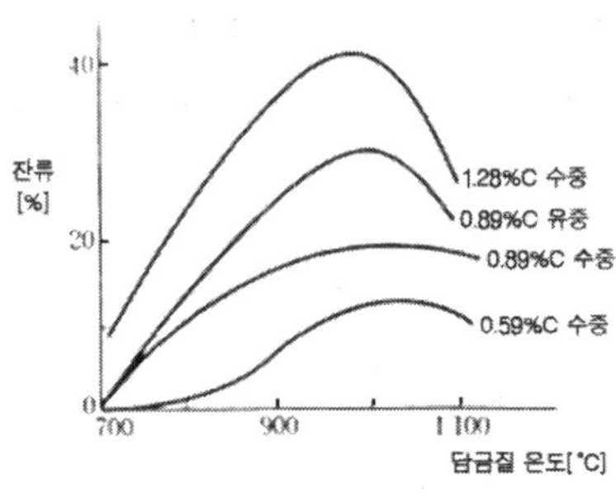

6) 항온열처리(Isothermal heat treatment)

변태점 이상으로 가열한 강을 보통의 열처리와 같이 연속적으로 냉각하지 않고 염욕중에 담금질하여 그 온도로 일정한 시간 동안 항온 유지하였다가 냉각하는 열처리를 항온 열처리라 한다. 담금질과 뜨임을 같이 할 수 있고, 담금질의 균열을 방지할 수 있어 경도와 인성이 동시에 요구되는 공구강, 합금강의 열처리에 사용된다.

① 강의 항온냉각 변태곡선

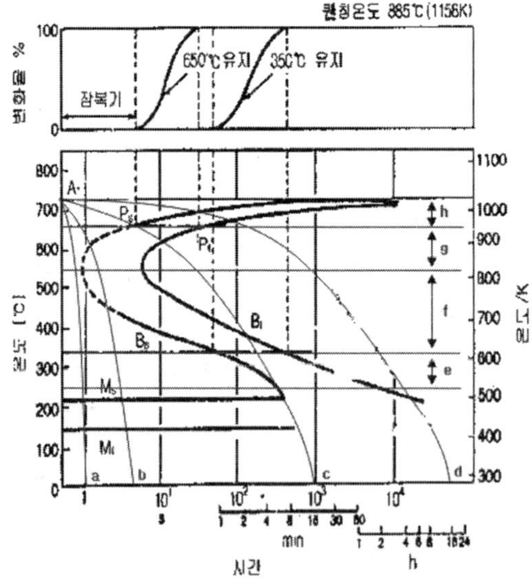

강을 오스테나이트 상태에서 A_1점 이하의 항온까지 급랭하여 이온도에 그대로 항온 유지했을 때 일어나는 변태를 항온 변태(isothermaltrans-formation)라 하고, 이 항은 변태 및 조직의 변화를 시간에 대하여 그림으로 나타낸 것을 항온 변태 곡선(time-temperature transformation ; TTT curve) 또는 그 모양이 S자이므로 S곡선이라고도 한다. 베이나이트(Bainite)는 마텐자이트와 트루스타이트의 중간 상태의 조직이다.

② 연속냉각 변태곡선

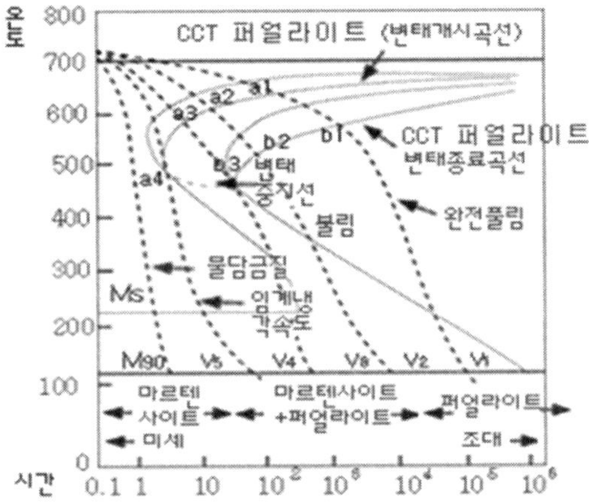

강재를 오스테나이트 상태에서 급랭 또는 서냉할 때의 냉각 곡선을 연속 냉각 변태 곡선(continuous cooling transformationcurve ; CCTcurve)이라 한다.

7) 침탄법과 질화법

① 침탄법

탄소의 함유량(0.2% 이하)이 적은 저 탄소강을 탄소 또는 탄소를 많이 함유한 목탄, 골탄 등으로 표면에 탄소를 침투시켜 고 탄소강으로 만든 다음에 이것을 급냉시켜 표면을 표면 경화하는 방법이다. 침탄 후 담금질 열처리를 케이스 하드닝이라 한다.

㉠ 침탄층의 경도는 질화층보다 작다.

㉡ 침탄 후 열처리가 필요하다.

㉢ 침탄 후에도 수정이 가능하다.

㉣ 단시간에 표명경화 할 수 있다.

㉤ 경화에 의한 변형이 생긴다.

㉥ 고온이 도면 뜨임에 의해 경도가 낮아진다.

㉦ 침탄층은 여리지 않는다.

㉧ 처리비용이 비교적 작다.

㉨ 처리 적용 강의 종류에 제한이 적다.

② 질화법

강을 500~550℃의 암모니아(NH_3)가스 중에서 장시간 가열하면 질소가 흡수되어 Fe_4N, Fe_2N 등의 질화물이 형성된다.

㉠ 질화층의 경도가 크다.

㉡ 질화 후 열처리가 필요 없다.

㉢ 질화 후 수정이 불가능 하다.

㉣ 표면 경화 시간이 길다.

㉤ 경화로 인한 변형이 적다.

㉥ 고온으로 가열하여도 경도저하가 없다.

㉦ 질화층은 여리다.

㉧ 처리비용이 많이 든다.

㉨ 처리 적용 강의 종류에 제한을 받는다.

8) 물리적 표면 경화법

① 고주파 경화법(Induction hardening)

재료를 장치된 코일 속으로 고주파 전류를 흐르게 하면 재료 표면에는 맴돌이 전류가 유도되고 표피만 가열되는데 표면 온도가 A_1점을 넣었을 때 냉각수를 분사하여 표면만 경화시키는 방법으로 토코 방법(Toco process)이라고도 한다. 또, 주파수가 높아질수록 경화 깊이가 얇아진다.

② 화염 경화법(flame hardening)

산소-아세틸렌(또는 LPG) 가스불꽃을 이용하여 강 표면을 급속 가열한 후 담금질 온도에 도달할 때 냉각수로 급냉시켜 표면층만을 경화시키는 열처리 방법이다.

- 화염경화법의 특징-

㉠ 부품의 크기가 형상에 제한이 없다.

㉡ 국부 담금질이 가능하고 설비비가 저렴하다.

㉢ 담금질 변형이 적다.

㉣ 가열온도의 조절이 어렵다.

③ 급속 침투법(Cementation)

㉠ 세라다이징(Zn의 침투처리) : Zn을 침투 확산시키는 법으로서, 청분(blue power)이라고 불리는 3메시(mesh)정도의 가는 Zn분말 속에 경화시키고자 하는 재료를 묻고, 보통 300~420℃로 1~5시간 동안 처리해서 두께 0.015m 정도의 경화층을 얻는 방법이다.

㉡ 크로마이징(Cr 침투처리) : 재료의 표면에 Cr을 침투 확산시키는 법으로서, 도금할 물건을 침투제인 크롬분말(Al_2O_3을 20~25% 첨가) 속에 파묻고, 환원성 또는 중성 분위기 중의 연강이 사용되며, 탄소량이 그 이상으로 되면 크롬침투가 곤란해진다. Cr이 침투된 표면층은 고크롬의 조성이 되어 스테인레스강의 성질을 갖게 되므로 내열, 내식성 및 내마모성이 크게 된다.

㉢ 칼로라이징(Al 침투처리) : 주로 철강의 표면에 Al을 침투 확산시키는 방법으로서 Al분말을 소량의 염화암모늄과 혼합시켜 피경화재료와 같이 회전로 중에 넣어 중성 분위기를 만든 후 850~950℃에서 1000℃에서 12~40시간 동안 가열하여 침투 Al이 확산되도록 한다.

㉣ 브로나이징(boronizing : B 침투처리) : 철강에 붕소를 확산 침투시키면 경도가 커진다(Hv=1300~1400).

㉤ 실리코나이징(siliconizing : Si 침투처리) : 철강에 Si를 확산 침투시켜 내산성을 향상한다.

참고

쇼트 피이닝(Shot peening)

표면 가공의 일종으로 재료의 표면에 고속력으로 강철이나 주철의 작은 입자(0.5~0.1mm)를 분산하여 금속의 표면층을 가공 경화시키는 방법으로써, 이와 같은 처리를 한 재료를 한 재료는 인장이나 압축에는 그다지 영향이 없으나 휨이나 비틀림의 반복 응력에 대하여서는 기계부품의 피로한도를 뚜렷하게 증가시킨다.

알루미늄 합금의 성질

① 마그네슘, 베릴륨 다음으로 가벼운 금속으로 비중이 2.7, 용융점 660℃, 변태점이 없다.

② 열 및 전기의 양도체이다(Cu 다음).

③ 대기 중에서 산소와 화학 작용을 하여 산화알루미늄이라는 얇은 보호 피막을 형성하여 내식성이 우수하고, 전연성이 풍부하며, 400~500℃에서 연신율이 최대이다.

④ 표면이 산화막이 형성되어 있어 내식성이 우수하다. 그러나 유동성이 불량하고, 수축률이 커서 순수 알루미늄은 주조가 불가능하므로 구리, 규소, 마그네슘, 아연 등을 합금 하여 기계적 성질을 개선한다.

⑤ 알루미늄 합금의 열처리는 탄소강과는 달리 시효 경화를 이용한다.

참고

시효경화(Age-hardening)

시간이 경과함에 때라 고용물질이 석출되면서 강도가 증가하는 현상을 말하며 인공적으로 시효경화를 일으키는 인공 시효와 대기 중에서 진행하는 자연 시효가 있다. 자연 시효를 이용할 경우 열처리 과정을 생략할 수 있어 시간과 경비를 절감할 수 있다.

1. 알루미늄의 열처리

Al합금의 대부분은 시효경화성이 있으며 용체화 처리와 뜨임에 의해 경화한다.

① 고용체화 처리 : 완전한 고용체가 되는 온도까지 가열하였다가 급냉해 과포화 상태로 만든 방법

② 시효처리 : 과포화 고용체를 120~200℃로 가열 10~14일간 뜨임해 과포화 성분을 석풀시켜 경화시키는 방법

③ 풀림 : 과포화 처리온도와 시효처리온도의 중간 정도로 가열, 잔류응력제거와 연화시키는 방법

2. 가공용 알루미늄 합금

분류	합금계	대표합금	특징	용도
내식용 Al합금	Al-Mn계	알민(Almin)	Mn 2% 미만 함유	차량, 선반, 송전선
	Al-Mg-Si계	알드레이 (Aldrey)	사효경화처리 가능	
	Al-Mg계	하이드로날륨 (hydronalium)	대표적인 내식성합금 비열처리형합금	
고강도 Al합금	Al-Cu-Mg계	듀랄루민 (dralumin)	Al-Cu-Mg-Mn의 합금으로 시효경화 처리한 대표적인 합금, 시효경화 시킨 상태에서 인장강도는 294~441MPa이다.	항공기, 자동차, 기계
	Al-Zn-Mg계	초듀랄루민	Al-Cu-Zn-Mg의 합금으로 인장강도 530MPa(54kgf/mm^2) 이상으로 알코아 75S 등이 이에 속한다.	
내열용 Al합금	Al-Cu-Ni계	Y-합금	Al-Cu-Ni-Mg의 합금으로 대표적인 내열용 합금이다. $Al_5Cu_2Mg_2$가 석출경화 되며 시효 처리한다. 인장강도는 186~245MPa(19~30kgf/mm^2)이다.	피스톤, 실린더
	Al-Cu-Ni계	코비탈륨 (cobitalium)	Y-합금의 일종으로 Ti와 Cu를 0.2%정도씩 첨가	
	Al-Ni-Si계	로우엑스 합금 (Lo-Ex)	Al-Si계에 Cu, Mg, Ni을 첨가한 특수실루민으로 Na으로 개질 처리한다.	

3. 주조용 알루미늄 합금

① Al-Cu계 : 담금질과 시효경화에 의해 강도 증가, 내열성, 연율, 적삭성이 좋으나 고온취성이 크며 수축규열이 있다. 실용합금으로는 4% Cu합금인 알코아195(Alcoa)가 있다.

② Al-Si계 : 이 합금의 주조조직의 Si는 육각판상의 거친 조직이므로 실용화 할

수 있도록 개량(개질) 처리한다. 대표합금으로 실루민(Silumin) 알펙스(Alpax) 등이 있다.

③ Al-Cu-Si : Si에 의해 주조성 개선 Cu로 피삭성을 좋게 한 합금으로 대표적인 합금으로 라우탈이 있다.

참고

개량처리(개질처리 : modification)

Si의 거친 육각판상조직을 금속니코륨, 가성소다, 알칼리염 등을 접종시켜 조직을 미세화시키고 강도를 개선하기 위한 처리

마그네슘 합금의 종류

1. 주물용 마그네슘(Mg) 합금

① 다우메탈(dow metal) : 대표적인 주물용 Mg합금으로 Mg-Al계로써 Al 10% 내외이다.

② 엘렉트론(Electron) : Mg-Al-Zn계 합금으로 Mg 90% 이상으로 내연기관 피스톤에 사용된다.

2. 가공용 Mg합금

Mg-M계, Mg-Al-Zn계, Mg-Zn-Zr계, Mg-Th계 등이 있다.

① MIA합금 : Mg+Mn_Ca의 조성으로 가공용 Mg합금

Ni은 공기중에서 500℃까지 산화되지 않고 1000℃에서 다소 산화한다. 초산, 왕수에는 쉽게 용해되고 연산, 황산에는 서서히 침식되며 알칼리에는 강하다. 상온 및 고온에서 쉽게 가공된다.

니켈합금

1. Ni-Cu계 합금

전기저항이 대단히 크고 내열성이 크고 고온에서 경도 및 강도저하가 적은내식성이 크고 산화도가 적고, Fe 및 Cu에 대한 열전효과가 크다.

① 10~30% Ni합금(큐우프로 니켈 Cuprolls nikel) : 비철합금 중 전연성이 가장 크고 화폐 열교환기에 사용된다.

② 40~50% Ni합금(콘스탄탄 : Constantan) : 전기 저항이 크고 온도계수가 낮아 통신기, 전열선 열전쌍 등에 사용된다.

③ 44% Ni합금(어드밴스 : advence) : 1% Mn이 첨가되고 정밀전기의 저항선으로 사용된다.

④ 60~70% Ni합금(모네메탈 : monel metal) : 강도와 내식성이 우수해서 화학공업용으로 사용되고 여기에 4% Si(S모넬), 3% Si(H모넬), 0.035% S(R모넬), 2.75% Al(K모넬) 등을 첨가한다.

2. 내식용 니켈합금

인코넬(inconel), 하스텔로이(hastallay), 일리움(illium) 등이 있다.

① Ni-Mo-Cr 합금 : 헤이스트로이, C, N, W등이 이 계에 속하며, 광범위의 부식 환경에 저항성이 우수하다. 연소 가스, 산화성 산, 황산, 아황산, 치아염소산, 염화제2철, 황산 제2철, 크롬산염 등의 수용액에 저항이 크다.

베어링 합금의 종류

① 주식계 화이트메탈 : Sn-Sb-Cu계 합금으로 베빗 메탈(Babbit metal)이 대표적이다. 하중이 크며 고속도의 발전기 내연기관 발전기 및 축 베어링으로 사용

② 납계 화이트메탈 : Pb-Sb-Sn계와 Pb-Ca-Ba-Na계인 러지 메탈(Larigimetal)과 바흔메탈(Bahn metal)이 있다. 하중이 작고 속도가 큰 베어링에 적합. 강도는 주석계보다 낮다.

③ Cu계 베어링합금 : 켈밋(Kelmet)은 내소착성이 좋고 고속, 고하중용으로 적합, 자동차, 항공기 등의 주 베어링용, 발전기, 전동기, 철도차량용, 베어링에 사용된다. Cu계는 경도, 내압력이 커서 저속의 하중변동이 적은 큰 하중 베어링에 사용된다.

④ 오일리스 베어링 : Cu계 합금으로 Cu-Sn-흑연합금이 많이 사용되며, 부피의 10~40%의 기름을 함유하고 있고, 내소착성이 크다. 급유 곤란 및 작은 하중의 저속 베어링용으로 사용된다. 이외에 Cd에 Ni, Ag, Cu 등을 넣은 Cd계 합금과 Zn계 합금인 알젠(Alzen) 305가 있다.

황동의 종류

1. 단련황동

① 톰백(tombac) : 5~20%의 저 아연합금으로 전연성이 좋고 색이 금에 가까우므로모조금박으로 금대용으로 사용

② 7-3황동(cartridage brass) : Cu 70%, Zn 30%의 $\alpha+\beta$황동이며 인장강도가 크며 고온가공이 용이하다. 탈아연 부식이 일어나기 쉽다. 열교환기나, 열간단조용으로 사용된다.

2. 특수황동

① 애드미럴티황동(admiralty brass) : 7-3황동에 1% Sn첨가 관, 판으로 증발기, 열교환기에 사용

② 네이벌황동(naval brass) : 6-4황동에 0.75% Sn 첨가 파이트, 용접봉, 선박기계부품으로 사용

③ 델타메탈(delta metal) : 6-4황동에 1~2% Fe 함유 강도, 내식성 증가, 광신기계, 선박, 화학기계용으로 사용된다.

④ 두라나메탈(durana metal) : 7-3황동에 2% Fe, 그리고 소량의 Sn, Al 첨가

⑤ 양은, 양백(nikel silver 또는 Germem silver) : 7-3황동에 10~20% Ni 첨가하여 전기저항이 높고, 내열, 내식성 우수, Ag대용으로 사용한다. 이 외에도 1.5~

2% Al을 첨가한 Al황동(알브렉 : Albrac), 1.5~3% pb을 첨가하여 절삭성을 좋게 한 연황동, 그리고 고강도 황동으로는 6-4황동에 8% Mn을 첨가한 망간황동이 있다.

청동의 종류 및 용도

① 압연용 청동 : 3.5~7.0% Sn 청동으로 단련 및 가공성용이. 화폐, 메달, 선, 봉 등에 사용

② 포금(Gun metal) : 8~12% Sn, 1% Zn첨가, 내해수성이 좋고 수압, 증기압에도 잘 견딘다. 선박용 재료로 사용된다.

③ 화폐용청동(coing bronze) : 3~10% Sn에 1% Zn 첨가 이외에도 미술용 청동과 13~18% Sn을 첨가한 베어링 청동 등이 있다.

1. 특수청동

① 인청동(phosphor bronze) : 청동에 탈산제 P를 첨가한 합금으로 경도, 강도 증가하며 내마모성 탄성이 개선된다. 고탄성을 요구하는 판, 선의 가공재로서 내식성, 내마모성이 요구되는 밸브, 베어링, 선박용품, 고급 스프링재료로 사용된다.

② 연청동(lead bronze) : 인장강도가 200MPa 이상으로 청동에 3.0~26% pb를 첨가한 것으로, 그 조직 중에 Pb이 거의 고용되지 않고 입계에 점재하여 윤활성이 좋아지므로 베어링, 패킹재료 등에 널리 쓰인다.

③ Al 청동 : 인장강도가 450 MPa 이상으로 8-12%의 Al을 첨가하여 강도, 경도, 인성, 내마모성, 내식성, 내피로성이 황동, 청동보다 좋지만, 주조성, 가공성, 용접성이 나쁘다.

④ 규소 청동 : 인장강도가 150MPa 이상으로 Cu에 탈탄을 목적으로 Si를 첨가한 청동으로 4.7% Si까지 Cu중에 고용되어 인장강도를 증가시키고 내식성, 내열성을 좋게 한다.

⑤ 니켈 청동 : 니켈청동은 1029MPa의 높은 인장강도와 통신선, 전화선으로 사용되는 Cu-Ni-Si의 콜슨(corson)합금, 뜨임경화성이 큰 쿠니알 청동, 열전대용

및 전기저항선에 사용되는 Cu-Ni 45%의 콘스탄탄이 있다.

⑥ 망간 청동 : 전기저항재료로 사용되는 Cu-Mn-Ni의 망가닌(Manganin) 등이 있다. Cu-Cd계 합금은 1%의 Cd 함유 합금으로 큰 인장강도와 우수한 전도도로 송전선, 안테나용으로 쓰인다.

⑦ 베릴륨 청동 : Cu에 2~3%의 Be를 첨가한 시효 경화성 합금으로 구리합금 중 최고 강도(약 980 MPa)를 가진다.

⑧ 오일리스베어링 : 구리, 주석, 흑연의 분말을 혼합시켜 성형한 후 가열하여 소결한 것으로 주유가 곤란한 곳에 사용된다. 큰 하중이나 고소회전에는 부적합하다.

⑨ 양은 : 니켈 15~20%, 아연 20~30%에 구리를 함유한 합금으로 주로 기계부품, 석기, 가구, 온도조절 용 바이케탈, 스프링 재료에 쓰인다.

섬유 강화 금속 복합재료

휘스커(whisker) 등의 섬유를 Al, Ti, Mg 등의 연성과 인성이 높은 금속이나 합금 중에 균일하게 배열시켜 복합화한 재료를 섬유 강화 복합 재료(FRM : fiber reinforced metals)이다. 특히, Al 및 Al합금이 기지금속으로 가장 많이 쓰이며, 이외에 Mg, Ti, Ni, Co, Pb 등이 있다.

1. 강화 섬유의 종류

① 비금속계 : C, B, SiC, Al_2O_3, AlN, ZrO_2 등

② 금속계 : Be, W, Mo, Fe, Ti 및 그 합금

2. 제조법

주조법, 확산 결합법, 소성가공을 이용한 압출 및 압연법 등이 있다.

① 주조법 : 제품 형상에 가까운 소형 부품 제조 및 부품의 일부를 복합화하는 2 재료로 응용이 가능

② 확산 결합법 : 대형의 판재, 봉재 등의 제조에 적합

3. 특징

① 경량이고 기계적 성질이 매우 우수하다.

② 고내열성, 고인성, 고강도를 지닌다.

③ 주로 항공 우주 산업이나 레저 산업 등에 사용된다.

참고

섬유강화 플라스틱(fiber reinforced plastics)

섬유 같은 강화재로 복합시켜, 기계적 강도와 내열성을 좋게 한 플라스틱.
섬유보강수지·강화플라스틱이라고도 한다. 보강재료는, 유리섬유·탄소섬유 및 케블라(Kevlar : 미국 뒤퐁사의 상품명)라고 하는 방향족 나일론섬유가 사용되고, 플라스틱(이것을 매트릭스라고 부른다)으로는 불포화 폴리에스테르, 에폭시수지 등의 열경화성 수지가 많이 쓰인다. 가장 일반적인 것으로서 불포화 폴리에스테르를 유리섬유로 보강하면 큰 장력강도와 내충격성을 가지는 재료가 된다. 불포화 폴리에스테르 자체는 경질 폴리염화비닐과 폴리메틸메타크릴레이트에 비해서 장력강도는 작지만, 유리섬유로 보강하면 그 함유량이 증가할수록 장력강도는 커진다. 엔지니어링 플라스틱으로서 구조재료에 이용된다. FRP의 특징은 상온·상압에서의 형성이 가능하여, 특히 금형을 필요로 하지 않으며, 난연성인 데다가 바닷물 등에 내식성이 좋은 점이다.

형상 기억 합금

형상 기억 합금이란, 문자 그대로 어떠한 모양을 기억할 수 있는 합금을 말한다. 즉, 고온 상태에서 기억한 형상을 언제까지라도 기억하고 있는 것으로, 저온에서 작은 가열만으로도 다른 형상으로 변화시켜 곧 원래의 형상으로 되돌아가는 형상을 형상 기억 효과라 하며, 이 효과를 나타내는 합금을 형상기억 합금(shape memory alloy)이라고 한다. 현재 실용화 된 대표적인 형상 기억 합금은 Ni-Ti합금이며, 회복력은 30kgf/cm^2이고 반복 동작을 많이 하여도 회복 성능이 거의 저하되지 않는다. 이 합금은 주로 우주선의 안테나, 치열교정기, 여성의 브래지어 와이어, 전투기의 파이프 이음 등에 사용된나.

합성수지

	종류	특징	용도
열경화성 수지	페놀수지	경질, 내열성	전기기구, 식기, 판재, 무음기어
	요소수지	착색 자유, 광택이 있음	건축재료, 문방구 일반, 성형품
	멜라민수지	내수성, 내열성	테이블판 가공
	규소수지	전기절연성, 내열성, 내한성	전기절연재료, 도료, 그리스
열가소성 수지	스티렌수지	성형이 용이함, 투명도가 큼	고주파 절연재료, 잡화
	염화비닐	가공이 용이함	판, 판재, 마루, 건축재료
	폴리에틸렌	유연성 있음	판, 피름
	초산비닐	접착성이 좋음	접착제, 껌
	아크릴수지	강도가 큼, 투명도가 좋음	방품, 광학렌즈

02

기계요소

나사(thread)

① 리드(lead) : 나사를 1회전 하였을 때 나사산의 1점이 축 방향으로 진행한 거리

② 피치(pitch) : 하나의 나사산으로부터 이웃하는 나사산까지의 거리

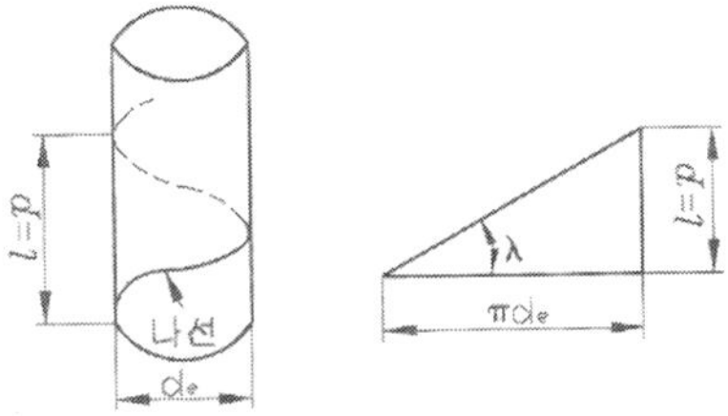

$L = n \times P$

L : 리드(mm), n : 줄수, P : 피치(mm)

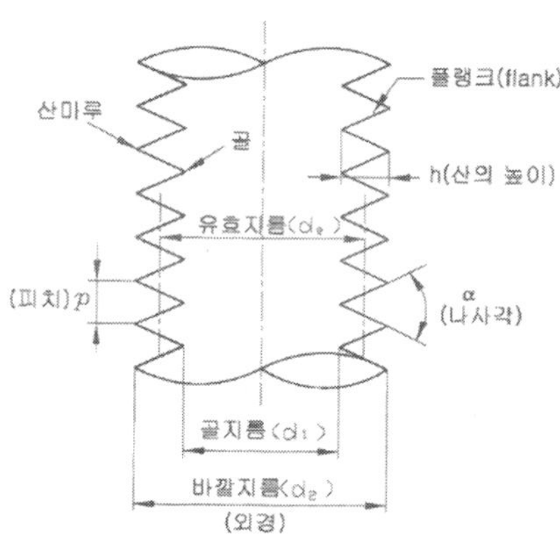

③ 바깥지름 : 수나사의 산마루에 접하는 가상적인원통의 지름

④ 골지름 : 수나사의 공에 접하는 가상적인 원통의 지름

⑤ 유효지름(effective diameter) : 수나사와 암나사가 접촉하고 있는 부분의 평균지름

⑥ 호칭지름(normal diameter) : 수나사는 바깥지름, 암나사는 상대하는 수나사의 바깥지름으로 표시

1. 나사의 분류

1) 체결용 나사

① 미터나사(metric thread) : mm로 나타내며, 나사산 각도 60°이다.
기호 : M, 호칭지름×피치 순서로 표시

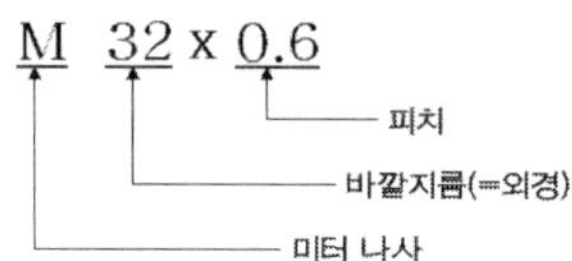

② 유니파이 나사(unified thread) : 나사산 각도 60° 1 inch계열 나사이다.

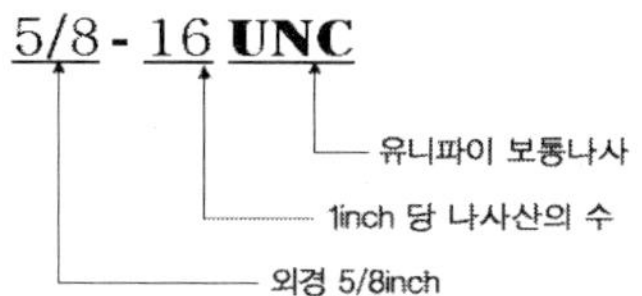

UNC : 유니파이 보통 나사

UNF : 유니파이 가는 나사, ABC 나사로도 불림

③ 휘트워드 나사(whit worth thread) : 나사산 각도 55°, 호칭치수는 수나사의 바깥 지름, 1 inch 내의 산수로 표시.

④ 너클 나사(Knuckle thread) 관용 나사 : 나사산 각도 55°, 평행나사(PE), 테이퍼나사(PT) 기밀을 요할 때 사용한다.

원형나사 또는 둥근 나사라 말함. 전구 입구의 쇠붙이, 먼지 모래 등이 들어가기 쉬운 경우 사용

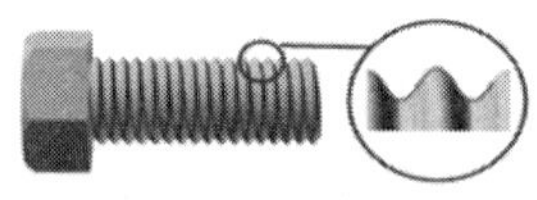

2) 동력전달용 나사

① 사각나사(square thread) : 사각형 단면을 가진 나사, 나사 프레스, 나사 잭, 바이스 등에 사용

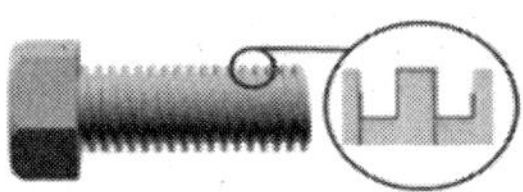

② 사다리꼴나사(trapezoidal thread) = 애크미나사(acme thread) : 단면 사다리꼴, 공작기계 이송용 나사, 선반의 리드스크루, 나사 프레스, 바이스 등에 사용

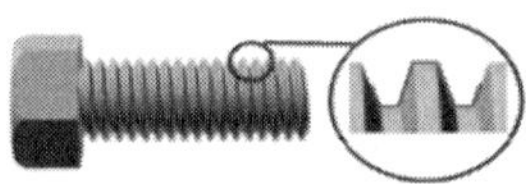

참고

사다리꼴나사는 미터계 : 30˚, mm
인치계 : 29˚, 1inch 사이에 있는 산의 수로 표시
1inch : 25.4mm

③ 톱니나사(buttress thread) : 한쪽 방향으로 힘 작용, 나사산 각도는 30°, 45°이며, 압력 쪽은 사각나사, 반대쪽은 삼각나사로 되어 있다.

④ 볼나사(ball screw) : 나사산 대신 나선 모향 홈에 볼을 한줄로 넣은 나사. 마찰이 작고, 정밀하고 CNC 공자기계의 리드 스크루, 자동차의 조향기어 박스 등에 사용. 높은 효율(약 90%), 백 래시(back lash)가 0에 가깝다. 정밀도 오래 유지하고 먼지에 의한 마모가 적다.

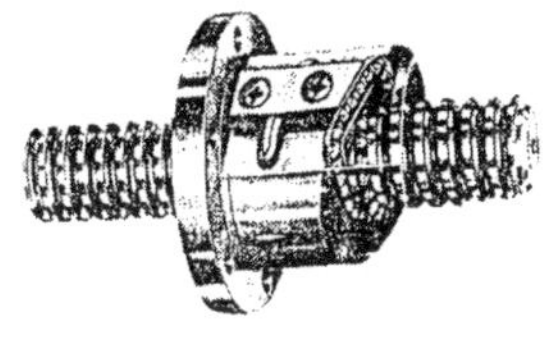

볼 나사

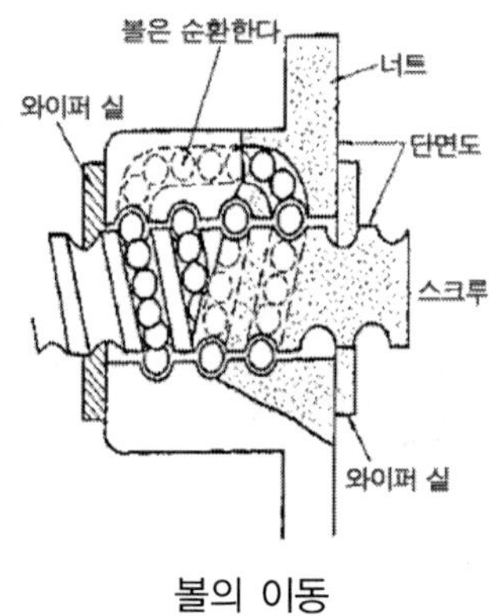

볼의 이동

2. 나사의 효율

나사 1회전하는 동안에 실제로 행한 일량

$$P_0 = Q\frac{p}{\pi d_e}$$

$$\eta = \frac{P_0}{P} = \frac{Qp}{2\pi T} = \frac{Qp}{\pi d_e p} = \frac{\tan\alpha}{\tan(\alpha+\rho)}$$

P_0 : 마찰이 없는 경우의 회전력

P : 나사의 회전력

Q : 축방향의 힘

α : 리드각도

ρ : 마찰각도

d_e : 나사의 유효지름

T : 회전토크

3. 나사의 자립조건

마찰각도가 리드 각도보다 커야 한다.

$$\rho > \alpha$$

나사가 자립상태를 유지하는 나사의 효율은 50% 이하여야 한다.

4. 볼트의 종류

① 관통 볼트 : 가장 널리 쓰임, 맞뚫린 구멍에 볼트 체결

② 탭 볼트 : 너트를 사용하지 않고 직접 암나사를 낸 구멍에 죄어 사용

③ 스터드 볼트 : 양 끝단에 나사를 낸 것. 기계부품에 한쪽 끝을 영구 결합시키고 너트를 풀어 기계를 분해하는데 사용

④ 스테이 볼트 : 부품의 간격을 유지하기 위해 사용

⑤ 기초 볼트 : 기계구조물 설치시 고정

⑥ T 볼트 : 공작기계 테이블 T홈 등에 끼워서 사용

⑦ 아이 볼트 : 부품을 들어 올리는데 사용

⑧ 충격 볼트 : 볼트에 걸리는 충격 하중에 견디게 만들어짐

⑧ 전단 볼틀 : 전단 하중만을 받을 수 있게 제작

⑨ 리머 볼트 : 리머 구멍에 끼워 사용하는 구멍과 볼트의 축부가 절삭에 의해 반듯한 형상의 치수로 완성 가공되어 있는 완성 볼트

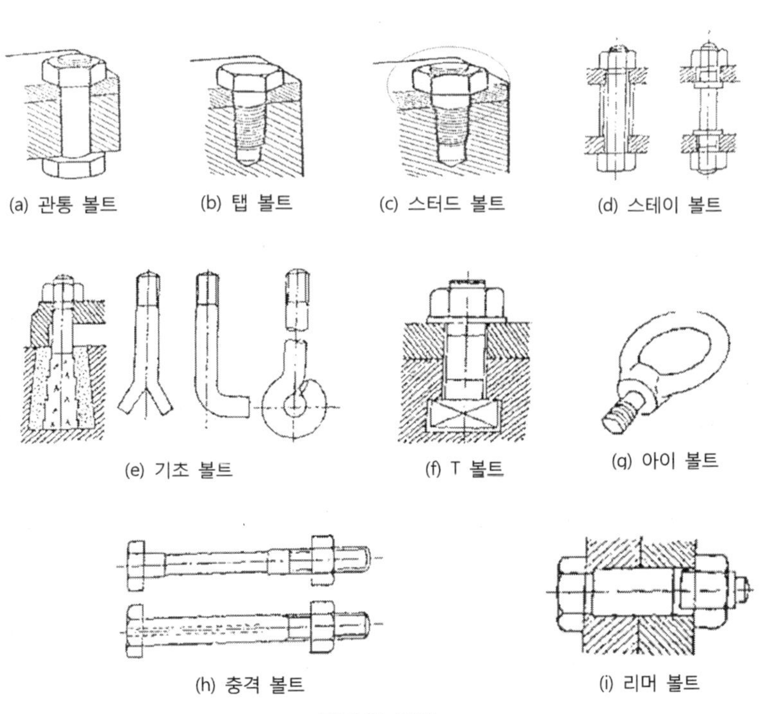

볼트의 종류

5. 볼트의 설계

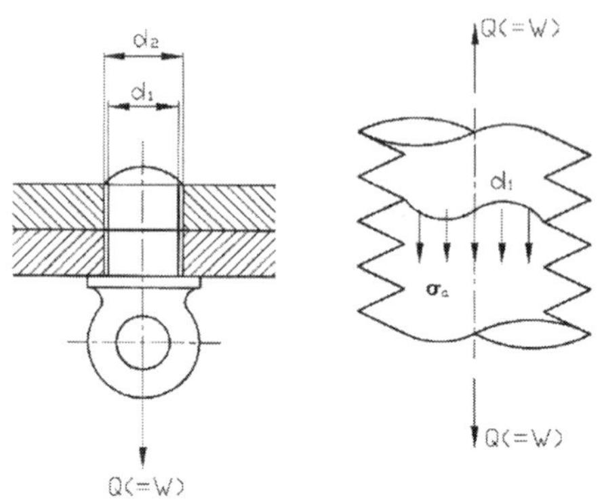

① 축 하중(인장하중)을 받는 경우

$$d=\sqrt{\frac{2Q}{\sigma t}}$$ Q : 인장하중 σt : 볼트재료의 인장하중

② 인장력과 수평하중 동시에 받는 경우

$$d=\sqrt{\frac{Q}{\pi\tau\alpha}}$$ $\tau\alpha$: 볼트재료의 전단응력

③ 축 하중과 비틀림 모멘트를 동시에 받는 경우

$$d=\sqrt{\frac{8Q}{3\sigma t}}$$

6. 너트의 종류

6각 너트, 4각 너트, 캡 너트(Cap nut), 플랜지 너트, 나비 너트, 홈붙이 너트, 아이 너트

① 홈붙이 너트 : 너트의 위쪽에 분할 핀을 끼워 너트의 풀림을 방지할 때 사용된다.

② 캡 너트 : 나사의 틈이나 접촉면 등에서 유체의 유출을 방지할 경우에 사용된다.

③ 플랜지 너트 : 너트의 밑면에 6각보다 큰 지름의 와셔가 부착된 너트로 접촉 면적을 크게 할 경우에 사용된다.

④ 둥근 너트 : 너트를 돌리기 위한 스패너를 걸 수 있게 되어 있으며, 6각 너트를 사용할 수 없을 때 이용된다.

7. 너트의 풀림 방지법

① 탄성 와셔에 의한 방법

② 로크 너트에 의한 방법

③ 핀 또는 작은 나사를 쓰는 법

④ 철사에 의한 법

⑤ 너트의 회전 방향에 의한 법 : 자동차 바퀴의 고정나사처럼 반대방행으로 너트를 조이면 풀림장지 된다.

⑥ 자동죔 너트에 의한 법

⑦ 세트 스크루에 의한 법

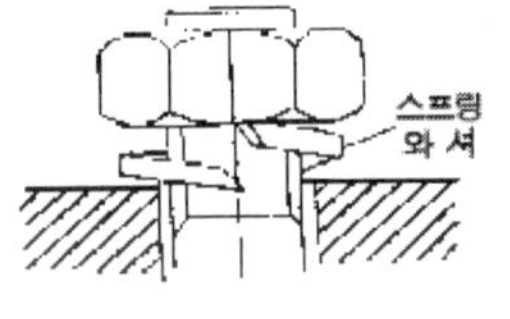

스프링 와셔에 의한 방법

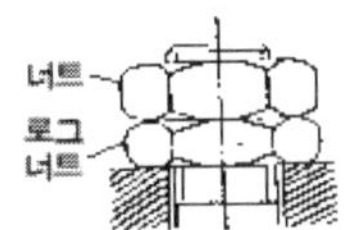

로크 너트에 의한 방법

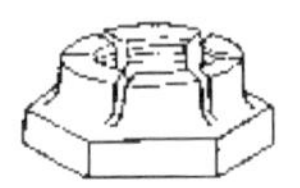

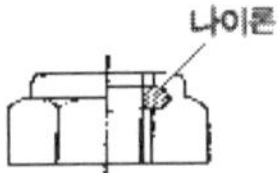

자동죔 너트에 의한 방법

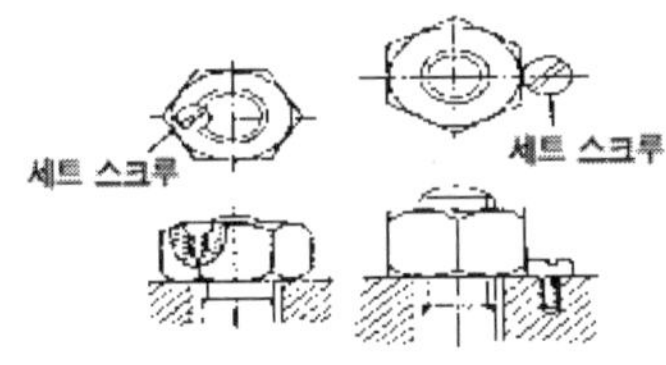

스테 스크루에 의한 방법

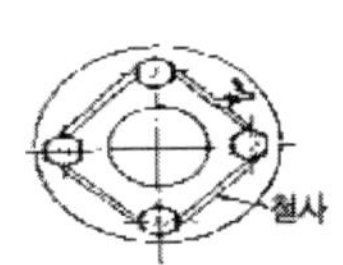

철사에 의한 방법

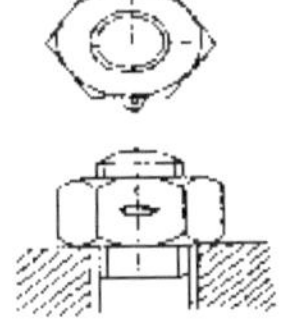

분활핀에 의한 방법

8. 와셔가 사용되는 경우

① 볼트 머리의 지름보다 구멍이 클 때

② 접촉면이 바르지 못하고 경사졌을 때

③ 자리가 다듬어지지 않았을 때

④ 너트가 재료를 파고 들어갈 염려가 있을 때

⑤ 너트의 풀림 방지를 위할 때

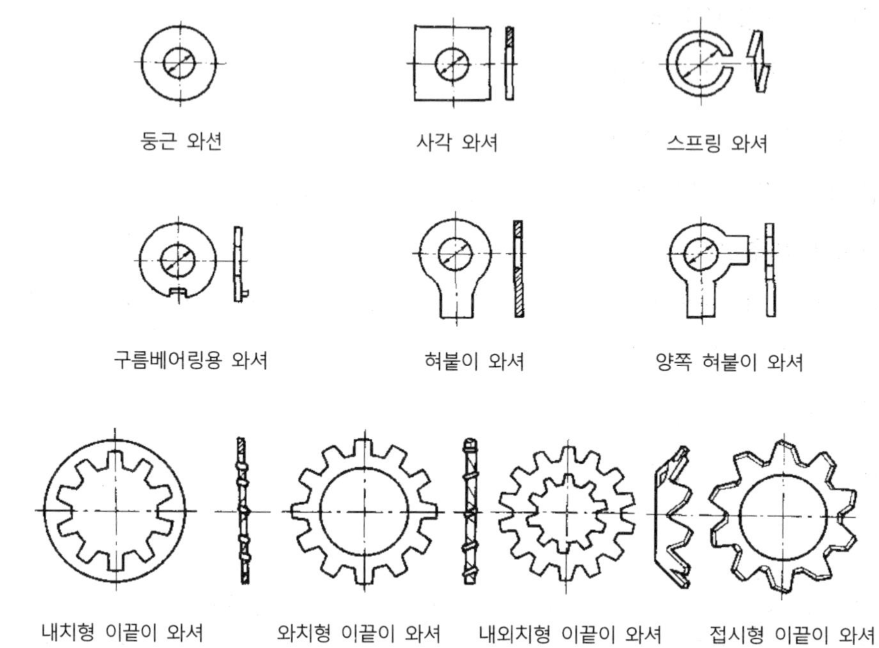

키(Key)

기어나 벨트 풀리 등의 회전체를 회전축에 설치하여 고정할 때 사용

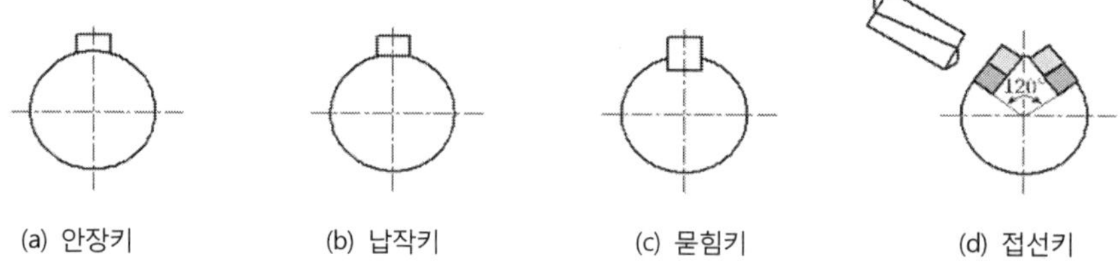

(a) 안장키 (b) 납작키 (c) 묻힘키 (d) 접선키

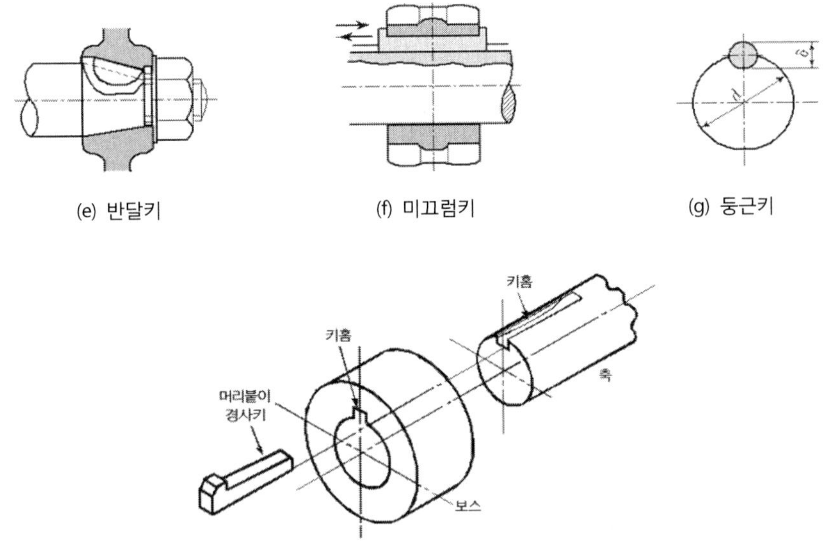

(e) 반달키 (f) 미끄럼키 (g) 둥근키

① 안장 키(saddle key) : 보스에만 키홈을 파서 키를 박아 마찰에 의해 회전력을 전달하기 때문에 큰 힘의 전달에는 부적합하다.

② 페더 키 = 미끄럼 키(feather key) : 회전력 전달과 동시에 축방향으로 이동시킬 필요가 있을 때 사용한다.

③ 접선 키(tangential key) : 키가 전달하는 힘은 접선 방향으로 작용하므로 큰 힘을 전달할 수 있다. 역전을 가능케 하기 위하여 120°로 두 곳에 키를 끼운다. 큰 힘이나 힘의 방향이 바뀌는 곳에 선택한다.

④ 반달 키(woodruff key) : 반달 모양의 키로 공작이 용이하고 보스의 홈과 접촉이 자동 조정되는 이점이 있으나 축의 강도는 약하다.

⑤ 원뿔 키 : 축에 구멍을 원뿔로 만들어 몇 곳이 갈라져 있는 원뿔통을 끼워 마찰로서 고정시키는 것

⑥ 평 키 : 축의 윗면을 편평하게 깎고, 그 면에 때려 박는 키

⑦ 성크 키(묻힘 키) : 축과 보스 양쪽에 키 홈을 파고, 키를 조립 사용, 큰 동력 전달

참고

키의 전달토크 크기순서

세레이션 > 스플라인 > 성크키 > 반달키 > 둥근키 > 평키 > 안장키

스플라인(Spline) : 큰 회전력을 전달, 4~수십 개의 키를 같은 간격으로 축과 일체로 만든 것

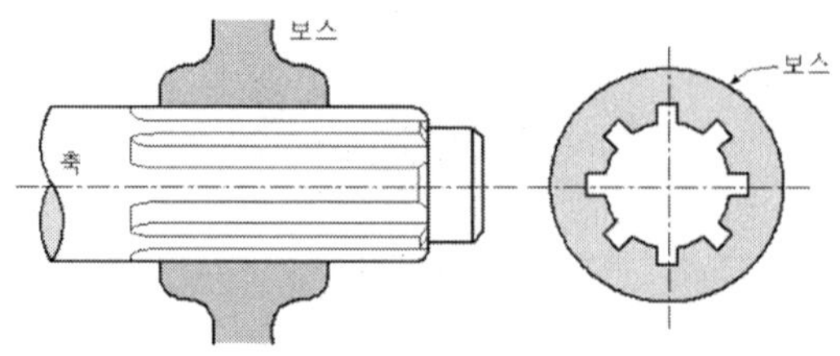

세레이션(Serration) : 많은 작은 삼각형의 스플라인을 가지고 있다.
축과 보스사이에 상대각 위치를 되도록 세밀히 조절해서 고정할 때 사용

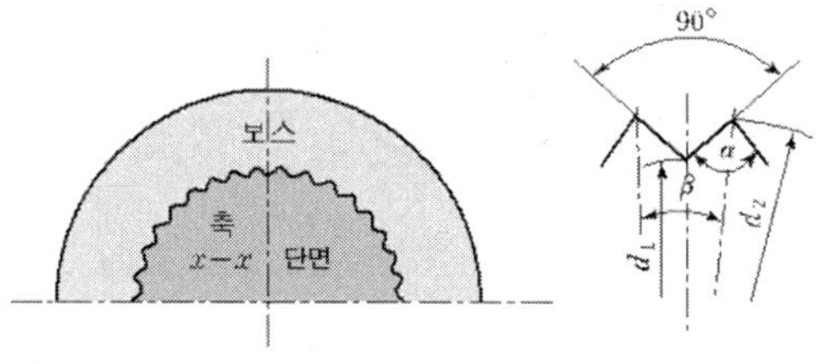

1. 키의 강도계산

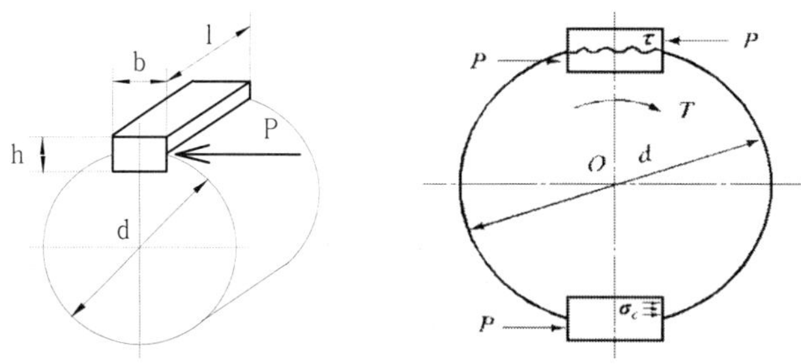

축과 보스의 접촉면에서 전단

$$\tau_a = \frac{2T}{bld} = \frac{W}{bl}$$

τ_a : 전단응력

T : 키가 전달하는 비틀림 모멘트

b : 키의 폭

l : 키의 길이

d : 축의 지름

W : 키의 옆면에서 작용하는 하중

핀(Pin)

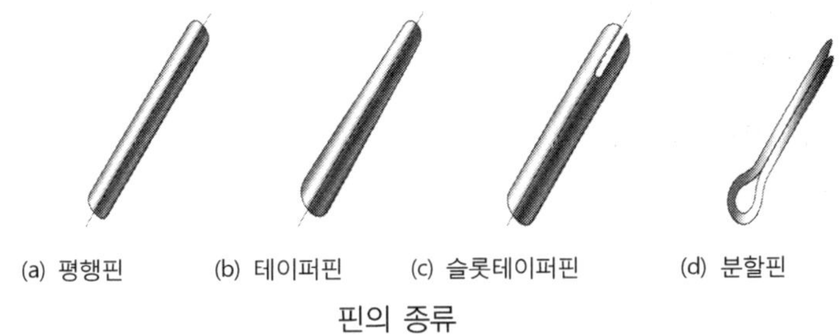

핀의 종류

2개 이상의 기계부품 결합용이나 보조용으로 사용

종류 : 평행핀, 테이퍼핀, 분할핀, 스프링핀

코터(Cotter)

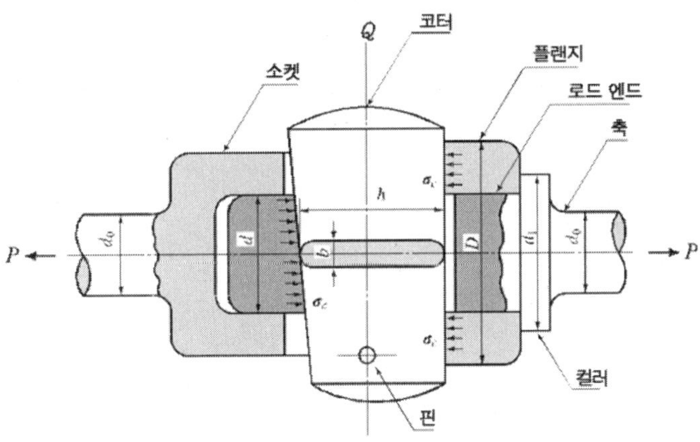

한쪽 또는 양쪽 기울기가 있는 평판 모양의 쐐기로서 2개의 축을 축 방향으로 연결하는데 사용되는 일시적인 결합요소이다. 축 방향의 인장력, 압축력을 전단하는데 주로 사용

1. 코터의 기울기

① 반영구적인 경우 : 1/20~1/40

② 자주 분해할 경우 : 1/15~1/10

③ 코터 이음의 자립조건

④ 한쪽 기울기인 경우 $\alpha \leq 2\rho$

⑤ 양쪽 기울기인 경우 $\alpha \leq \rho$

리벳(Rivet)이음

강판 또는 형강의 영구적으로 접합하는데 사용하는 체결 기계요소

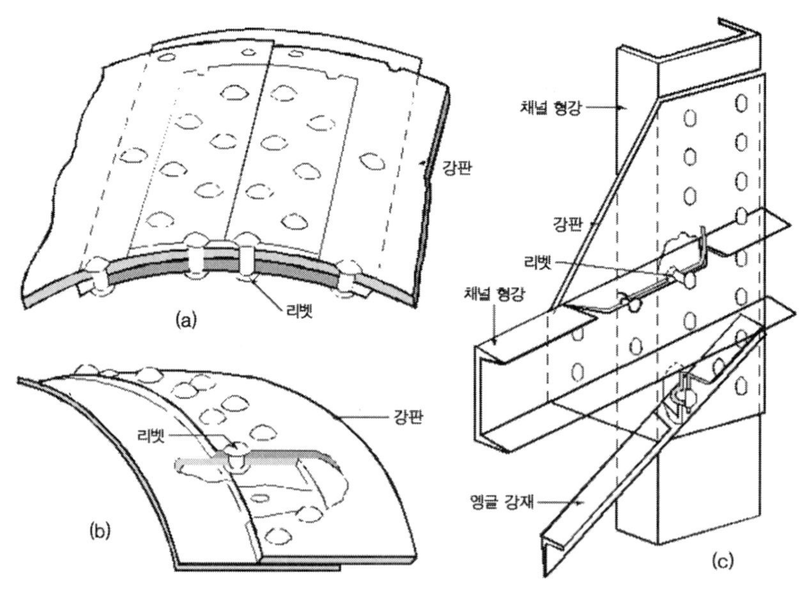

1. 리벳이음의 장점

① 경합금 등 용접이 곤란한 재료에도 신뢰성이 크다.

② 대형구조물일 경우 현장조립을 할 때 용접 이음보다 쉽다.

③ 용접이음과 달리 고열에 의한 잔류응력이 발생하지 않으므로 취성파괴가 일어나지 않는다.

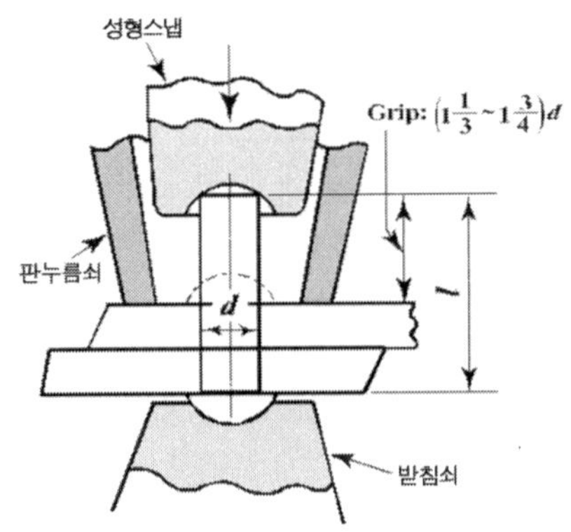

2. 리벳이음의 단점

① 이음부분이 겹쳐져야 하므로 모재의 낭비가 있으며, 무게가 무거워진다.

② 이음부분 판제의 두께에 제한을 받는다.

③ 기밀을 요하는 결합에는 부적합하다.

참고

코킹(caulking) : 고압탱크, 보일러와 같이 기밀을 필요로 할 때에 사용. 리베팅이 끝난 후 강판의 가장자리를 정으로 때려 그 부분을 밀착시켜서 틈을 없애는 작업

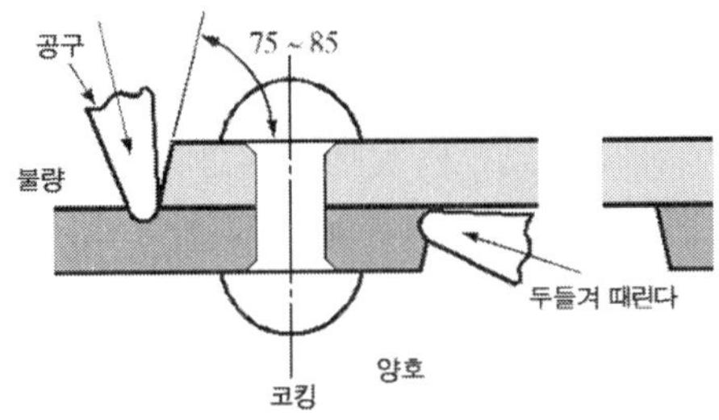

풀러링(fullering) : 코킹과 같은 목적으로, 판재의 끝을 때리는 작업으로 사용공구는 플러링 공

구를 사용한다.

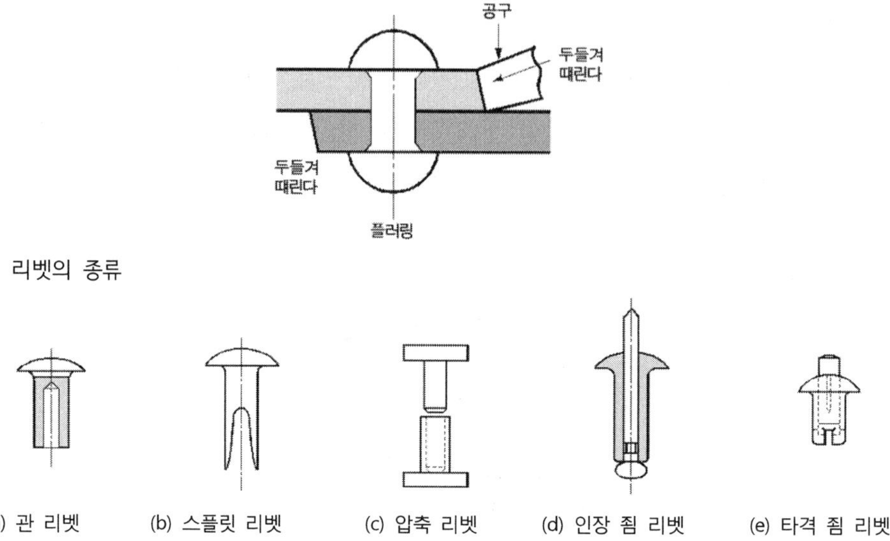

리벳의 종류

3. 리벳효율

리벳 저단강도와 구멍을 뚫기 전의 판 강도와의 비율을 리벳효율이라 한다.

$$\eta = \frac{n\pi d^2 \tau}{4pt\sigma}$$

η : 리벳효율

n : 1피치 내의 리벳의 전단면수

P : 피치

σ : 강판 재료의 허용 인장응력

t : 강판의 두께

d : 리벳의 지름

τ : 리벳의 허용 전단응력

축(Shaft)과 축이음(Shaft joint)

1. 작용하중에 따른 분류

① 전동 축 : 비틀림과 휨을 동시에 받으며, 동력 전달이 목적

② 차 축 : 하중을 받는 축으로 철도 차량이 대표적

③ 스핀들 : 지름에 비하여 짧은 축, 비틀림과 휨이 동시에 작용. 공작기계에 주로 사용

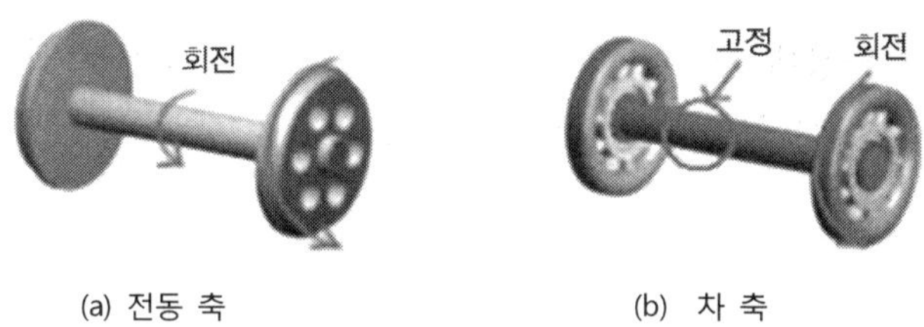

(a) 전동 축 (b) 차 축

2. 외형에 따른 분류

① 직선 축 : 일직선 축, 주로 동력 전달.

② 크랭크 축 : 몇 개축의 중심을 서로 어긋나게 한 것, 왕복 운동기관 등에 사용.

③ 플렉시블 축 : 강선을 2중, 3중으로 감은 나사 모양의 축, 축 방향이 수시로 변하는 작은 동력 전달 축

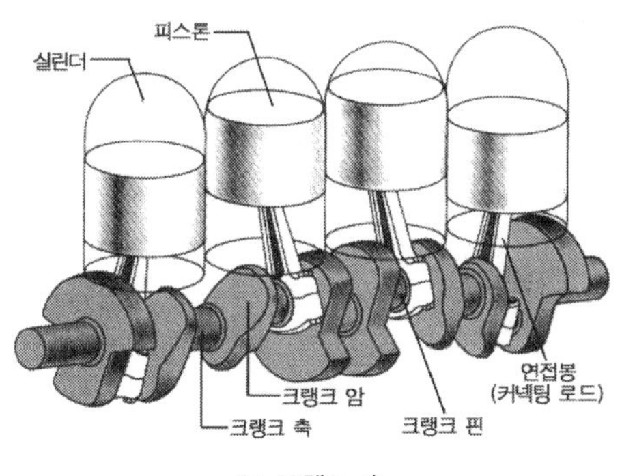

(a) 크랭크 축

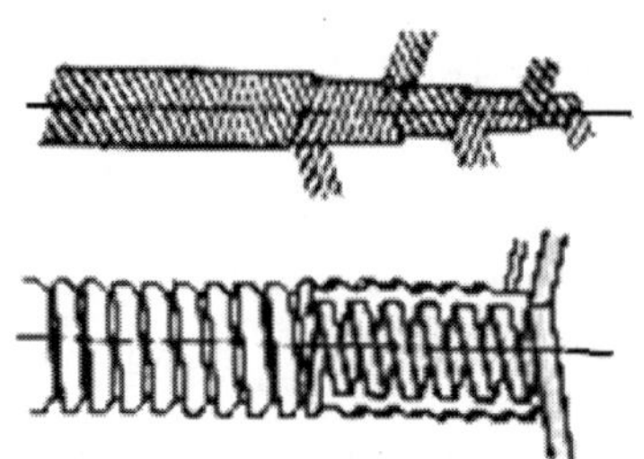

(b) 플렉시블 축

3. 단면 모양에 따른 분류

① 원형 축 : 단면 모양이 원형

② 각 축 : 특수한 목정에 사용하기 위하여 축의 단면 모양을 사각형 또는 육각형으로 만든 축, 믹서나 진동체 축

4. 축의 재료

① 보통 축 : 탄소 0.1%~0.4% 탄소강

② 고속회전 축 : 니켈강, 니켈크롬강.

③ 크랭크 축 : 니켈크롬, 몰리브덴강, 크롬몰리브덴강, 단조강, 미하나이트 주철.

5. 축의 설계

① 굽힘 모멘트(M)를 받는 축

② 중실축 $M = \sigma_b Z = \sigma_b \times \frac{\pi d^3}{32}$

③ 중공축 $M = \sigma_b Z = \sigma_b \times \frac{\pi}{32}(\frac{d_2^4 - d_1^4}{d^2})$

④ 비틀림 모멘트를 받는 경우

$$T = \tau_a Z_p = \tau_a \frac{\pi d^3}{16}$$

축이음

① 두 축이 동일선상에 있는 경우 : **고정 커플링**

② 두 축이 정확한 일직선상에 있지 않을 때 : **플렉시블 커플링**

③ 두 축이 평행하는 경우 : **올덤 커플링**

④ 두 축이 교차하는 경우 : **유니버설 조인트**

1. 커플링의 종류

① **고정 커플링** : 동력전달 중의 축과 축과의 연결을 탈착할 수 없는 축이음을 말한다.

② **플렉시블 커플링** : 두 축의 중심선을 완전히 일치시키기 어려운 경우, 전달 회전력의 변동이 많은 원동기에서 다른 기계로 동력을 전달하는 경우, 고속 회전으로 진동을 일으키는 경우에 사용한다.

③ **올덤 커플링** : 두 축이 평행하며, 그 거리가 비교적 짧은 경우에 이용되는 것으로 접촉면의 마찰저항이 커 윤활이 필요하다.

④ **유니버설 커플링** : 두 축이 일직선상에 있지 않고 서로 어떤 각도로 교차하는 경우의 축이음으로 두 축 끝에 설치되어 있는 요크에 십자형의 핀이 회전할 수 있도록 연결한 것이다.

커플링 종류

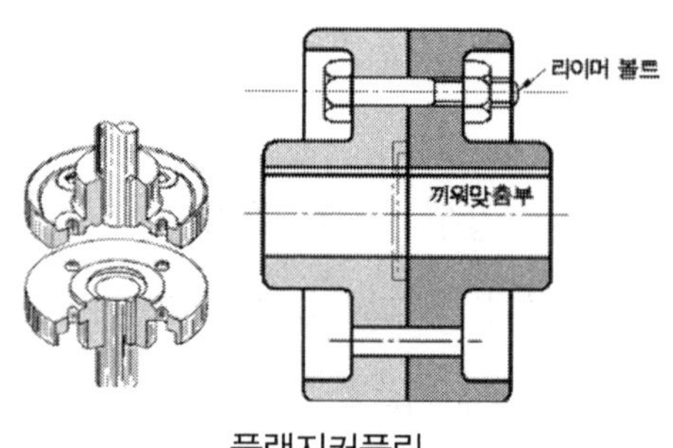

플랜지커플링

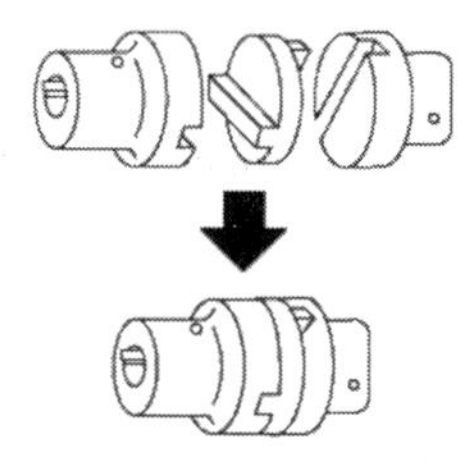

올덤 커플링

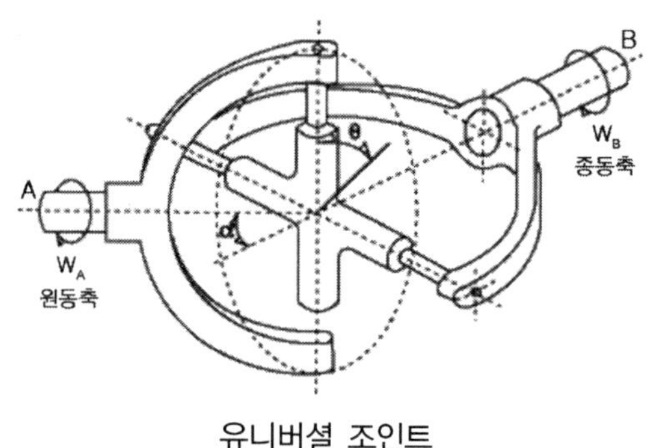

유니버셜 조인트

클러치(Clutch)

① 운전중 회전력을 단속할 수 있는 축 이음

② 마찰계수와 내마멸성이 클 것

③ 단속 작용이 원활하고 균형 상태를 유지할 것

④ 고온에 견딜 수 있을 것

⑤ 장시간 변질되지 않을 것

⑥ 기계적 성질이 우수할 것

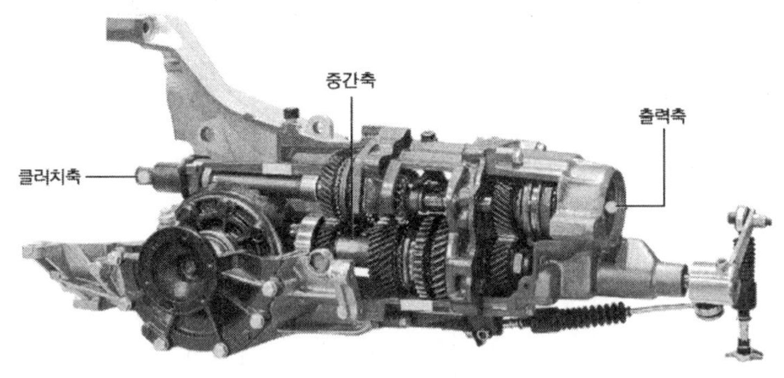

수동변속기의 구조

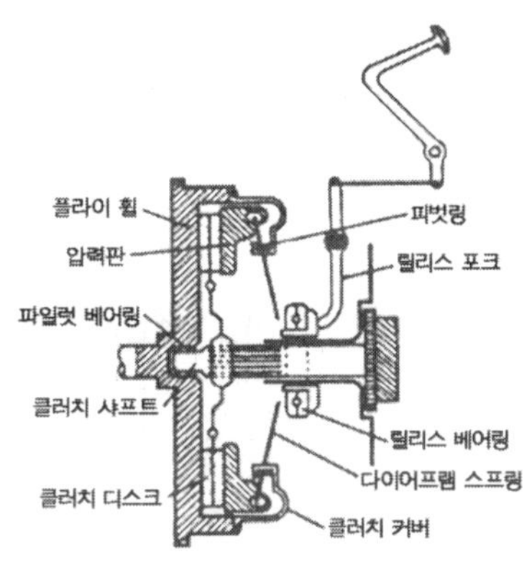

페달을 놓았을 때

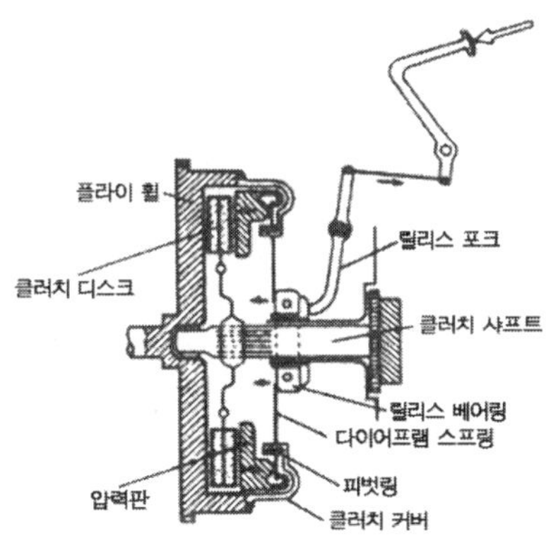

페달을 밟았을 때

클러치 작동

베어링(Bearing)

회전축 또는 왕복운동을 하는 축을 지지하고 있는 기계부분

1. 하중작용방향에 따른 분류

① 레이디얼 베어링 : 축에 직각방향으로 하중을 받는 베어링

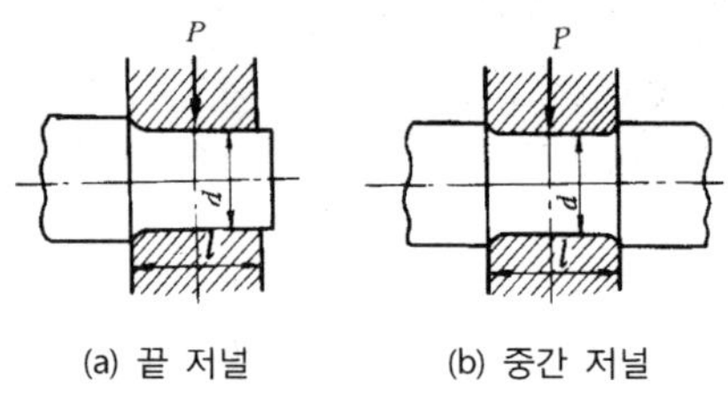

(a) 끝 저널　　(b) 중간 저널

② 스러스트 베어링 : 축 방향으로 하중을 받는 베어링

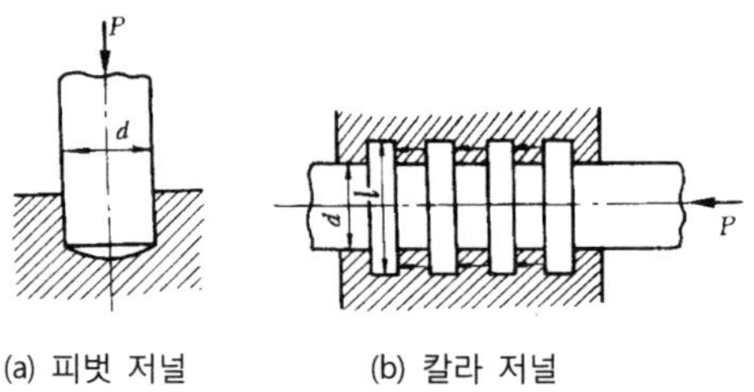

(a) 피벗 저널　　(b) 칼라 저널

③ 원뿔 베어링 : 축 방향과 축 직각방향으로 하중을 동시에 받는 베어링

2. 미끄럼 베어링

축의 저널과 베어링 면이 직접 접촉하며 미끄럼 운동을 하는 것

① 강도가 충분하고, 구조가 간단하며, 가격이 쌀 것

② 완전 유체윤활상태를 유지할 수 있도록 윤활대책을 세울 것

③ 발열방지를 위한 냉각방법을 강구(마찰저하)

④ 타서 눌어붙지 않도록 할 것

참고

오일리스 베어링(Oilless bearing)

다공질로 만들어 오일을 진공 충전 시킨 것으로, 사용 중 마찰열에 의해 발생하는 온도상승으로 입자사이에 침투된 오일이 나와 접촉면을 윤활한다.

3. 구름 베어링

미끄럼베어링과 같으나 원활한 회전을 위하여 윤활유 대신에 회전체(볼, 원통, 테이퍼롤러, 니들)를 가지고 있다.

① 규격품이므로 대량생산되고 가격이 싸다.

② 호환성과 신뢰성이 높다.

③ 구름마찰을 이용하므로 시동시 동력손실이 적다.

④ 구조가 간단하고 그리스봉입으로 주위가 깨끗하다.

⑤ 충격이나 큰 변동하중이 걸리면 회전체의 파손이 생기기 쉽다.

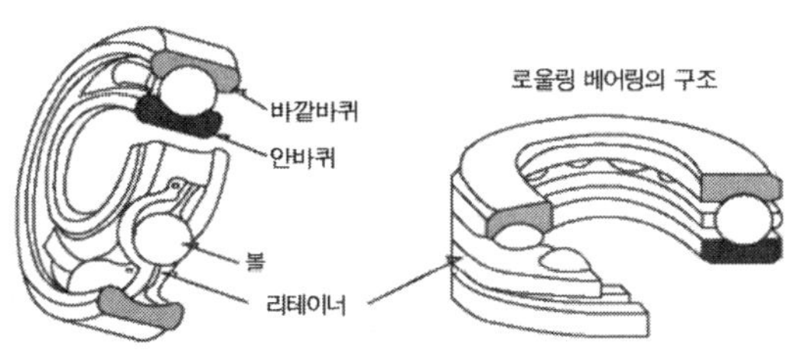

구름베어링

주요치수와 호칭번호

기본기호

① 계열번호

형식번호(첫번째 숫자)	지름번호(두번째 숫자)
1 : 복렬 자동 조심형	0, 1 : 특별 경하중
2 ,3 : 복렬 자동 조심형(큰 나비)	2 : 경하중
6 : 단열 홈형	3 : 중간하중
7 : 단열 앵귤러컨택트형	4 : 중하중
N : 원통 로울러형	

② 내경번호 : 1~9까지는 동일

*00:10, 01:12, 02:15, 03:17

*04부터는 번호×5=실칫수(즉, 20~500까지는÷5한 값)

③ 접촉각기호 : C, A, B, D,

④ 보조기호 : ㉠ 시일 및 시일기호 : UU, U, ZZ, Z

㉡ 궤도륜형상기호 : K, N, NR,

㉢ 조합기호 : DB, DF, DT

㉣ 틈새기호 : C1, C2, 무기호, C3, C4, C5,

㉤ 등급기호 : 무기호, P6, P5, P4,

4. 베어링 수명

볼 베어링

$$L_h = 500 \times \left(\frac{C}{P}\right)^3 \times \frac{33.3}{N}$$

L_h : 베어링 수명시간

C : 기본 부하 용량(kg_f)

P : 하중(kg_f)

N : 회전수(rpm)

구름베어링

$$L_h = 500 \times \left(\frac{C}{P}\right)^{\frac{10}{3}} \times \frac{33.3}{N}$$

기어(Gear)

동력을 전달시키데 마찰자의 접촉면에 차례로 물리는 이에 의하여 운동을 전달시키는 기계요소

① 전동이 확실하고 큰 동력을 일정한 속도비로 전달

② 축압력이 작으며 사용 범위가 넓다.

③ 회전비가 정확하고 전동 효율이 좋고 감속비가 크다.

④ 충격음을 흡수하는 성질이 약하고 소음과 진동이 발생

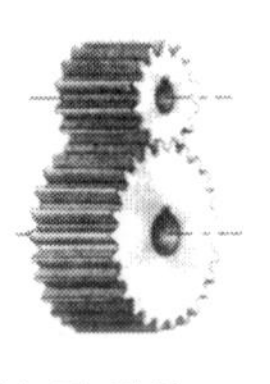

(a) 평 기어

(b) 내접 기어

(c) 헬리컬 기어

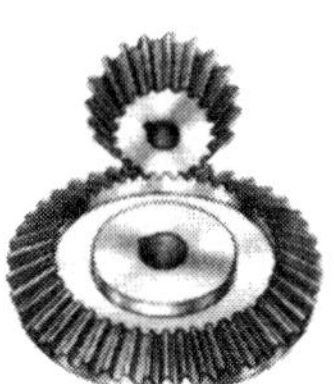

(d) 베벨 기어

(e) 래크와 피니언

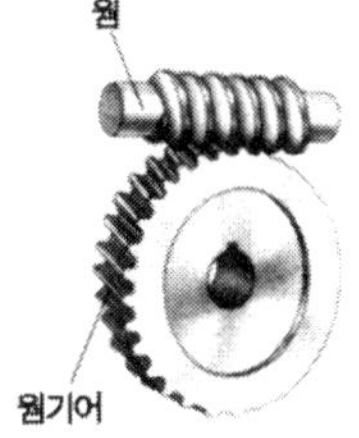

(f) 웜과 웜 기어

기어의 종류

1. 두 축이 서로 평행한 기어

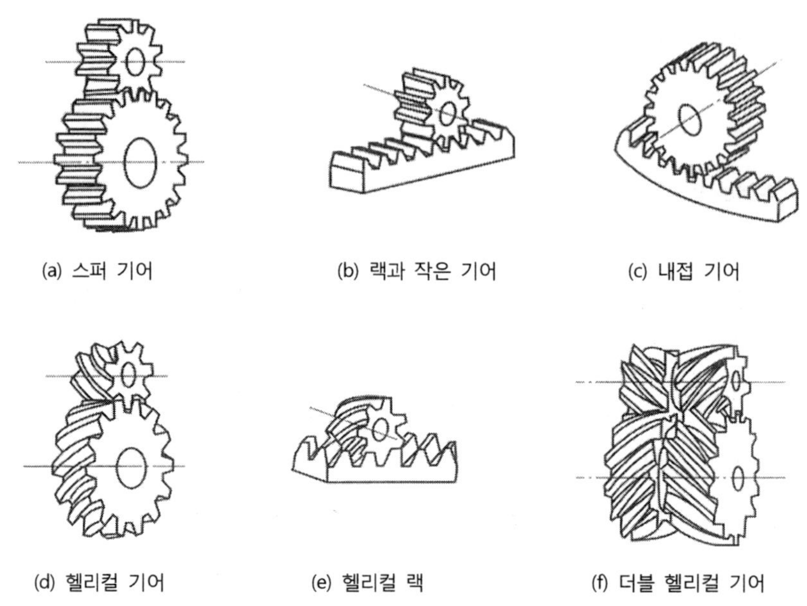

(a) 스퍼 기어 (b) 랙과 작은 기어 (c) 내접 기어

(d) 헬리컬 기어 (e) 헬리컬 랙 (f) 더블 헬리컬 기어

① 스퍼 기어(spur gear) : 기어 이가 축과 평행한 것

② 내접 기어(internal gear) : 회전방향이 같고, 큰 감속비를 필요로 할 때 사용

③ 헬리컬 기어(helical gear) : 이가 축에 경사진 것, 큰 토크를 전달 가능

④ 더블 헬리컬 기어(double helical gear) : 방향이 반대인 헬리컬 기어를 같은 축게 고정, 축에 트러스트가 발생하지 않는다.

2. 두축이 만나는 기어

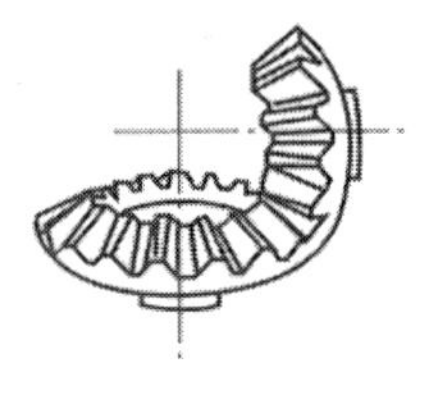

(a) 직선 베벨 기어

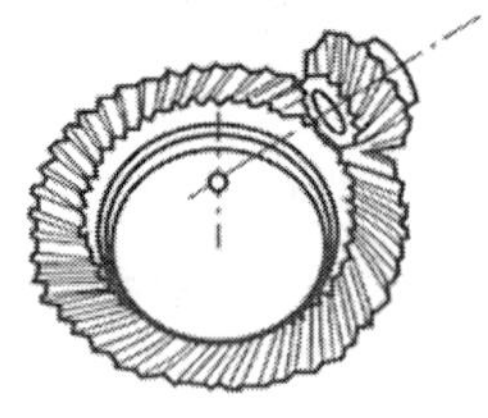

(b) 스파이럴 베벨 기어

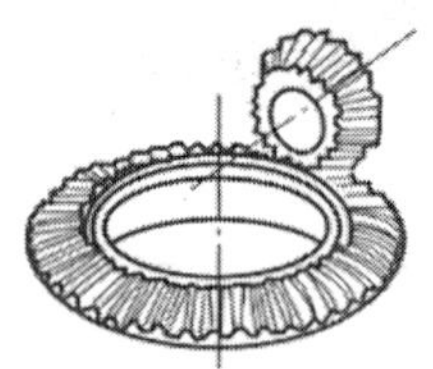

(c) 제롤 베벨 기어

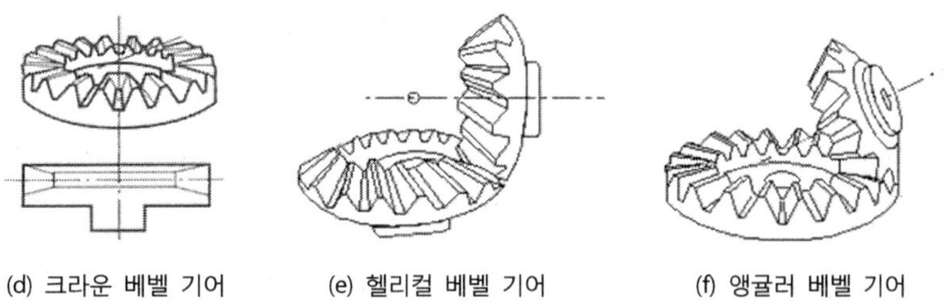
(d) 크라운 베벨 기어 (e) 헬리컬 베벨 기어 (f) 앵귤러 베벨 기어

① 직선베벨 기어(straight bevel gear) : 교차하는 두축의 운동을 전달하기 위해 원뿔면에 이를 만든 것

② 스파이럴 베벨 기어(spiral bevel gear) : 잇줄이 곡선이고 모직선에 대하여 비틀려 있는 기어로서 이의 물림이 좋고 조용한 회전을 하나 제작이 어렵다.

③ 마이터 기어(miter gear) : 두 축의 교각이 90°이고 잇수비가 1:1인 기어

④ 제롤 베벨 기어(zerol bevel gear) : 스파이럴 베벨 기어 중에서 이너비의 중앙에서 비틀림 각이 여인 베벨기어

⑤ 크라운 기어(crown gear) : 피치면이 평면이로 된 베벨 기어로 축 방향에 트러스트가 발생하고 스퍼어 기어에서 래크에 해당한다.

⑥ 스크류 베벨 기어(skew bevel gear) : 이가 원추면의 모선과 경사진 기어

3. 두축이 평행하지도 만나지도 않는 경우

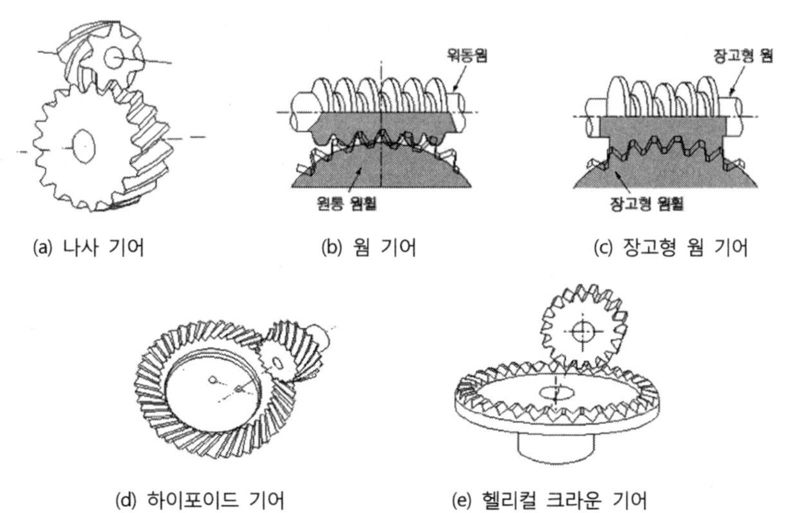

(a) 나사 기어 (b) 웜 기어 (c) 장고형 웜 기어

(d) 하이포이드 기어 (e) 헬리컬 크라운 기어

① 웜 기어(worm gear) : 웜과 웜 기어를 한 쌍으로 사용. 큰 감속비를 얻을 수 있으며, 원도차를 보통 웜으로 한다.

② 하이포이드 기어(hypoid gear) : 스파이럴 베벨 기어와 같은 형상, 축만 엇갈린 기어이며, 자동차의 차동장치에 쓰인다.

③ 나사 기어(screw gear) : 서로 교차하지도 않고 평행하지도 않는 두 축 사이의 운동을 전달하는 기어

④ 스큐 기어(skew gear) : 교차하지도 또 평행하지도 않는 2축 간에 운동을 전달하는 기어를 총칭

4. 기어 용어

- 피치점(pitch point) : 두 기어의 접촉점의 공통 법선과 두 기어의 축의 중심을 연결한 선과의 교점
- 피치원(pitch circle) : 기어의 중심과 피치점과의 거리를 반지름으로 한 두기어가 구름 접촉을 하는 가상의 원 $P.C$
- 지름피치(diametral pitch) : 잇수를 inch를 표시한 기준 피치원 지름으로 나눈값 DP
- 피치면(pitch surface) : 구름 접촉 가상 회전체의 접촉면으로서 피치원을 축방향으로 연장하여 생기는 면
- 원주 피치(circular pitch) : 한 이와 다음 이와의 피치원 위의 원호 길이 P
- 이끝원(addendum circle) : 기어에서 모든 이끝을 연결하여 이루어진 원
- 이뿌리원(dedendum circle) : 기어에서 모든 이의 뿌리를 연결한 원
- 이끝높이(addendum) : 피치점에서 이끝까지 반지름 방향으로 측정한 거리로서 표준 기어의 경우 모듈과 같은 값을 가진다. a
- 이뿌리높이(dedendum) : 피치점에서 이뿌리까지 반지름 방향으로 측정한 거리 d
- 총 이높이(whole depth) : 이뿌리부터 이끝까지 반지름 방향으로 측정한 거리, 즉 이끝 높이와 이뿌리 높이를 합한 높이 $h=a+d$
- 유효이높이 : 한쌍의 기어에서 이끝높이의 거리 h
- 이끝 틈새(clearance) : 총이 높이에서 유효 높이를 뺀 이뿌리 부분의 여유간격

- 이 너비(tooht width) : 기어의 축방향으로 측정한 이의 길이
- 이끝면(tooth face) : 피치면과 이끝 사이에서 축방향으로 펼쳐진 곡면
- 봉우리면(top land) : 이끝에서의 축방향으로 펼쳐진 곡면
- 골면(bottom land) : 이뿌리에서의 축방향으로 펼쳐진 곡면
- 잇면(tooth surface) : 봉우리면과 골면 사이에서 축방향으로 펼쳐진 곡면
- 이뿌리면(tooth flank) : 피치면과 골면 사이에서 축방향으로 펼쳐진 곡면
- 이 두께(tooth thickness) : 피치원 위에서 측정한 이의 두께
- 이 홈(tooth space) : 피치원 위에서 이와 이 사이의 거리
- 뒤틈(backlash) : 이 홈에서 이 두께를 뺀 여유 간격
- 작용선(line of action) : 맞물리고 있는 두 기어의 기초원의 공통 접선
- 압력각(pressure angle) : 맞물리고 있는 두 기어의 피치점에서의 피치원에 대한 접선과 작용선이 이루는 각 α

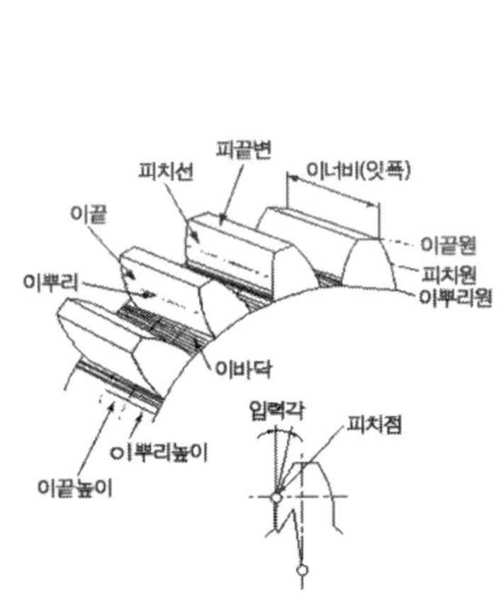

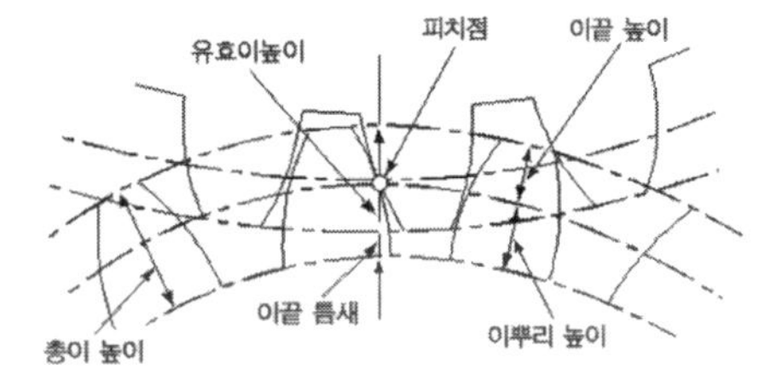

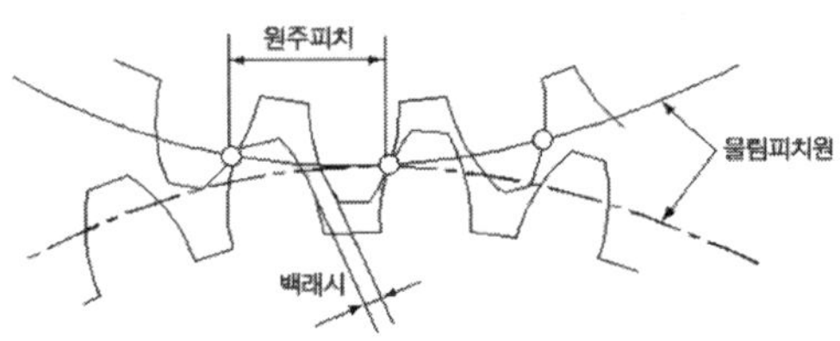

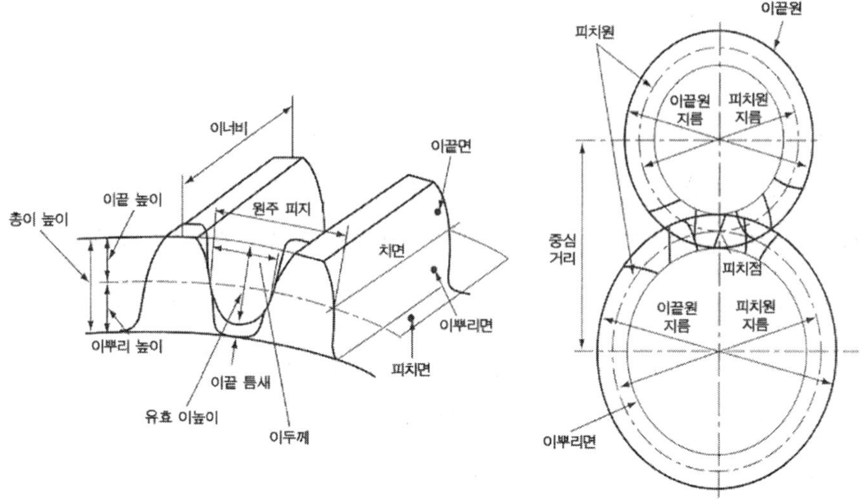

5. 이의 크기

기어 이의 크기를 표시하는 방법

① 원주피치(P) : 피치원주를 잇수로 나눈 수치

$$P = \frac{\pi D}{Z} = \pi m$$

② 모듈(m) : 미터방식으로 나타낸 이의 크기, 모듈 값이 클수록 이의 크기는 커진다.

$$m = \frac{P}{\pi} = \frac{D}{Z}$$

③ 지름피치(P_d 또는 $D.P$) : 인치 방식으로 이의 크기를 나타내는 방법으로 잇수를 인치 단위의 지름으로 나눈 값

$$P_d = \frac{\pi}{P} = \frac{Z}{D} = \frac{1}{m}\text{[inch]}, \qquad P_d = \frac{25.4}{m}\text{[mm]}$$

6. 치형의 간섭 및 언더컷

① 이의 간섭 : 서로 맞물린 래크와 피니언에서 큰 기어의 이끝이 피니언의 이뿌리에 닿아서 회전할 수 없게 되는 현상

② 이의 언더컷 : 치의 절하라고도 하며 잇수가 적은 기어를 래크 공구나 피니언 공구로 절삭하면 이뿌리가 파여지게 되는 현상

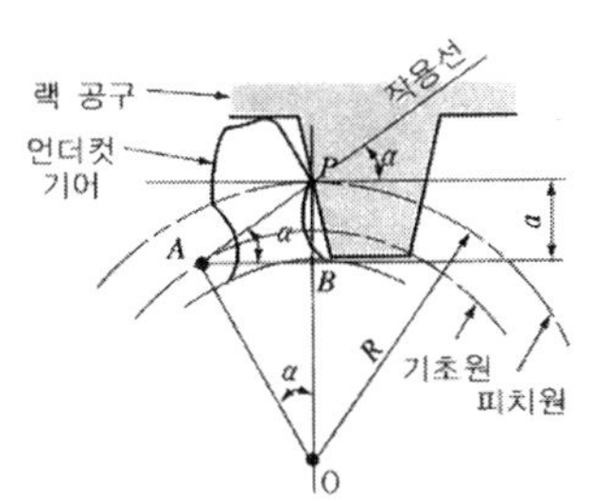

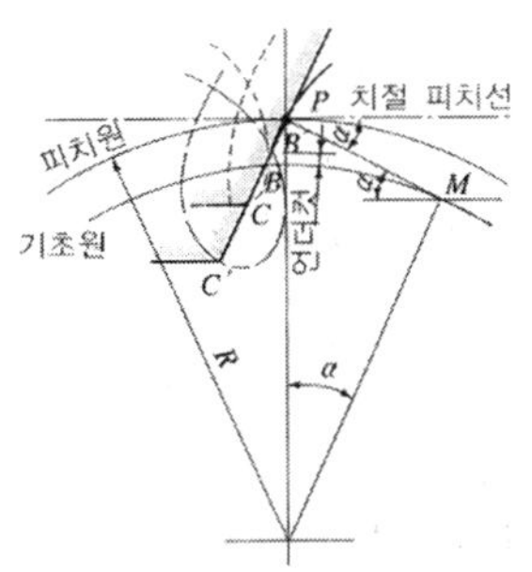

참고

래크 : 인벌류트 기어의 피치원 지름 무한대로 한 치형이 직선인 막대 모양의 기어
기준치형 : 피치원에 따라서 측정한 이 두께가 원주피치의 1/2과 같은 치형
기준래크 : 기준치형에서 피치원 지름을 무한대로 한 래크

7. 전위기어

기어에 있어 실용적인 잇수 이하의 길이를 절삭할 때 발생하는 언더컷을 장지하기 위하여 기준 래크 공구로 표준 절삭량보다 낮게 절삭하여 기준 피치선의 피치원보다 다소 바깥쪽으로 절삭하는 기어

8. 회전비

$$i = \frac{N_B}{N_A}\frac{D_A}{D_B} = \frac{Z_A}{Z_B}$$

9. 바깥지름

$$D_0 = m(Z+2)$$

10. 중심거리

$$C = \frac{D_A \pm D_B}{2} = \frac{m(Z_A \pm Z_B)}{2}$$

11. 기어 트리인(치차열)

원동축의 회전수로부너 필요한 회전수를 얻으려면 몇 개의 기어를 적당히 조합

하여 기어 크레인을 만든다.

$$\text{속도비 } i = \frac{N_3}{N_1} = \frac{Z_1 \times Z_3}{Z_2 \times Z_4} = \frac{\text{원동축쪽 잇수의 곱}}{\text{종동축쪽 잇수의 곱}}$$

벨트전동(Belting)

양축에 고정한 벨트 푸리에 벨트를 걸어서 마찰력에 의하여 동력과 운동을 전달.

가죽, 직물, 강판 등으로 만든 띠 모양의 벨트를 두 축에 각각 부착 벨트 풀리에 감아 걸어 접촉면의 마찰력에 의하여 동력을 전달.

1. 평벨트 풀리의 속도비율

원동차의 지름 및 회전수 D_1, N_1 종동차의 지름 및 회전수 D_2, N_2

$$\frac{N_2}{N_1} = \frac{D_1}{D_2}$$

(a) 바로걸기

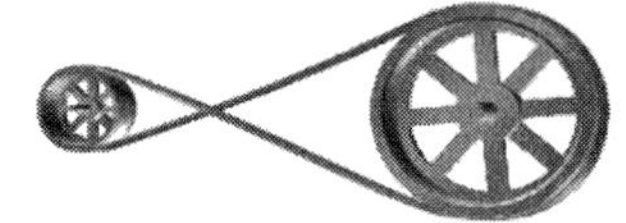

(b) 십자걸기

2. 벨트 길이 구하는 식

① 십자걸기(엇걸기)의 경우

$$L \fallingdotseq 2C + \frac{\pi}{2}(D_2 + D_1) + \frac{(D_2 + D_1)^2}{4C}$$

② 바로걸기(평걸기)의 경우

$$L \fallingdotseq 2C + \frac{\pi}{2}(D_2 + D_1) + \frac{(D_2 - D_1)^2}{4C}$$

3. 평 벨트의 유효장력

P_e : 유효 장력(kg_f) = ($T_t - T_s$)

T_t : 인장측 장력(kg_f)

T_s : 이완측 장력(kg_f)

4. 평벨트의 절달동력

$$H = \frac{P_e \cdot V}{75}[ps] \qquad H = \frac{P_e \cdot V}{102}[Kw]$$

5. V-벨트

단면이 사다리꼴인 고무벨트, 즉 V벨트를 벨트풀리의 V홈에 끼워서 쐐기 작용에 의한 큰 마찰력으로 회전을 전달하는 장치

① 고속운전이 가능하며 속도비가 크다.

② 짧은 거리의 운전이 가능, 2~5m까지 전동 가능하다.

③ 미끄럼이 적고 능률이 높다.

④ 효율은 보통 90~95%

⑤ 운전이 원활하고 정숙하다.

⑥ 충격이 아주 작다.

⑦ V벨트의 단면 형상은 M, A, B, C, D, E 형의 6종류가 있으며, M에서 E쪽으로 가면 단명이 커진다.

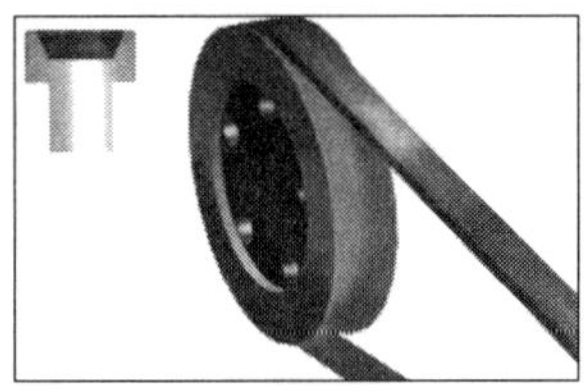

6. 체인전동

보통 축간거리 4m 이하에 사용하며 체인 휠에 체인이 물려서 동력이 전달한다.

체인 전동의 특징

① 미끄럼 없이 일정한 속도비를 얻을 수 있다.

② 초장력이 필요 없으므로 베어링의 마찰손실이 작다.

③ 접촉각이 90° 이상이면 전동가능하다.

④ 내열, 내유, 내수성이 크며, 유지 및 수리가 쉽다.

⑤ 큰동력 전달 효율이 95% 이상이다.

⑥ 체인의 탄성으로 어느 정도 충격하중을 흡수한다.

⑦ 진동, 소음이 생기기 쉽다.

⑧ 고속회전에 부적당하고 저속, 대마력에 적다하며, 윤활이 필요하다.

참고

롤러 체인(roller chain) : 일반적으로 많이 쓰임, 저속에서 고속회전가지 넓은 범위 사용
사일런트 체인(silent chain) : 주로 고속용으로, 조용하고 원활한 운전이 필요할 때 사용

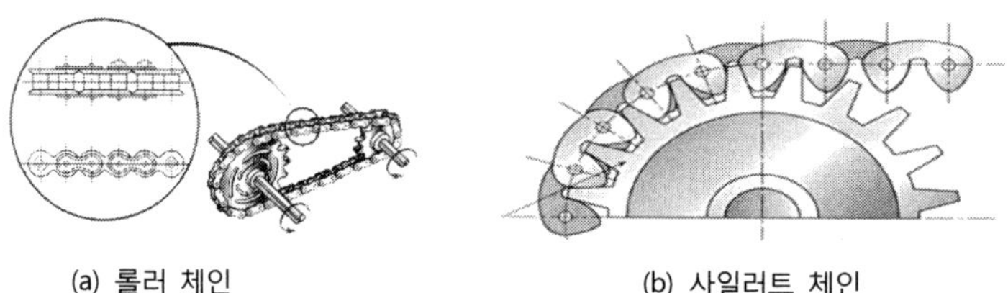

(a) 롤러 체인 (b) 사일러트 체인

7. 체인전동의 속보비율

$$i = \frac{N_2}{N_1} = \frac{Z_1}{Z_2}$$

N_1 : 원동차의 회전수(rpm)

N_2 : 종동차의 회전수(rpm)

Z_1 : 원동차의 잇수

Z_2 : 종동차의 잇수

마찰차(Friction wheel)

구름 접촉을 하는 원동차와 종동차의 접점에 생기는 마찰력에 의하여 동력을 전다.

1. 응용범위

① 전달하여야할 힘이 크지 않고 속도비를 중요시하지 않을 때 사용

② 회전속도가 커서 보통의 기어를 사용할 수 없는 경우

③ 양축 사이를 빈번히 단속할 필요가 있을 때

④ 무단 변속을 시키는 경우와 안전장치의 역할이 필요한 경우

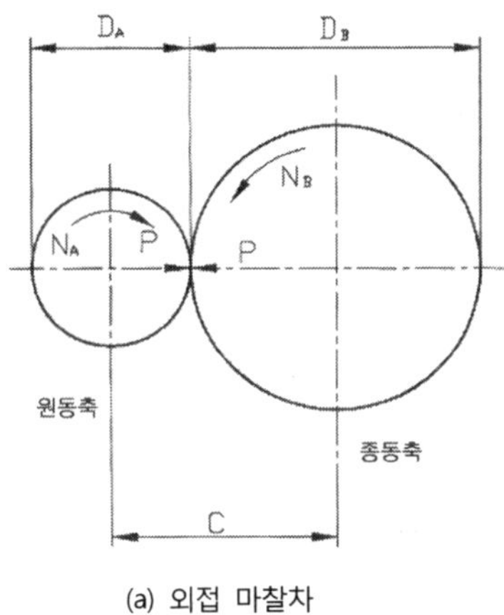

(a) 외접 마찰차

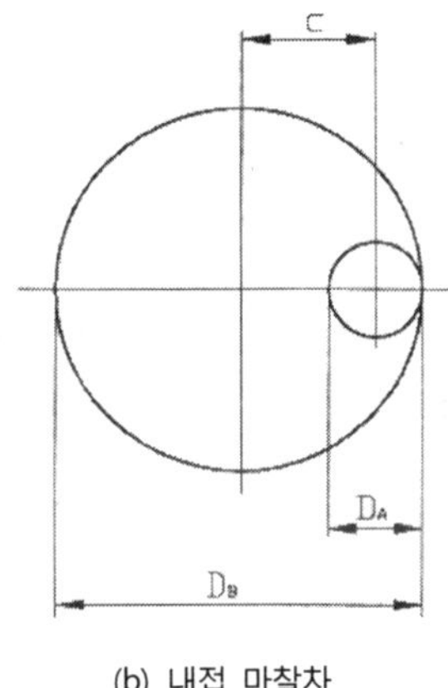

(b) 내접 마찰차

2. 회전비

$$i = \frac{N_2}{N_1} = \frac{D_1}{D_2} = \frac{w_2}{w_1}$$

3. 축 중심거리의 거리

① 외접인 경우

$$C = \frac{D_1 + D_2}{2}$$

② 내접의 경우($D_1 > D_2$)

$$C = \frac{D_1 - D_2}{2}$$

4. 전달토크

$$T = \mu P \cdot \frac{P}{2} = 716200\frac{H}{N} = 974000\frac{H'}{N}$$

μ : 마찰계수

5. 전달동력

$$H = \frac{\mu P v}{75}(ps) = \frac{\mu P v}{102}(kw)$$

스프링(Spring)

탄성체로 만들며, 힘을 가하면 변형되어서 에너지를 저장하고, 반대로 힘을 제거하면 에너지를 얻어 충격을 흡수 완화하거나 힘의 크기를 측정하는데 사용

① 가공하기 쉬운 재료이어야 한다.

② 높은 응력에 견딜 수 있고, 영구변형이 없어야 한다.

③ 피로강도와 파괴인성치가 높아야 한다.

④ 열처리가 쉬어야 한다.

⑤ 표면상태가 양호해야 한다.

⑥ 부식에 강해야 한다.

(a) 압축 스프링

(b) 변형 압축 스프링

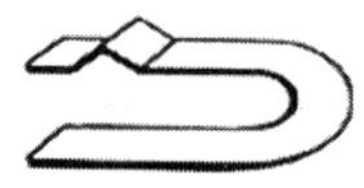
(c) 얇은 판 스프링

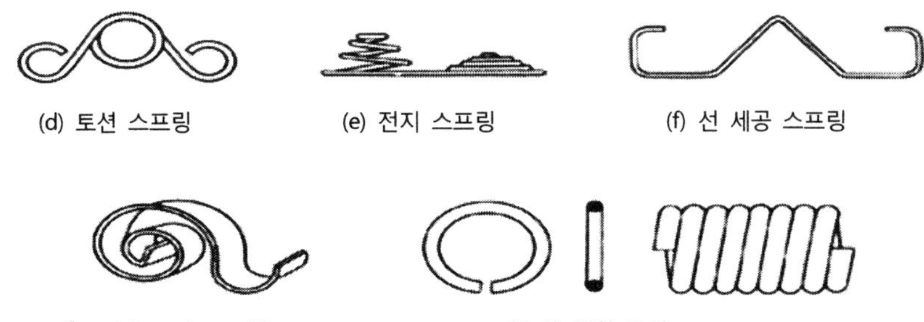

(d) 토션 스프링 (e) 전지 스프링 (f) 선 세공 스프링

(g) 모터 스프링 (h) 링 밀착 코일

1. 스프링 상수

스프링 변형은 δ은 탄성한도 내에서 하중 P에 비례하고 인장바축 선형 스프링에는

$P = K\delta$의 관계가 성립

$K = \dfrac{P}{\delta}$ 　　 K : 비례정수 또는 스프링 상수

2. 탄성 저장에너지

$$U = \frac{1}{2}P\delta = \frac{1}{2}K\delta^2$$

3. 스프링의 조합

병렬연결 : $k = k_1 + k_2 + \ldots.$

직렬연결 : $\dfrac{1}{k} = \dfrac{1}{k_1} + \dfrac{1}{k_2} + \dfrac{1}{k_3} + \ldots$

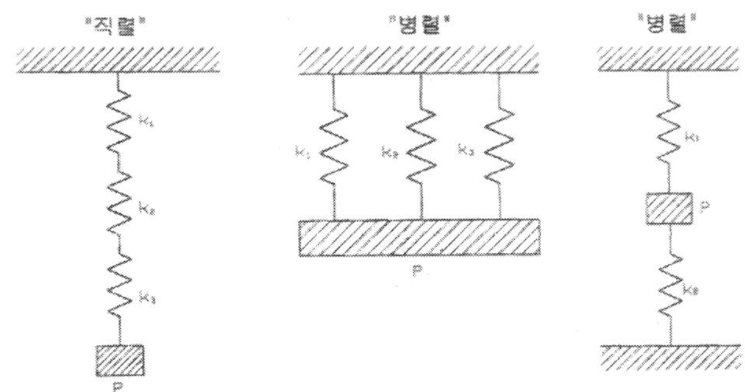

스프링 조합

4. 스프링에 발생되는 전단응력

$$\tau_{max} = \frac{8kDP}{\pi d^3}$$

τ : 전단응력(MPa)

P : 하중(N)

D : 코일의 평균지름(mm)

d : 소선 지름(mm)

브레이크(Brake)

기계운동을 정지, 또는 감속 조절하여 위험을 방지하는 역할을 하는 장치로서 운동의 제어는 일반적으로 마찰을 많이 이용하나 전자력을 이용할 때도 있다. 용량은 접촉면의 크기, 마찰계수, 발열 등에 의해 결정한다.

1. 작동부분의 구조에 따른 분류

① 블록브레이크

② 밴드브레이크

③ 디스크브레이크

④ 축압브레이크

⑤ 자동브레이크

⑥ 공기브레이크

⑦ 유압브레이크

⑧ 전자브레이크

⑨ 기계브레이크

2. 제동목적에 따른 분류

① 유체브레이크

② 전기브레이크

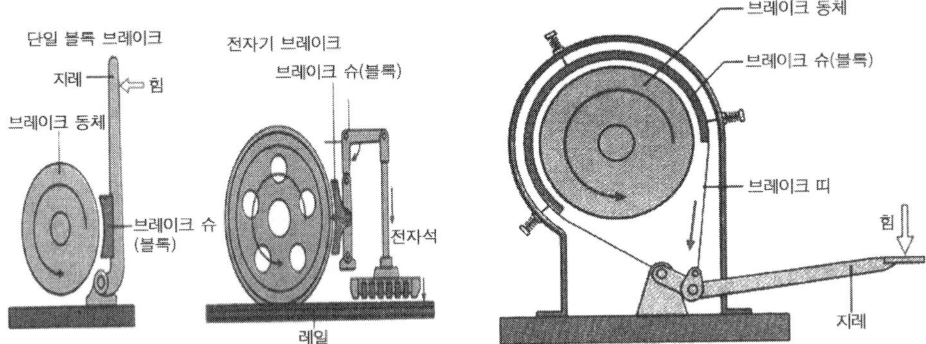

브레이크의 종류

3. 브레이크 제동력

$$f = \mu P \qquad P = \frac{f}{\mu}$$

μ : 드럼과 블록 사이의 마찰계수

4. 브레이크 토크

$$T = f\frac{D}{2} = \mu P\frac{D}{2} = 716200\frac{H}{N} = 974000\frac{H'}{N}$$

f : 제동력　D : 브레이크 드럼의 지름

03

기계공작법

주조(Casting)

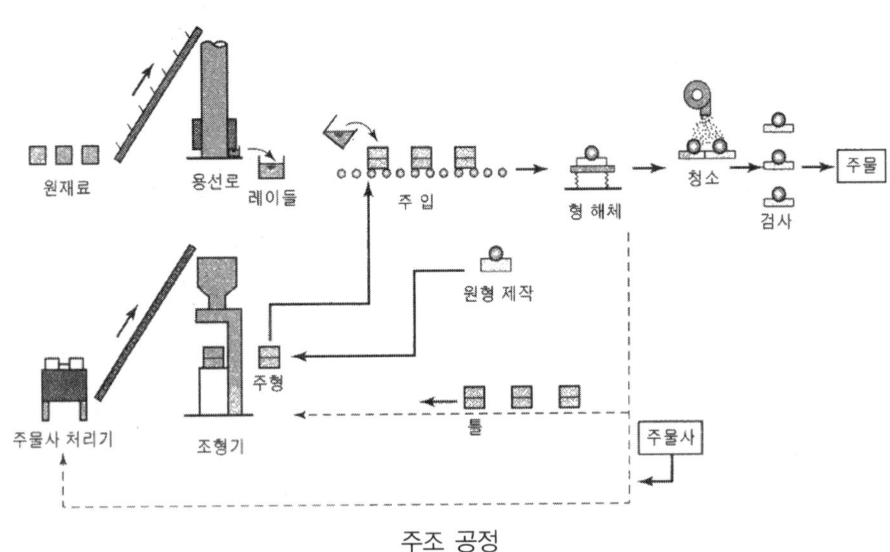

주조 공정

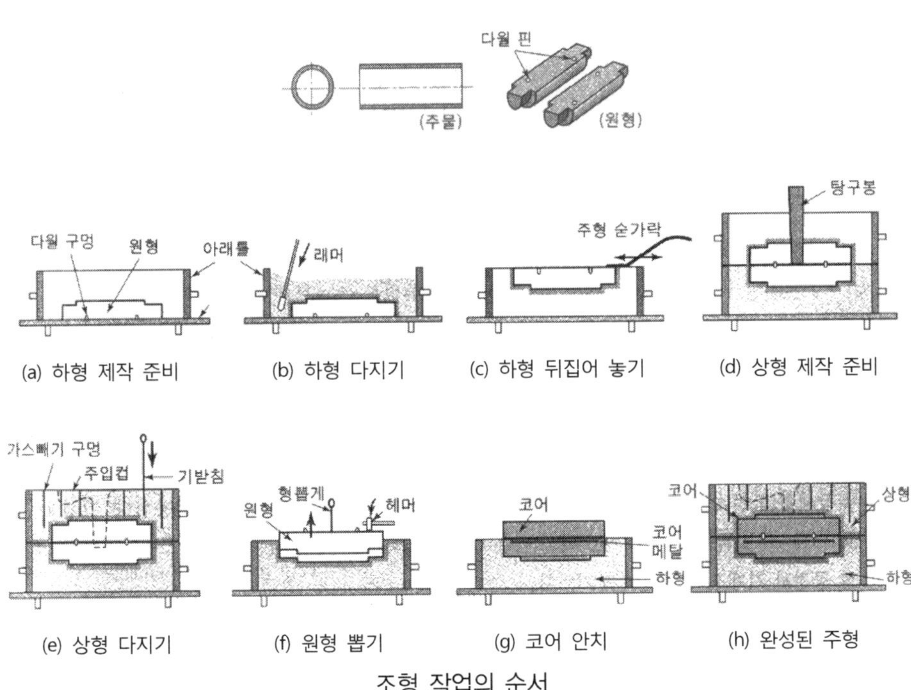

(a) 하형 제작 준비 (b) 하형 다지기 (c) 하형 뒤집어 놓기 (d) 상형 제작 준비

(e) 상형 다지기 (f) 원형 뽑기 (g) 코어 안치 (h) 완성된 주형

조형 작업의 순서

① 원형 : 어떤 제품을 만들 때, 제품과 같은 형상으로 만든 목재

② 주형 : 원형을 모래에 묻고 모래를 다진 후 원형을 제거, 원형과 같은 형상의 공간

③ 주조 : 공간에 용융된 쇳물을 부어 원형과 같은 형상의 제품을 제작

1. 목형의 종류

① 현형 : 제작할 제품과 동일한 형상으로 다듬질여유 및 수축 여유를 첨가한 목형으로 단체형, 분할형, 조립형이 있다.

② 부분 목형 : 기어나 프로펠러와 같이 형상이 대칭으로 되어 있는 것은 일부분만 목형을 만들어 목형을 모래 위에 놓고 중심선을 축으로 차례로 돌려가면서 전체의 주형을 만든다.

③ 회전 목형 : 제품이 회전체로 되어 있을 때 판재로 주물 단면의 일부분을 만들어 목형 중심축에 대하여 회전시켜 주형을 만드는 목형이다.

④ 긁기형 목형 : 단면이 고르고 긴 것에 적합하며, 안내판에 따라 긁기판을 움직여 만드는 목형이다.

⑤ 골조 목형 : 대형이고 주조 개수가 적을 때 사용하며, 외형의 골격만을 만드는 목형이다.

⑥ 코어 목형 : 중공의 주물일 때 중공 부분을 메우는 모래형의 목형이다.

2. 목형 제작시 중요사항

① 수축여유 : 수축을 고려하여 둔 여유량. 주물에서 냉각, 수축을 고려하여 목형을 제작할 때 수축량 만큼 크게 만든다. 수축 여유는 주철은 8.5~10.5mm, 주강은 18~21mm, 황동은 10.6~18mm, 청동은 13~20mm, 알루미늄은 20mm이다.

② 가공여유 : 손(手) 가공, 기계 가공을 고려하여 둔 여유량. 주물에서 목형을 제작할 경우 손 가공이나 기계 가공할 치수만큼 크게 만든다. 가공 여유는 거친 다듬질일 경우 1~5mm, 중간 다듬질일 경우 3~5mm, 정밀 다듬질 5~10mm, 주철, 주강의 경우는 3~6mm이다.

③ 목형구배 : 주형에서 목형을 빼내기 쉽게 하기 위해 목형의 수직면에 약간의

기울기를 두는 것으로 목형의 크기와 모양에 따라 다르나 1m 길이에 6~10mm 정도의 구배를 둔다.

④ 라운딩(rounding) : 모서리 부분이 응고될 때 결정조직이 경계가 생겨 약해지기 때문에 모서리를 둥글게 한다.

⑤ 덧붙임 : 얇고 넓은 판상 목형의 넓은 판면에 각제를 보충하여 응력에 대한 변형, 균열을 방지하기 위해 주형이나 목형에 덧붙여 보강한다.

⑥ 코어 프린트 : 코어의 위치를 정하거나 주형에 쇳물을 부었을 때 쇳물의 부력에 코어가 움직이지 않도록 하거나 또는 쇳물을 주입했을 때 코어에서 발생되는 가스를 배출시키기 위하여 코어에 코어 프린트를 붙인다. 코어 프린트는 속이 빈 주물을 만들 때 이용한다.

3. 주물사의 시험

① 내열성 : 제게르 콘과 같이 삼각뿔로 만들어 고온에 두어 연화 굴곡 온도를 제게르 콘으로 측정한다.

② 성형성(강도와 경도) : 압축시험으로 한다.

③ 통기도 : 주형 내에서 발생된 가스나 증기를 외부로 배출시키는 정도로서 일정 압력의 공기가 흐르는 빠르기로 나타낸다.

참고

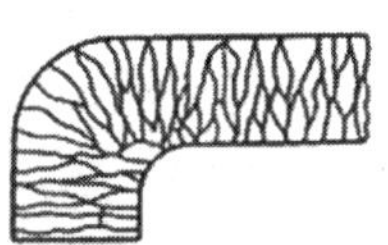
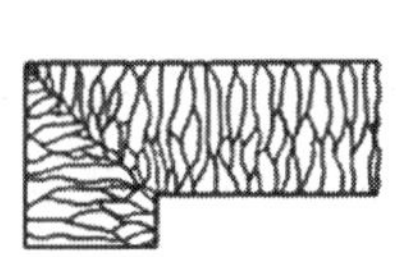

라운딩(rounding)

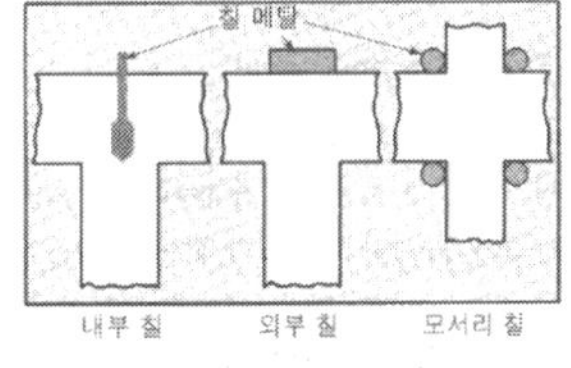

칠메탈(Chill metal)

내화도 측정

제에겔 코운이라고 부르는 작은 삼각뿔로 만든 시험편과, 같은 상태를 표시하는 표준 시험편의 번호로서 내화도 표시

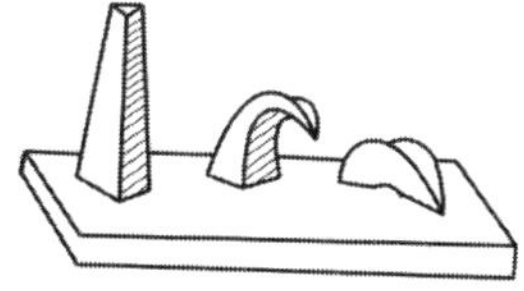

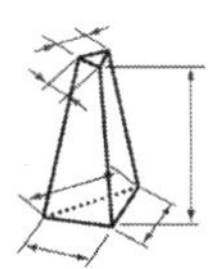

다이캐스팅 주조(die casting)
용융금속을 주형에 고압으로 주입하는 방법으로 주물의 정밀도가 높고 표면이 아름다워 기계 다듬질이 필요 없는데 사용된다(자동차 엔진 블록).
압탕(Feeder head)
주조에 주입한 쇳물의 압력을 증가하기 위하여 쇳물을 가득 채우는 빈 곳을 말한다.

4. 용해로(Melting furnace)

① 큐폴라(용선로) : 주철을 용해하는데 사용되는 로

② 전기로 : 전극 사이의 아크열을 이용하여 선철, 파쇠 등을 용해하여 강이나 합금강을 제조하는 것. 크기는 1회 용해할 수 있는 무게(ton)로 표시한다.

③ 반사로 : 노의 천장과 옆벽으로부터 반사열을 이용하여 금속을 용해하여 정련하는 노(爐)로서 용해 온도가 낮은 동, 황동, 청동 등 비철금속을 용해시키는데 주로 사용된다.

④ 평로 : 바닥이 낮고 편평한 반사로를 이용하여 선철을 용해시키며, 고철, 철광석 등을 첨가하여 용강을 만드는 것. 용량은 1회당 용해할 수 있는 쇳물의 무게를 톤(ton)으로 표시하며, 산성법과 염기성법이 있다.

⑤ 도가니로[crucible furnace] : 구리합금·경합금 등을 소량 용해할 때 흔히 사용된다. 가열에는 코크스·도시가스·중유 등을 연료로 하거나, 또는 노 안벽에 저항발열체를 늘어놓고 통전(通電)하는 전열식(電熱式)으로 한다. 도가니로를 제강(製鋼)에 사용할 때는 도가니제강법이라고 한다. 고철·탈산제 등의 원료를 도가니에 넣고 밀봉하여 노에 넣은 후 외부에서 가열하면, 소재(素材)의 녹이나 노 안의 공기에 의해 경도(輕度)의 산화제련이 이루어져 고급강이 되므로, 공구강·스프링강의 제조에 사용한다. 생산적은 아니지만 고급 금속재료를 소규모로 용해하기 위하여 사용되며, 경주식(傾注式)과 고정식(固定式)이 있다.

측정 및 손 다듬질

1. 측정기의 용도

① 블록 게이지 : 길이 측정의 표준 게이지

② 버니어캘리퍼스 : 외경, 내경, 깊이 측정용

③ 마이크로미터 : 나사의 피치를 이용하여 외경(외경용), 내경(내경용) 등의 측정에 사용된다.

④ 다이얼 게이지 : 평면도 검사, 축의 휨 및 진동, 기어의 백래시, 원통의 진원도, 축의 스러스트등을 측정하는데 이용된다.

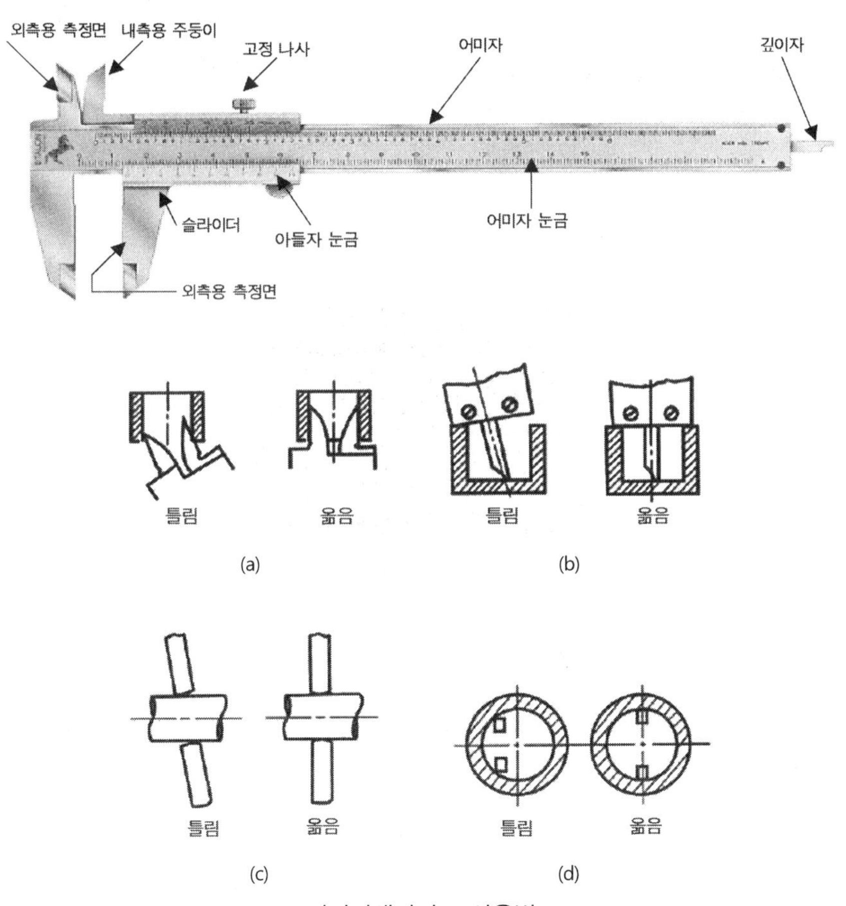

버니어캘리퍼스 사용법

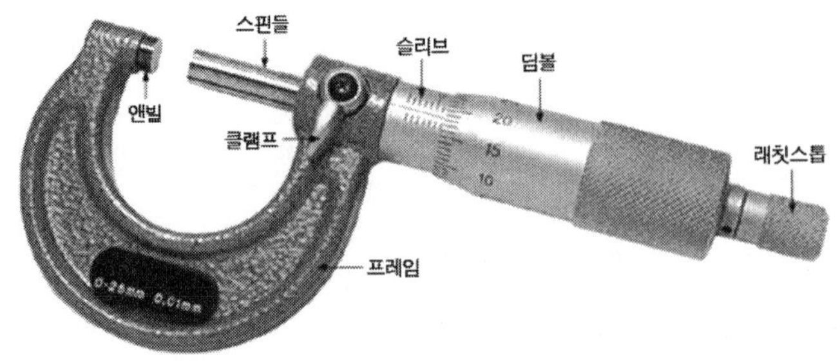

마이크로미터

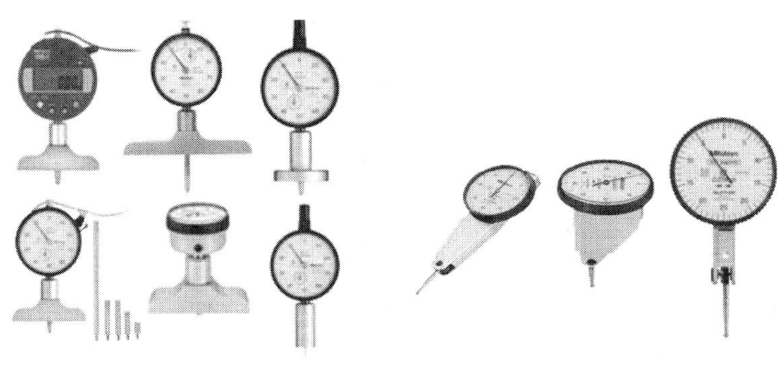

(a) 다이얼게이지 (b) 인디게이터

(c) 블록게이지

참고

딤블(Thimble) : 스핀들에 고정되어 스핀들의 회전과 함께 회전하며, 원 가장자리에는 스핀들을 쉽게 회전시키기 위해 롤렛(knurl)이 달려 있다. 그리고 원주 외의 단면에는 스핀들 이동량에 상당하는 분할 눈금이 있다.

앤빌(Anvil) : 측정하려는 물체의 끝단을 고정시키기 위한 장치

클램프(Clamp) : 프레임의 스핀들 안내부에 부착되어 있고, 크게 레버식과 링식 등 2종류가 있다. 레버식은 레버를 회전하여 캠 형태로 깎인 로드가 스핀들을 누르거나 느슨하게 하여 스핀들

의 회전을 고정하는 구조로 되어 있다. 링식은 링을 회전시켜 스핀들을 전체적으로 조이는 구조로 되어 있다.

나사 마이크로미터 : 암, 수나사의 유효지름 등을 측정하는 측정기구

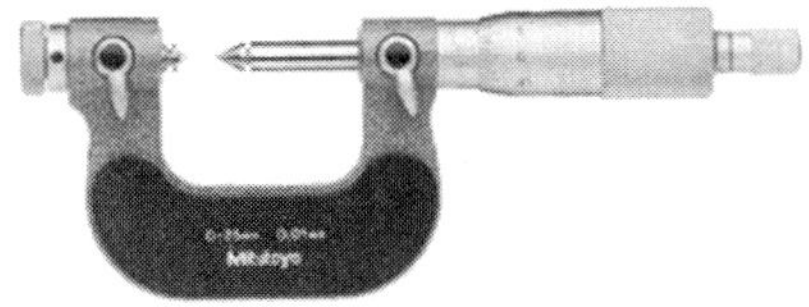

2. 비교측정

블록게이지, 다이얼게이지, 핀게이지, 인디게이터 등

장점

① 측정기를 적당한 위치에 장치함으로써 대량측정에 적당하고, 높은 정도의 측정을 비교적 용이하게 할 수 있다.

② 치수의 산포를 알고자 할 때에 계산을 생략할 수 있다.

③ 길이만이 아니라 면의 각종 형상의 측정이나 공작 기계의 정도, 검사 등 사용 범위가 넓다.

④ 치수의 편차를 기계에 관련지어 원격 조작이 가능하므로 자동화할 수 있다.

단점

① 측정 범위가 좁고, 직접 제품의 치수를 읽을 수 없다.

② 기준 치수가 되는 범위가 필요하다.

참고

아베의 원리(Abbe's principle)
"표준자와 피측정물이 같은 선에 있어야 함"
아베의 원리에 어긋나는 측정기 : 버니어캘리퍼스, 내측 마이크로미터

3. 계측기의 용도

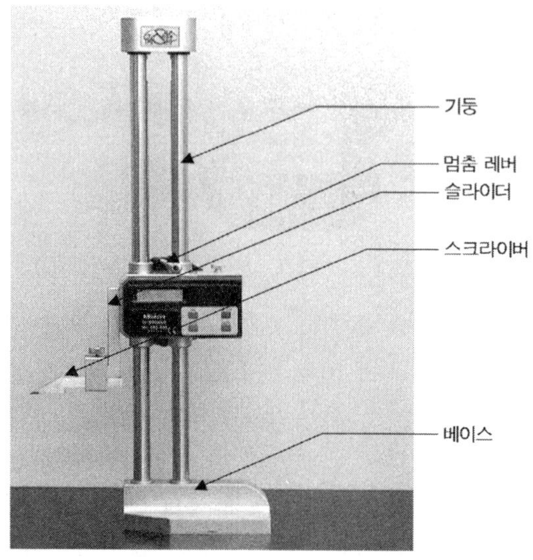

하이트게이지

① 윤곽 투영기 : 특히 편평한 부품 및 게이지, 공구, 기어, 나사 등의 치수를 측정하고 윤곽의 형상을 건사하기 위하여 10~100배로 확대한 실상을 스크린 위에 투영하는 광학적 측정기이다.

② 오토 콜리미터 : 정반이나 긴 안내면 등의 평면, 진직도, 직각도 및 단면 게이지의 평행도 등을 측정하는 게이지이다.

③ 옵티컬 플랫 : 마이크로미터의 측정면이나 블록게이지의 측정면과 같이 비교적 작은 부분의 평면도 측정에 이용되고 있다. 광학 유리를 연마하여 만든 극히 정확한 평행 평면반을 측정면에 살며시 포개어 놓고 표면에 나트륨 광선과 같은 단색광을 비추어 간섭무늬를 만든다. 무늬가 곧게 나타나면 정밀한 평면이다.

④ 다이얼게이지 : 다이얼 인디케이터(dial indicator)라고도 한다. 측정물의 길이를 직접 측정하는 것이 아니라 길이를 비교하기 위한 것으로, 평면의 요철(凹凸), 공작물 부착 상태, 축 중심의 흔들림, 직각의 흔들림 등을 검사하는 데 사용한다. 측정하려고 하는 부분에 측정자를 대어 스핀들의 미소한 움직임을 기어장치로 확대하여 눈금판 위에 지시되는 치수를 읽어 길이를 비교하는 길

이 측정기.

⑤ 3침법 : 나사의 골에 3개의 침을 끼우고 이들 침의 외측 거리를 마이크로메타, 측장기를 통해 측정하여 수나사의 유효지름을 계산하는 방법이다.

⑥ 하이트게이지 : 공작물의 높이 측정과 스크라이빙 블록(scribing block)과 함께 정밀한 금긋기에 사용하는 공구이며 사용상의 주의 점은 가, 나, 라항 이외에 버니어캘리퍼스를 수직으로 사용할 수 있도록 하여 높이를 측정한다.

참고

진직도란 : 일정한 구간 즉 시작점과 끝나는 점의 중심을 통과하는 가상의 절대 직선에서 실제적으로 얼마나 어긋나고 있느냐를 나타내는 개념이다. 예를 들어 50mm 구간에서 진직도를 측정한다는 것은 시작점 0부분의 중심점과 끝나는 점 50mm 부분의 중심점을 서로 연결하여 이 선을 기준으로 구간 여러 부분의 중심점과 일치하는가를 측정하는 것이다.

오차 : 어떤 양을 측정하는 경우에 그 참 값을 구하기는 불가능하며 반드시 측정치와 참값 사이에는 발생하게 되는 차이를 말한다.

잔차 : 어느 추정된 수학 모델에 입각하는 예측 값과 실측값과의 차이를 말한다.

편차 : 각 수치와 대표 값과의 차이. 편차의 절대 값 한계를 도수로 나눈 것을 평균 편차라 한다.

4. 수공구의 용도

① 탭 : 암 나사를 가공하는데 사용하는 공구이다.

② 리머 : 드릴로 뚫은 구멍의 내면을 매끄럽게 정밀도가 높은 구멍으로 다듬질하는데 사용하는 공구이다.

③ 다이스 : 수나사를 가공하는데 사용하는 공구이다.

④ 스크레이퍼 : 기계가공이나 줄 작업 후 가공된 평면이나 원뿔면을 정밀하게 다듬질하기 위해 사용하는 공구이다.

5. 드릴링 머신의 기본 작업

① 드릴링 : 드릴로 구멍을 뚫는 작업

② 스폿 페이싱 : 너트가 접촉되는 부분을 절삭하여 시트를 만드는 작업

③ 카운터 보링 : 작은 나사, 둥근 머리 볼트의 머리를 공작물에 묻히게 하기 위해 턱 있는 구멍 뚫기 가공이다.

④ 카운터 싱킹 : 접시 머리 볼트의 머리 부분이 묻히도록 원뿔자리 파기 작업

⑤ 보링 : 뚫린 구멍을 리머를 사용하여 드릴링 머신으로 다듬는 작업

㉠ 공구명 : BORE

㉡ 작업명 : 내경을 확장 및 다듬질하는 작업

⑥ 리밍 : 뚫린 구멍을 리머를 사용하여 드릴링 머신으로 다듬는 작업

㉠ 공구명 : 리머(REAMER)

㉡ 작업명 : 내경을 정밀하게 다듬질하는 작업

⑦ 태핑 : 탭을 사용하여 드릴링 머신으로 암나사를 가공하는 작업

소성 가공(Plastic working)

① 소성 변형 : 재료에 힘을 가하면 변형을 일으키게 되고 힘을 제거하여도 원형으로 완전히 복귀되지 않고 다소의 변형이 남게 되는 변형을 소성 변형이라 한다.

② 가공 경화(Work hardening) : 냉간 가공중에 금속을 변형시켰을 때 변형 부분이 원래의 상태보다 단단하게 되는 현상으로 철사를 굽혔다 폈다 하는 것을 여러번 반복했을 경우 절단되는 원인은 가공 경화가 되기 때문이다. 가공 경화가 되면 강도는 증가하고 연신율은 감소한다.

③ 시효경화 : 금속재료를 일정한 시간 적당한 온도 하에 놓아두면 단단해지는 현상으로 20세기 초 독일의 A.빌름이 두랄루민의 시효경화를 발견하였다. 오늘날 시효경화가 일어나는 합금은 이 밖에도 많이 알려져 있으나 상온에서 일어나는 것은 알루미늄합금·납합금 등 녹는점이 낮은 금속의 합금이며 구리합금 등은 가열하지 않으면 일어나지 않는다.

④ 소성(plasticity) : 탄성 한도 이상의 응력을 가하면 응력을 제거하여도 변형된 상태에서 원상태로 되돌아오지 않는 성질

⑤ 취성(brittleness) : 금속에 외력을 가했을 때 잘 부서지고 잘 깨지는 성질로서 인성에 반대되는 성질

⑥ 재결정 온도 : 소성 가공 방법에는 냉간 가공과 열간 가공으로 분류되며, 재결정 온도 이하의 낮은 온도에서의 가공을 냉간 가공, 재결정 온도이상의 높은 온도에서의 가공을 열간 가공이라 한다(소성 변형 된 금속이 가열되면서 재결정화가 되기 시작할 때의 온도).

⑦ 인성 : 물체의 질긴 정도

⑧ 내마멸성 : 금속과 금속의 마찰시 그 금속의 성질이 변하지 않는 것

⑨ 경도 : 물체의 단단한 정도

금속	재결정 온도	용융점	금속	재결정 온도	용융점
Fe	450	1536	Mg	150	650
Ni	600	1453	Zn	상온	419.5
Cu	200	1083	Sn	상온 이하	231.5
Al	150	660	Pb	상온 이하	327.4

금속의 재결정 온도

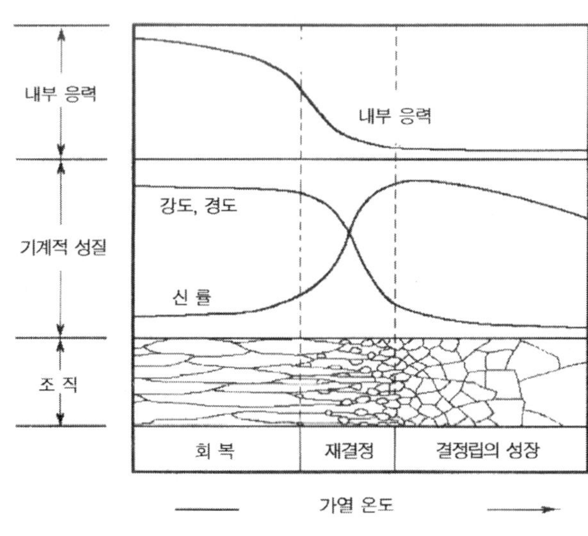

금속의 가공경화

참고

스프링 백(spring back)

소성재료를 굽힘 가공을 할 때 재료를 굽힌 후 힘을 제거하면 판재의 탄성으로 인하여 탄성변형 부분이 원래의 상태로 복귀하여 그 굽힘 각도나 굽힘 반지름이 열려 커지는 현상이며 프레스 작업이나 판금가공에서 주로 발생한다.

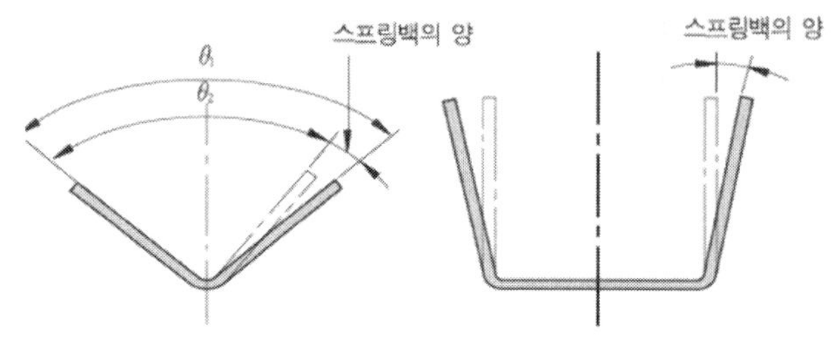

1. 열간가공의 특징

① 작은 동력으로 큰 변형을 줄 수 있다.

② 재질의 균일화가 이루어진다.

③ 가공도가 크므로 거친 가공에 적합하다.

④ 산화되기 쉬워 정밀 가공은 곤란하다.

⑤ 재결정 온도 이상으로 가열되므로 가공이 쉽다.

2. 냉간 가공의 특징

① 제품의 치수를 정확히 할 수 있으며, 가공면이 깨끗하다.

② 어느 정도 기계적 성질을 개선할 수 있다.

③ 가공 경화로 강도가 증가하고 연신율이 감소한다.

④ 가공 방향으로 섬유 조직이 되어 방향에 따라 강도가 달라진다.

⑤ 재료의 변형저항이 크므로 동력소모가 많다.

⑥ 재료 내부에 응력이 잔류하게 되어 자연 균열(season crack)이 발생할 수가 있다.

3. 소성가공 종류

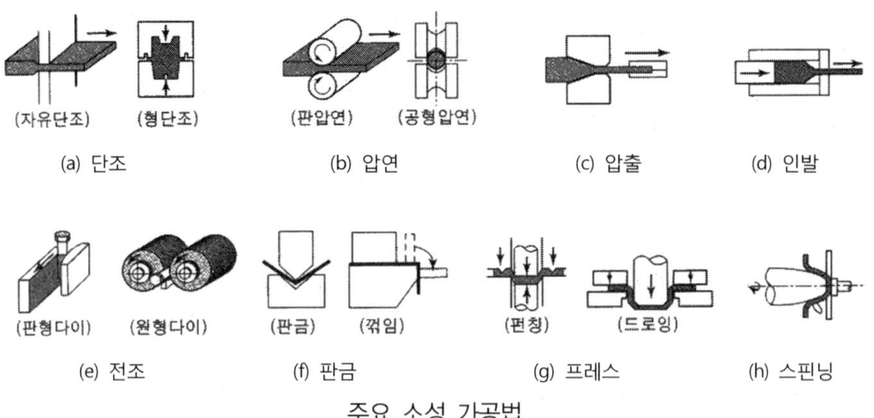

주요 소성 가공법

① 단조 : 인력이나 기계력을 이용한 해머로 가열된 재료를 앤빌 위에 올려놓고 타격하여 소정의 제품으로 성형하는 가공. 금형을 사용하지 않는 자유단조와 금형을 사용하는 형단조가 있다. 단조는 거친 결정입자를 치밀하고 미세하게 함과 동시에 재료 내부의 불순물을 제거 시킨다.

② 인발 : 다이(die)에 소재를 통과시켜 기계력에 의해 잡아당겨 단면적을 줄이고 길이 방향으로 늘리는 가공으로 다이 구멍의 형상과 같은 단면의 봉, 파이프, 선 등을 만드는 작업.

③ 압연 : 회전하는 2개의 롤러 사이에 재료를 통과시켜 판재나 형재를 만드는 가공. 압연은 재료의 수축공이나 기공 등을 압착하여 수지상조직을 미세화하고 균질화하여 우수한 제품을 얻을 수 있는 장점이 있으며, 압연할 때 고온으로 가열하여 작업하는 열간 압연(hot rolling)과 상온에서 작업하는 냉간 압연(cold rolling)이 있다.

④ 압출가공 : 단면이 균일한 긴 봉이나 관 등을 제조하는 금속가공법으로 영국의 J.브라마가 1797년에 납을 녹여 펌프로 밀어내어 연관(鉛管)을 만든 것이 그 시초이다. 크게 정압출법(正押出法)과 역압출법으로 분류되는데 전자는 압출되는 금속의 방향이 외부로부터 압력을 가하는 방향과 같은 경우이고, 후자는 이 방향이 반대가 되는 것이다.

⑤ 전조가공 : 다이나 롤러를 사용하여 재료를 회전시키면서 압력을 가하여 제품

을 만드는 가공법으로 수나사 또는 기어 가공에 주로 사용된다.

⑥ 판금가공 : 판재를 사용하여 각종용기, 장식품 등을 만들때 딥드로잉, 프레싱, 시어링, 굽힙가공 등을 이용하여 제품을 만드는 가공법

4. 프레스 전단가공의 종류

① 블랭킹(blanking) : 판재를 펀치와 다이를 사용하여 필요한 형상으로 뽑아낸 부분이 제품이 되는 판금 가공법

② 피어싱(piercing) : 판재에서 구멍을 만드는 작업을 뽑힌 부분이 스크립이 되고 남은 부분이 제품이 된다.

③ 전단(searing) : 판재를 공구와 펀치, 다이 또는 전단기를 사용하여 필요로 하는 형상으로 잘라 내거나 뚫어내거나 단을 붙이는 등의 판금 작업

④ 트리밍(trimming) : 프레스 가공이나 주조 가공 등으로 생산된 제품의 불필요한 테두리나 핀 등을 잘라 내거나 따내어 제품을 깨끗이 정형하는 판금 작업

⑤ 셰이빙(shaving) : 뽑기나 구멍 뚫기를 한 제품의 가장자리에 붙어 있는 파단면 등이 편평하지 못하므로 제품의 끝을 약간 깎아 다듬질하는 작업

⑥ 엠보싱(embossing) : 기계 부품 등에 장식과 보강을 위해 냉간가공으로 파형의 홈을 만드는 압축 가공을 말한다.

공작기계(Machine tools)

1. 선반가공

공작물을 회전시키면서 바이트를 이송 또는 절입시켜 외경 절삭, 끝 면 절삭, 정면 절삭, 절단, 테이퍼 절삭, 곡면 절삭, 구멍 뚫기, 보링 및 널링 작업, 나사 절삭 등을 하는 공작기계이다.

2. 보통 선반의 주요 구성

① 주축대 : 공장물을 지지하고 회전운동을 하는 부분이다.

② 심압대 : 센터로 공작물을 지지하거나 구멍 작업시 드릴이나 리머를 설치하는

부분이다.

③ 왕복대 : 공구를 부착시켜 이송 운동에 의해 공작물을 절삭하는 부분이다.

④ 베드 : 주축대, 심압대, 왕복대, 이송 변속장치 등을 지지하며 왕복대, 심압대 이동의 가이드 역할을 한다.

참고

척(Chuck)
선반 부속장치의 하나. 공작기계의 하나인 선반의 주축(主軸) 끝에 장치하여 공작물을 유지하는 부속장치이다.

주분력 : 공구의 절삭 방향으로 작용
배분력 : 공구의 축방향에 작용
이송분력 : 이송방향에 작용

주분력 > 배분력 > 이송분력

3. 선반의 종류

① 공구 선반 : 보통 선반과 같으나 정밀한 형식으로 되어있고 부속장치가 있다(taper, 여유각을 깍는 relieving 장치).

② 탁상 선반 : 작업대에 설치하여 사용하는 소형 선반으로 계기, 시계 등의 부품과 같은 것을 절삭하는 것

③ 보통 선반 : 기본적인 구조와 기능을 가진 대표 적인 기계로 베드, 주축대, 왕복대, 심압대, 이송장치 등으로 구성되어 있으며, 작업범위가 넓다.

④ 수직 선반 : 테이블이 수평면 내에서 회전하고 공구는 수직 방향으로 이송(대형으로 무거운 일감)

4. 구성인선의 방지책

① 절삭 깊이를 작게 할 것.

② 경사각을 30° 이상 크게 할 것.

③ 공구의 인선(날부분)을 예리하게 할 것.

④ 절삭속도를 크게(빠르게) 한다.

⑤ 윤활성이 있는 절삭제를 사용한다.

5. 절삭 침의 생성

① 유동형 : 고속으로 절삭할 때 칩이 바이트의 경사면에 따라 흐르는 것과 같이 연속적으로 발생한다.

② 전단형 : 연성인 재료를 사용하여 저속으로 절삭할때 날 끝의 경사된 위쪽에 칩이 일정 간격을 두고 전단이 발생되는 형태

③ 경작형(열단형) : 절삭속도가 느린 경우 칩이 경사면에 점착되어 날 끝에서 비스듬히 아래쪽을 향해서 균열이 일어나면서 절삭된다.

④ 균열형 : 절삭속도가 매우 느릴 경우 순간적으로 균열이 발생되어 칩이 공작물에서 분리되는 형태

6. 절삭공구 재료

절삭공구용 재료 : 탄소공구강 합금공구강(STS), 고속도강(SKH), 스텔라이트(STELLITE, 주조합금 공구재료), 소결초경합금(WC TIC Tac), 세라믹(ceramic) 등이 있다.

① 서멧 : 분말야금법으로 만들어진 금속과 세라믹스로 이루어지는 내열재료이며 수소 속이나 진공 또는 기타 적당한 분위기에서 소결한다. 세라믹스의 특성인 경도·내열성·내산화성·내약품성·내마모성과 금속의 강인성·가소성·기계적 강도 등을 함께 가진다.

② 세라믹(ceramics)은 도자기, 유리 및 시멘트 등 고온에서 소결 처리하여 만들어진 무기재료의 총칭, 특히 정제된 재료를 사용하여 정밀하게 만들어진 것을 파인 세라믹이라고 한다. 터보차저의 로터 등 고온에 강하며 강도가 높은 성질을 이용한 구조용 세라믹과 서미스터 온도계 등 전자기적인 특성을 이용한 기능성 세라믹이 있다.

7. 절삭 공구의 마멸

① 크레이터(crater) 마모 : 공작물 가공시 변형에 의 하여 경화된 칩이 공구 면에 작용하여 마멸되거나 고온, 고압으로 인하여 공구에 융착 현상이 발생되어

공구 표면층의 일부가 움푹하게 파여지며, 절삭도중 떨어져 나가는 현상을 말한다.

② 플랭크(flank wear) 마모 : 공구의 플랭크가 절삭면에 평행하게 마멸되는 현상을 말한다.

③ 치핑(chipping) : 밀링, 셰이퍼 등과 같이 절삭날 끝에 충격이 작용하는 경우나 경질합금과 같이 공구 재료를 사용하는 경우 발생하는 현상으로 날끝의 일부가 파괴되어 탈락되는 것을 말한다.

8. 절삭가공기계

① 보링 머신 : 공작물에 뚫린 구멍을 확대하는데 사용하는 공작기계로서 자동차 엔진의 실린더 보링은 바이트를 회전시키면서 상하로 이동시켜 절삭하고 일반 공작에서는 바이트를 회전시키고 공작물을 이송시켜 절삭한다.

② 밀링 머신 : 밀링커터를 회전시켜 상하·좌우·전후의 선형이송운동(線形移送運動)을 준 공작물을 절삭하는 공작기계. 프라이스반(盤)이라고도 한다.

③ 드릴링 머신 : 드릴을 사용하여 공작물에 구멍을 뚫는 공작기계이다. 드릴의 날끝 각은 일반적으로 118°이고 35°의 비틀림 각도로 되어 있다.

④ 셰이퍼 : 테이블에 공작물을 공정한 후 이송시키면서 램에 설치된 바이트가 좌우 왕복할때 평면 또는 홈 등을 절삭하는 공작기계. 셰이퍼의 크기는 테이블의 최대 이동거리 또는 램의 최대 행정으로 나타낸다.

⑤ 호빙 머신 : 래크 커터를 변형시킨 호브를 회전시키고 이에 접한 기어 소재에 회전 이송을 시켜 기어 이를 창성시키는 기어 절삭기계이다.

⑥ 브로칭 : 비교적 복잡한 모양을 하고 있는 가공물의 내면 또는 표면을 절삭가공하는 것

참고

쇼어경도(Shore hardness)

쇼어 경도는 작은 다이아몬드를 시험대에 낙하시켰을 때 반발되어 튀어 올라간 높이로 경도를 측정한다. 쇼어 경도 시험은 다이스, 기어 및 롤러의 시험에 사용된다.

9. 정밀입자 가공의 종류

① 랩핑 : 공작물보다 경도가 낮은 주철, 구리, 목재로 만든 랩을 공작물의 다듬질할 면 사이에 적당한 연삭 입자를 넣고 공작물과 적당한 압력으로 접촉시켜 상대 운동을 시킴으로서 입자가 공작물의 표면에서 아주 적은 양을 깍아 내어 표면을 매끈하게 다듬는 가공

② 호닝 : 고운 입자의 막대형 숫돌을 방사 선상으로 배치한 혼(hone)을 회전시킴과 동시에 왕복 운동을 하면서 보링 머신의 바이트 자국을 없애는 작업, 보링, 리밍 및 연삭 가공을 끝낸 원통의 내면을 정밀하게 다듬질하는 방법으로 정밀도는 3~10μ 정도이고 숫돌의 원주 속도는 일반적으로 40~70m/min로 하며 왕복 운동 속도는 원주 속도의1/2~1/5로 한다.

③ 수퍼 피니싱(super finishing)

㉠ 입도가 작고 결합도가 작은 숫돌을 공작물에 가볍게 누르고 매분 500~2000회 정도의 진동수로 진동을 주면서 왕복운동을 시킴과 동시에 공작물에도 회전을 주어 가공면을 단시간에 매우 편평한 면으로 초정밀 가공하는 것.

㉡ 탄소강과 합금강은 WA($AL_2\ O_3$) 숫돌을 사용하며, 주철, 알루미늄, 동합금에는 GC(SiC) 숫돌이 사용된다.

10. 연삭숫돌 용어의 정의

① 자생작용 : 연삭숫돌이 연삭과정 중에 입자가 마멸→파쇠→탈락→생성의 과정을 반복하여 새로운 입자가 생성되어 커터와 바이트 같이 연삭하지 않아도 되는 현상

② 글레이징 : 숫돌 바퀴의 입자가 탈락하지 않고 마멸에 의해 납작하게 된 현상이다.

③ 투루잉 : 숫돌의 연삭면을 숫돌과 축에 대하여 평행 또는 일정한 형태로 성형시키는 수정하는 방법이다.

④ 드레싱 : 숫돌면의 표면층을 깍아 떨어뜨려서 절삭성이 나빠진 숫돌면을 새롭고 날카로운 입자를 발생시켜 주는 수정 방법이다.

⑤ 로딩(loading) : 연삭 작업 중 숫돌 입자의 표면이나 기공에 칩이 차 있는 현상

11. 특수가공

① **숏피닝(Shot peening)** : 여러 개의 철, 지름 0.7~0.8mm 정도 강의 볼 또는 망간 주철구, 칠드 주철구를 10~50m/sec로 가공품의 표면에 분사시켜 가공물을 연마와 동시에 강도, 피로강도를 증대시키는 가공으로 스프링, 축, 기어 등의 가공에 이용된다.

② **초음파가공** : 초음파를 사용해서 금속이나 그 밖의 것을 가공하는 일. 주파수가 약 2만 Hz 이상인, 사람의 귀에는 소리로서 들리지 않는 초음파를 이용하는 가공법

③ **DNC** : 직접수치제어, 2대 이상의 공작기계를 컴퓨터(수치제어장치)에 결합시켜 작업성 및 생산성을 향상시키는 시스템

④ **NC** : 수치제어 1대의 공작기계를 컴퓨터(수치제어장치)에 결합시킨 자동화 공작기계 시스템

전기저항용접(Electric resistance welding)

용접물에 전류가 흐를 때 발생되는 저항 열로 접합부가 가열되었을 때 가압하여 접합하는 방법으로 저항 용접의 3대 요소는 용접 전류, 통전 시간, 가압력이다.

1. 전기 저항 용접(압접)의 종류

① **스폿 용접** : 점용접이라고도 한다. 겹쳐 놓은 모재의 앞쪽 끝을 적당하게 성형한 전극으로 누르고, 여기에 전류를 통하면 접촉면의 전기저항이 크므로 발열하게 된다. 접촉면의 저항은 곧 소멸하게 되나, 이 발열에 의하여 재료의 온도가 상승하여 모재 자체의 저항이 커져서 온도는 더욱 상승한다. 여기에 강한 압력을 가하여 용접을 하는 것이 스폿 용접이다.

② **심 용접** : 용접부를 겹쳐 한 쌍의 롤러 사이에 끼우면 롤러의 회전에 의해 접합선에 따라서 연속적으로 용접하는 방법으로 점 용접의 전극 대신에 롤러 모양의 전극을 이용하는 접합하는 용접

③ **프로젝션 용접** : 금속 전극의 돌기부에 접합부를 접촉시켜 압력을 가하고 전류를 통전시키면 전기저항 열의 발생을 비교적 작은 특정 부분에 한정시켜 접

합하는 용접

④ 맞대기 용접 : 2개의 금속을 용접기에 설치하여 맞대고 전류를 통전시키면 접촉부가 전기저항 열에 의해 응융될 때 압력을 가해 접합시키는 용접

⑤ 프라즈마 용접 : 특수용접이며 자동차에서는 주로 스폿용법을 많이 사용한다.

참고

리벳

강철판을 포개어 뚫려 있는 구멍에 가열한 리벳을 꽂아 넣고, 머리 부분을 받친 후 기계 · 해머 등으로 두들겨 변형시켜서 체결한다. 대체로 연강(軟鋼)으로 만들지만, 특수용도에는 합금강 · 경합금으로 만들며, 종류는 머리의 모양에 따라 둥근머리 리벳 · 접시머리 리벳 · 납작머리 리벳 · 둥근 접시머리 리벳 · 냄비머리 리벳 ·얇은 납작머리 리벳 등이 있다.

용접이음

용접법은 접합부에 금속재료를 가열.용융시켜 서로 다른 두 재료의 원자 결합을 재배열하여 결합시키는 방법으로 아크용접, 가스용접, 테르밋용접 등이 있다. 압접법은 접합부에 외부의 강한 물리적 압력을 가해 접합하는 방법으로 가스압접이나 단접(鍛接)처럼 압력을 가하는 동시에 가열하는 방법을 특히 가열압접 또는 고온압접이라고 한다.

2. 용접봉의 피복제 작용

① 중성 또는 환원성 분위기를 만들어 대기중의 산소나 질소의 침입을 방지하고 용융금속을 보호한다.

② 아크를 안정시킨다.

③ 용융점이 낮은 가벼운 슬래그를 만든다.

④ 용접 금속의 탈산 및 정련 작용을 한다.

⑤ 용접 금속에 적당한 합금 원소를 첨가한다.

⑥ 용적을 미세화하고 용착효율을 높인다.

⑦ 용융금속의 응고와 냉각속도를 지연시킨다.

⑧ 모든 자세의 용접을 가능케 한다.

⑨ 슬랙의 제거가 쉽고 파형이 고운 비드를 만든다.

⑩ 모재 표면의 산화물을 제거하여 완전한 용접이 되도록 한다.

⑪ 전기 절연 작용을 한다.

참고

아크안정제

규산칼륨, 규산나트륨, 산화티탄, 석회석이 사용된다.

3. 언더컷과 오버랩

언더컷(UnderCut) 원인

① 전류가 높을 때

② 아크 길이가 길 때

③ 용접봉 취급이 부적당

④ 용접속도가 빠를 때

대책

① 낮은 전류를 사용한다.

② 아크 길이를 짧게 한다.

③ 용접봉의 유지 각도를 바꾼다.

④ 용접속도(운봉)를 천천히 한다.

오버랩의 원인

① 운봉 속도가 느릴 때

② 용접 전류가 낮을 때

③ 모재에 비해 용접봉이 굵을 때

4. 용접 방법

① **불활성가스 아크 용접** : 알곤(Ar), 헬륨(He) 등 고온에서도 금속과 반응하지 않는 불활성 가스의 분위기 속에서 텅스텐(TIG 용접) 또는 금속(MIG 용접) 봉을 전극으로 하여 모재와의 사이에서 아크를 발생시켜 용접하는 방법이다.

② **탄산가스 아크 용접** : 용접부에 co_2가스(실드가스)를 분사시켜 금속 와이어(전극

봉)와 모재와의 사이에 발생하는 아크를 공기와 차단시킨 상태에 서열에 의해 모재를 가열 융합시켜서 용접하는 방법이다.

③ 일렉트로 슬래그 용접 : 처음에는 플럭스 안에서 모재와 용접봉 사이에 아크가 발생하여 플럭스가 녹아서 액상의 슬래그가 되면 전류를 통하기 쉬운 도체의 성질을 갖게 되면서 아크는 꺼지고 와이어와 용융 슬래그 사이에 흐르는 전류의 저항 발열을 이용하는 자동 용접법

④ 서브머지드 아크용접 : 은 용접부에 압자상의 용제를 공급하고 용제 속에서 아크를 발생시켜 연속적으로 용접하는 것으로 용접선이 짧거나 용접선이 구부러진 경우 용접장치의 조작이 어렵다.

⑤ 가스 가우징(Flame gouging) : 가스 불꽃으로 가열하고 금속과 산소의 급격한 화학반응을 이용하여 절단하는 것.

⑥ 가스절단 : 금속과 산소가스와의 반응열로 금속을 절단하는 방법이다. 연소 가스로는 아세틸렌 외에 수소·천연가스·석탄가스·프로페인가스 등을 사용할 수 있다.

⑦ 이산화탄소 아크용점 : 용접부분에 이산화탄소 가스(실드 가스)를 분사시켜 금속 와이어(전극봉)과 모재와의 사이에 발생하는 아크를 공기와 차단시킨 상태에서 열에 의해 모재를 가열 융합시켜 용접하는 방법이다.

⑧ 테르밋 용점(thermit welding) : 테르밋 용재(알루미늄과 산화철 분말)를 사용하여 이때 발생하는 고열을 이용하여 강 또는 철재를 이용하는 방법이다.

⑨ 불활성 가스 아크용점 : 아르곤, 헬륨 등 고온에서도 금속과 반응을 하지 않는 불활성가스의 분위기 속에서 텅스텐(TIG용점)과 금속선(MIG용접)을 전극으로 하여 모재와의 사이에서 아크를 발생시켜 용접하는 방법으로 알루미늄, 구리합금과 같은 특수금속을 용접할 수 있다.

5. 용접부 검사검사의 용도

① 자기 탐상법 : 탐상하려는 재료를 자화하여 금속분말을 뿌리면 흠이 있는 부분에 집중하여 금속분말이 부착되는 것을 이용하는 탐상법

② 방사선 탐상법 : χ선, γ선, β선 등의 방사선을 이용하여 재료 내부의 결함을 검사하는 탐상법

③ **형광 탐상법** : 형광 침투 탐상법은 육안 검사로 발견할 수 없는 작은 균열이나 결함 등을 발견한다. 형광 침투 탐상 검사는 형광체를 포함하고 있는 침투액을 사용하는 방법으로 파장이 360±40nm인 자외선을 쬐며 결함 지시 모양을 황록색으로 발광시켜 손상 부위를 검출하는 방식이다.

④ **초음파 탐상법** : 초음파를 이용하여 용접부 또는 재료의 내부의 결함 유무를 검출하는 방법으로 투과법, 반사법 및 공진법이 있다.

참고

비파괴검사

공업제품 내부의 기공(氣孔)이나 균열 등의 결함, 용접부의 내부 결함 등을 제품을 파괴하지 않고 외부에서 검사하는 방법

04

유 체 기 계

펌프(Pump)

1. 펌프 종류

① 터보형 펌프

㉠ 원심 펌프 : 벌류트 펌프, 터빈 펌프

㉡ 사류 펌프 : 축류 펌프

② 용적형 펌프

㉠ 왕복형 펌프 : 피스톤 펌프, 플런저 펌프

㉡ 피스톤 펌프 : 물을 높은 곳으로 올려 보내는 펌프의 하나. 한 개의 공기실에 펌프 두 개를 붙여 놓은 것으로, 공기실에서 공기가 압축되어 압력이 작용하므로 손잡이를 올릴 때나 내릴 때나 끊임없이 물이 나오게 되어 있다.

㉢ 회전형 펌프 : 기어 펌프, 베인 펌프

㉣ 베인 펌프 : 회전자(回轉子 : rotor) 부분이 들어 있는 케이싱 속에 여러 장의 날개(베인)를 설치하여 회전시켜 유체를 흡입하고 송출하는 펌프이다. 회전자는 반지름 방향이거나 그보다 더 경사진 방향으로 4~12개의 홈이 같은 간격으로 파여 있으며 이 홈에 날개가 들어 있다. 이것은 회전자가 회전할 때 홈 안에서 왕복운동을 한다.

③ 특수 펌프

㉠ 마찰 펌프

㉡ 분사 펌프(제트 펌프)

㉢ 기포 펌프

㉣ 수격 펌프

참고

다단 펌프

양수기의 양정을 높이기 위하여 한 개의 케이싱안에 여러 개의 임펠러를 차례로 장치한 양수기

2. 원심 펌프

1개 또는 여러 개의 회전하는 회전차에 의해 액체의 펌프하거나 압력을 발생하는 펌프

① 유량

일정한 유량으로 유체가 흐릴 때 파이프의 지름을 2배로 하면 유속은 1/4배가 된다.

$Q = Av,\ A = \dfrac{Q}{v}$ Q: 유량(m^3/sec), v: 유속(m/sec), A : 단면적(m^2)

② 양정

펌프입구와 출구에서 액체의 단위무게가 가지는 에너지 차

실양정

$H_a = H_s + H_d$ H_a: 실양정 H_s: 흡입실양정 H_d: 유출실양정

③ 전양정

실제양정과 손실수두를 합인 양정

④ 마찰 손실수두

유동하는 유체가 마찰, 충격, 맴돌이 등에 의해서 손실한 에너지를 수주(水柱)의 높이로 나타낸 것. 관로(管路)나 개거(開渠)등을 유체가 흐르는 경우 분자점성(分子粘性)이나 맴돌이 점성 때문에 생기는 유체 마찰이나 맴돌이 손실 등으로 인하여 유체는 그 자체가 가지고 있는 에너지의 일부분을 상실함. 이 손실 에너지의 크기를 수주(水柱)의 높이로 나타낸 것.

$$H_f = \lambda \frac{l}{d} \cdot \frac{v^2}{2g}$$

H_f : 마찰손실수두

λ : 관의 마찰계수

l : 파이프 길이

d : 파이프 안지름

v : 액체 흐름속도

g : 중력가속도($9.8m/s^2$)

⑤ 펌프의 축 동력

$$H_{ps} = \frac{\gamma \times Q \times H}{75 \times 60 \times \eta}$$

H_{ps} : 축 동력(PS)

γ : 유체의 비중량(kg_f/m^3)

Q : 송출량(m^3/min)　H : 전양정(m)

η : 효율

3. 펌프에 발생하는 이상 현상

① 캐비테이션(공동 현상) : 물이 관속에 유동하고 있을 때 물속의 어느 부분의 정압이 그 때 물의 온도에 해당하는 증기압 이하로 되면 부분적으로 증기가 발생되는 현상

② 수격 현상 : 액체 배관의 경우는 기체의 혼입, 기체 배관의 경우에는 액체의 혼입 등에 의하 여 관내의 유속이 급변하는 경우에 발생하는 이상 압력으로 진동과 높은 충격음이 발생하는 현상

③ 서징 현상 : 펌프나 송풍기 등이 작동중에 한숨을 쉬는 것과 같은 진공계 바늘이 움직이는 현상

4. 왕복펌프

① 실린더 속의 피스톤·버킷 등의 왕복운동으로 액체를 수송하는 용적형 펌프

② 피스톤은 크랭크에 의해 움직이며, 피스톤이 오른쪽으로 움직일 때 배출밸브는 닫히고 흡입밸브가 열려서 액체는 실린더 안으로 흡입된다. 피스톤이 왼쪽 방향으로 움직일 때 흡입밸브는 닫히고, 배출밸브가 열려서 실린더 안의 액체는 배출밸브에서 바깥으로 흘러나간다.

5. 수차의 종류

① 중력수차 : 물이 낙하할 때 중력에 의해 가동

② 충격수차 : 속도에너지에 의해 발생하는 충력으로 수차 가동

③ 펠톤수차 : 1개의 회전차에 여러 개의 분사 노즐을 둘 수 있으며, 에너지의 대

부분을 회전차로 전달하는 형식이며, 비교 회전속도가 적고 높은 낙차에 적합하다.

④ 반동수차 : 물이 임펠러를 통과하는 사아에 물이 가지는 압력과 속도 에너지를 수차에 주어 수차를 회전시킨다.

* 종류 : 프란시스 수차, 플러펠러 수차, 카프란 수차

참고

파스칼의 원리

1653년 B.파스칼이 발견한 원리로, 밀폐된 용기에 담긴 유체에 가해진 압력은 유체의 모든 부분과 유체를 담은 용기의 벽까지 그 세기가 감소되지 않고 전달된다. 이는 압력이 변할 때 기체의 부피가 바뀐다는 것만 바꾸면, 액체뿐만 아니라 기체의 경우에도 적용될 수 있다.

유압(Oil pressure)

1. 유압의 장점

① 적은 장치로 큰 출력을 얻을 수 있다.

② 힘의 전달 및 증폭이 용이

③ 에너지 축적이 가능

④ 힘과 속도를 자유롭게 변속

⑤ 충격을 완화할 수 있어 장시간 사용 가능

⑥ 전기적 조작과 조합이 간단

⑦ 원격조작이 가능

⑧ 입력에 대한 출력 응답이 빠르다.

2. 유압의 단점

① 주변 장치 필요

② 기계적 에너진 전환으로 인해 효율이 낮아진다.

③ 유압유의 온도 영향

④ 유압유의 오염

⑤ 오일 냉각장치 필요

⑥ 고부하에 의한 안정장치 필요

3. 유압유의 구비조건

① 비압축성이고 냉각작용이 있어야 한다.

② 장시간 사용하여도 화학적으로 안정되어야 한다.

③ 외부로부터 침입한 불순물을 침전 분리시킬 수 있어야 한다.

④ 물리적 및 화학적 안정성이 커야 한다.

⑤ 열전달율이 크고, 열팽창 계수가 작아야 한다.

⑥ 증기압이 낮고, 비점이 높아야 한다.

참고

작동유(Hydraulic fluid)

공작기계, 산업기계, 차량, 항공기 등의 유압기계의 작동에 사용되는 기름을 말한다. 작동부의 틈새에 적합한 점도를 갖고 있고 점도의 온도변화가 작으며, 양호한 윤활성을 갖고, 체적탄성 계수가 크며, 산화안정성이 있고, 항유화성이 있으며, 폐액처리가 용이하다는 등의 중요한 성질을 갖고 있다. 이러한 성질을 가진 작동유로서 가장 일반적인 것이 석유계 작동유지만, 인화성이 강하므로 화재발생의 우려가 있는 곳에서는 난연성 작동유를 사용한다. 난연성 작동유에는 함수형과 합성형이 있으며 전자에는 유중수형(W/O 에멀젼), 수중유형(O/W 에멀젼), 수글리콜용액형이 있고 후자에는 린산에스텔, 지방산에스텔이 있다.

4. 유압 펌프와 모터

기관의 에너지를 받아서 유압 에너지로 변환시켜 주는 장치

기어 펌프, 베인 펌프, 플러저(피스톤) 펌프 등

5. 기어 펌프

① 기어 펌프의 장점

㉠ 구조가 간단하고, 흡입성능이 우수하다.

ⓛ 흡입 저항이 작아 유압유 속에 기포(캐비테이션) 발생이 적다.

ⓒ 고속회전이 가능하다.

ⓔ 가혹한 조건에 잘 견딘다.

② 기어 펌프의 단점

㉠ 토출량의 맥동이 커 소음과 진동이 크다.

㉡ 수명이 짧은 편이다.

㉢ 대용량의 펌프로 하기가 곤란하다.

㉣ 구동되는 펌프의 회전속도가 변화하면 흐름용량이 바뀐다.

㉤ 풀러저 펌프에 비해 효율이 낮다.

6. 베인 펌프

원통형 캠링(케이스)안에 편신된 회전자가 들어 있으며, 회전자 안에 날개가 위치해 있어 작동유가 출입할 수 있도록 되어 있다.

① 베인 펌프의 장점

㉠ 맥동이 작아 소음과 진동이 작다.

㉡ 고속회전이 가능하며, 균형이 잘 잡혀있다.

㉢ 구조가 간단하여 값이 싸다.

㉣ 자체 보상기능이 있다.

㉤ 정비와 관리가 쉽다.

② 베인 펌프의 단점

㉠ 최고압력이 낮다.

㉡ 흡입 성능이 낮다.

7. 플런저 펌프

펌프실 내의 플런저가 실린더 내를 왕복운동을 하면서 펌프작용을 한다.

① 플런저 펌프의 장점

㉠ 펌프의 효율이 높다.

㉡ 가변용량에 적합하다.

㉢ 일반적으로 토출 압력이 높다.

② 플런저 펌프의 단점

㉠ 흡입선율이 나쁘다.

㉡ 소음이 크고 최고 회전속도가 약간 낮다.

㉢ 구조가 복자하며, 베어링에 부하가 크다.

8. 유압 모터

유압에너지를 이용하여 연속적으로 회전운동을 시키는 방법 사용.

① 유압모터의 장점

㉠ 무단변속이 용이하다.

㉡ 소형. 경량으로서 큰 출력을 낼 수 있다.

㉢ 변속. 역회전 제어도 용이하다.

㉣ 속도나 방향의 제어가 용이하다.

② 유압모터의 단점

㉠ 유압유의 점도변화에 의하여 유압모터의 사용에 제약이 있다.

㉡ 유압유는 인화하기 쉽다.

㉢ 유압유에 머지나 공기가 침입하지 않도록 특히 보수에 주의해야 한다.

㉣ 공기와 머지 등이 침투하면 성능에 영향을 준다.

밸브(valve)

1. 압력제어 밸브

① 릴리프 밸브(relief valve)

최고압을 규제하는 밸브, 압력을 일정 유지

② 안전밸브(safety valve)

설정 압력에 가까운 관로 압력에 도달하면, 2차 쪽에 유압을 배출하여 관로와 장치를 과도한 압력으로부터 보호

③ 스퀀스 밸브(sequence valve : 순차 밸브)

2개 이상의 분기회로를 가진 회로 중에서 그 작동순서를 회로의 압력 또는 유압 실린더 등의 운동에 의해 규제하는 자동밸브

④ 감압밸브(reducing valve)

유량 또는 입구쪽의 압력에 관계없이 입구 쪽 압력을 설정된 최대 출구 쪽 압력까지 감압하는 밸브

⑤ 무부하 밸브(unload vale)

회로내의 압력을 일정한 범위로 유지하는 밸브

⑥ 카운터 밸런스 밸브(counter balance valve)

한쪽 방향의 흐름에 대하여 규제된 저항에 의하여 배압이 주어진 제어 흐름이며, 반대 방향의 흐름에 대해서는 자유로운 흐름인 밸브

참고

유체 퓨즈(hydraulic fuse)

미리 설정된 압력에 도달하면 막 등에 의하여 조성된 부분이 파열됨으로서 최고압력을 규제하는 것

2. 방향제어 밸브

① 스풀 밸브 : 1개의 회로에 여러 개의 밸브 면을 두고 직선운동이나 회전운동으로 작동유의 흐름 방향을 변환시킨다.

② 체크 밸브 : 한쪽 방향으로의 흐름은 자유로우나 역 방향의 흐름을 허용하지 않는 밸브

③ 디셀러레이션 밸브 : 유압 실린더를 행정 맨 끝에서 실린더의 속도를 감속하여 서서히 정지시키고자 할 때 사용

④ 셔틀 밸브 : 1개의 출구와 2개 이상의 입구를 지니고 있으며, 출구가 최고 압력

쪽 입구를 선택하는 기능을 가진 밸브

3. 유량제어 밸브

① 교축 밸브 : 점도가 달라져도 큰 유량 변화 없이 하기 위해 설치한 밸브

② 분류 밸브 : 유압 원으로부터 2개 이상의 유압관로를 분류할 때 각각의 유압 회로의 압력에 관계없이 일정한 비율로 유량을 나누어서 흐르도록 하는 밸브

③ 니들 밸브 : 안지름이 작은 파이프에서 미세한 유량을 조정하는데 사용되는 밸브

④ 오리피스 밸브 : 면적을 감소시킨 통로에서 그 길이가 단면적 치수에 비하여 비교적 짧은 경우의 흐름을 교축하는 밸브

참고

슬루스밸브 : 게이트밸브의 일종 유체 흐름에 직각으로 간막이판을 삽입하여 유량을 가감하거나 차단하는 밸브
스톱밸브 : 나사를 위아래로 움직여서 여닫게 하는 접시 모양의 밸브.
볼벨브 : 둥근 모양의 판(瓣). 물통 따위의 아가리를 막아 물의 유출을 조절한다.

유압실린더 및 부속기기

① 유압실린더 : 유압에너지를 이용하여 직선운동의 기계적인 일을 하는 장치

② 스트레이너 : 오일탱크 내의 유압펌프 입구 쪽에 설치하는 것으로 케이스를 사용하지 않고 엘리먼트를 직접 탱크 내에 부착하는 구조로 되어 있다.

③ 어큐뮬레이터(축압기) : 냉동기에서 압축기를 거치게 되면 유체(냉매)의 압력에서 맥동이 발생합니다. 진동과 소음이 심해지게 됩니다. 맥동 압력을 완충시킬 목적으로 따로 공기실을 만들어서 압력에 맥동이 생기는 것을 완충시킨다.

④ 루브리케이터 : 루브리케이터는 레귤레이터와 마찬가지로 조절 나사부 등과 같이 유로가 좁게된 부분이 있고, 이 부분에 먼지나 스케일이 쌓이면 작동 불량이나 기름의 적하 불능을 일으킨다.

유압회로(Hydraulic circuit)

1. 유압회로

① 개방회로(open circuit)
유압유가 탱크에서 유압펌프로 흡입. 배출되어 유압 제어밸브를 거쳐 액추에이터에서 일한 후 다시 유압 제어밸브를 거쳐 유압유 탱크로 복귀되는 회로

② 밀폐회로(closed circuit)
유압펌프에서 배출된 유압유가 가압 제어밸브를 거쳐 액추에이터에서 일을 한 후 유압 제어밸브를 거쳐 유압펌프로 복귀하여 유압유 탱크로는 되돌아가지 않는 회로

2. 속도제어 회로

① 미터-인 호로(meter-in circuit)
유압 액추에이터의 입력 쪽에 유량 제어밸브를 직렬로 연결하여 액추에이터로 유입되는 유량을 에어하여 속도를 제어하는 회로

② 미터-아웃 회로(meter-out circuit)
유압 액추에이터의 출력 쪽에 유량 제어밸브를 직렬로 연결하여 액추에이터로 유입되는 유량을 제어하여 속도를 제어하는 회로

③ 브리드 오프 회로(bleed off circuit)
유압 액추에이터로 유입되는 유량의 일부를 오일탱크로 바이패스시키고, 이 관로에 부착된 유량 제어밸브에 의해 유량을 제어하여 액추에이터의 속도를 제어하는 회로

공압(Air pressure)

① 저압 : 송풍기, 풍차

② 고압 : 압축기, 진공펌프, 압축 공기기계

1. 진공펌프

용기내의 압력을 대기압력 이하의 저압으로 유지하기 위해 대기압력 쪽으로 기체를 배출하는 펌프

2. 공압 장치의 특징

① 에너지원으로서 간단히 얻을 수 있다.

② 힘의 전달이 간단하고, 또 자유로운 형태로 이루어지며, 힘의 증폭이 용이하다.

③ 속도의 증감을 쉽게 할 수 있다.

④ 제어가 간단하며, 다루기가 쉽다.

⑤ 인화의 위험이 없다.

3. 펌프의 캐비테이션 방지법

① 펌프의 설치 높이를 가능한 낮춘다.

② 흡입 양정을 짧게 한다.

③ 수직 펌프를 사용한다.

④ 회전차를 수중에 완전히 잠기게 한다.

⑤ 펌프의 회전수를 낮춘다.

⑥ 흡입 비속도를 작게 한다.

⑦ 양흡입 펌프를 사용한다.

⑧ 2대 이상의 펌프를 사용한다.

4. 왕복 펌프 밸브의 구비조건

① 누설이 정확하게 방지되어야 한다.

② 밸브가 열려 있을 때 유체의 유동저항이 적을 것

③ 펌프 작동에 따른 추종이 신속할 것

④ 내구성이 양호해야 한다.

⑤ 밸브의 개폐가 정확할 것

참고

1 hPa = 1mb = 1/1000bar = 100N/㎡ = 0.75mmHg
1기압 = 1atm = 76cmHg = 760mmHg = 1013.25hPa
1,000hPa = 750.06mmHg

뉴턴(N)

힘의(MKSA) 단위. 1뉴턴은 1kg의 물체에 작용하여 매초마다 1미터의 가속도를 만드는 힘으로, 10만 다인에 해당한다. 기호는 N.

5. 공동현상

유체 속에서 압력이 낮은 곳이 생기면 물속에 포함되어 있는 기체가 물에서 빠져나와 압력이 낮은 곳에 모이는데, 이로 인해 물이 없는 빈공간이 생긴 것을 가리킨다. 선박의 프로펠러나 터빈 등의 효율이 떨어지고 침식당하는 원인이 되므로 설계시 주의해야 한다. 이를 방지하려면 비행기 날개의 모양이나 면적, 선박 후반부의 모양을 주의하여 설계해야 한다.

6. 공동(cavitation)현상의 방지책

① 펌프의 설치 위치를 낮춘다.

② 흡입 양정을 짧게 한다.

③ 수지축 펌프를 사용한다.

④ 날개를 수중에 완전히 잠기게 한다.

⑤ 펌프의 회전수를 낮춘다.

⑥ 흡입 비교 회전도를 적게 한다.

⑦ 양흡입 펌프를 사용한다.

⑧ 손실 수두를 작게 한다.

⑨ 2대 이상의 펌프를 사용한다.

7. 압축 공기필터

압축 공기필터 : 압축공기의 불순물을 단계적으로 여과해주는 역할을 한다.

① 메인필터 : 압축공기중의 40㎛ 이상의 고형 불순물제거 100%, 응축수(수분) 90% 이상, 유분 65% 이상 제거

② 프리필터 : 압축공기중의 5㎛ 이상의 고형 불순물제거 100%, 응축수(수분) 97% 이상, 유분 70% 이상 제거

③ 라인필터 : 압축공기중의 1㎛ 이상의 고형 불순물제거 100%, 응축수(수분) 100% 이상, 유분 98% 이상 제거

05

재료역학

여러 가지 종류의 하중을 받는 재료에 나타나는 응력, 변형, 변형률 등을 고려하영 재료의 안전성 여부를 해석학적인 수법으로 구하는 학문

재료역학의 기본적 가정

① 모든 부재는 Newton 정역학적 평형조건을 만족한다(힘의 평형조건, 모멘트의 평형조건).

② 모든 부재는 완전탄성체이다(재료의 외력에 대한 변형은 탄성한도 이내에서는 외력에 비례하고 외력을 제거하면 변형도 소멸 된다.).

③ 재료는 균질이며 등방성을 가지고 있다.

응력과 변형(Stress and deformation)

1. 하중 작용 방향에 따른 분류

① 인장하중 : 재료 축 방향으로 늘어나게 하는 하중

$$\sigma = \frac{W}{A}$$

② 압축하중 : 재료를 누르는 하중

③ 전단하중 : 재료의 단면에 나란히 작용하는 하중

$$\tau = \frac{W}{A}$$

④ 굽힘하중 : 재료를 구부리려는 하중

⑤ 비틀림하중 : 재료를 비틀려고 하는 하중

참고

단위 : 국제단위(SI),중력단위를 사용하고 있다.

① 국제단위(System Intentional) : (힘= 질량×단위가속도) $F = m \times a$, $1N = 1Kg \times 1m/s^2$

② 중력단위(공학단위) : (무게 = 질량×중력가속도) $W = m \times g,\ 1Kg_f = 1Kg_m \times 9.8m/s^2$

구분		거리	질량	시간	힘	일	동 력
SI 단위	MKS단위계	m	Kg	Sec	$1N = 1Kg \times m/S^2$	1J=1N×1m	1W=1J/sec
	CGS단위계	Cm	g	Sec	dyne	erg	1W=1J/sec
공학 단위	중력단위계	m Cm	$Kg_f \cdot s^2/m$	sec min	kgf	$Kg_f m$	1ps=75kgf · m/sec

$1\ Kg_f = 9.8N$

참고 : 2001년 1회 시험부터 SI단위로 시험에 출제되고 있음으로 SI 단위위주로 공부하여야 합니다.

참고

(a) 인장시험

(b) 압축시험

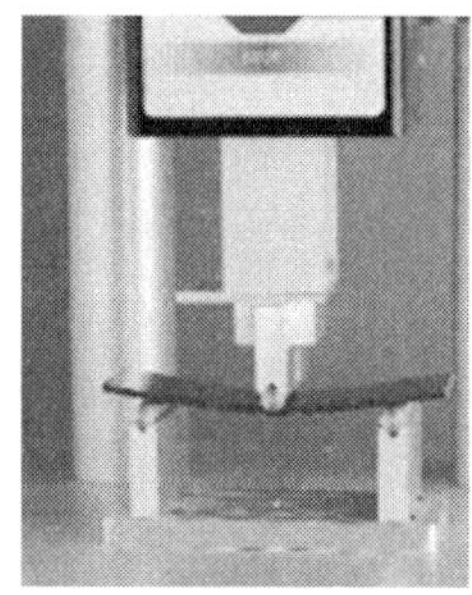

(c) 굽힘시험

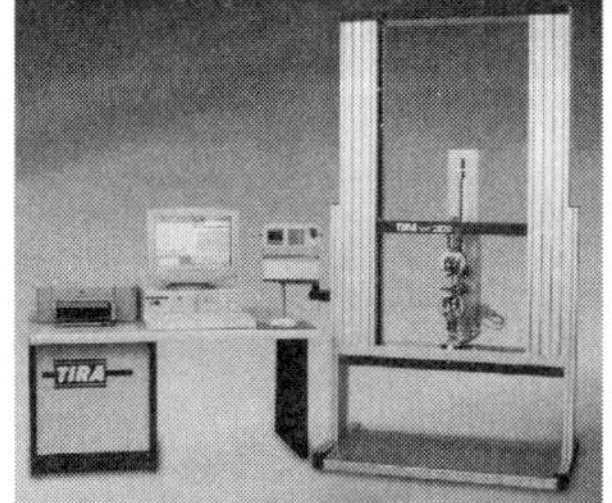

(d) UTM(Universal testing machine) : 만능재료시험기

2. 하중이 걸리는 속도에 따른 분류

① 정하중 : 시간에 따라 변하지 않고 하중의 크기 및 방향이 일정한 하중

② 동하중 : 하중의 크기와 방향이 시간에 따라 변화하는 하중

㉠ 반복하중 : 일정한 방향에 연속하여 반복되는 하중

㉡ 교번하중 : 하중의 크기와 방향이 바뀌는 하중

㉢ 충격하중 : 순간적으로 갑자기 격렬하게 작용하는 하중

3. 분포 상태에 따른 하중의 종류

① 집중하중 : 재료의 한 점에 집중하여 작용하는 하중

② 분포하중 : 재료의 어느 범위 안에 분포되어 작용하는 하중

참고

재료시험(Material testing)

재료의 사용목적이나 조건에 적합한 지를 알아보는 시험을 일반적으로 기계적 성질을 시험하는 것을 의미하며 재료시험은 파괴시험과 비파괴시험으로 크게 나눌 수 있다.

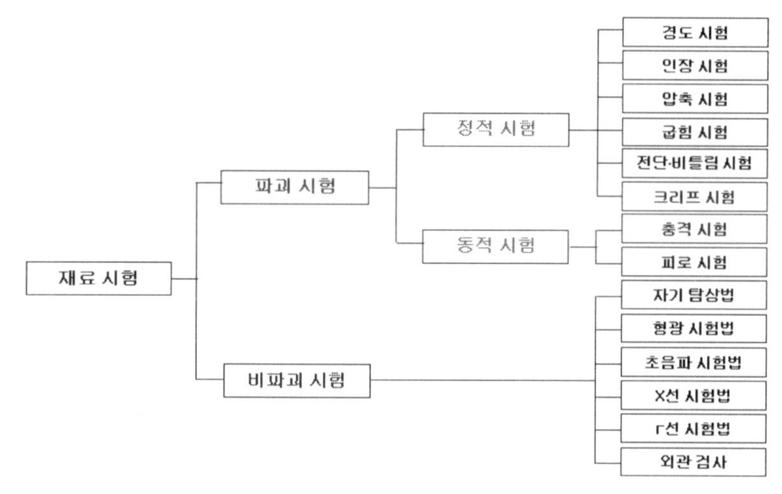

4. 응력

물체에 하중 작용시 내부에서 저항하려는 내력 발생. 내력을 단면적으로 나눈 것을 응력이라 함

5. 인장시험

재료에서 인장시편을 깎아내어 인장 시험기에 고정시켜서 시험을 한다. 인장시험편에 서서히 인장하중을 가해서 재료의 항복점·내력(耐力)·인장강도·신장(伸長)·드로잉(drawing) 등 기계적인 여러 성질을 측정한다. 인장시험에서는 이 밖에 비례한도·탄성한도(彈性限度)·탄성계수·일용량 등도 측정할 수 있으며, 가해진 하중과 신장과의 관계를 나타내는 선도(線圖)도 구할 수 있다.

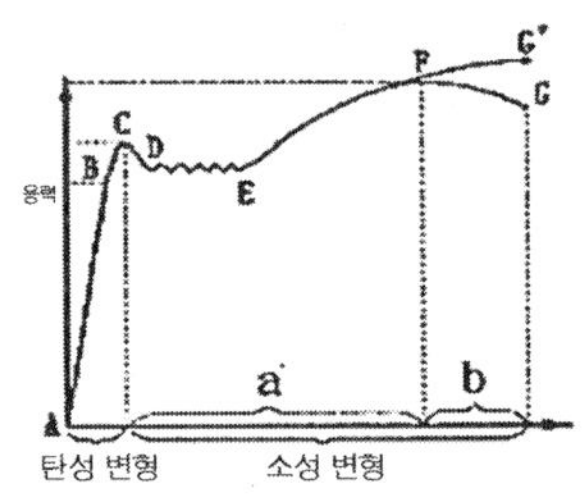

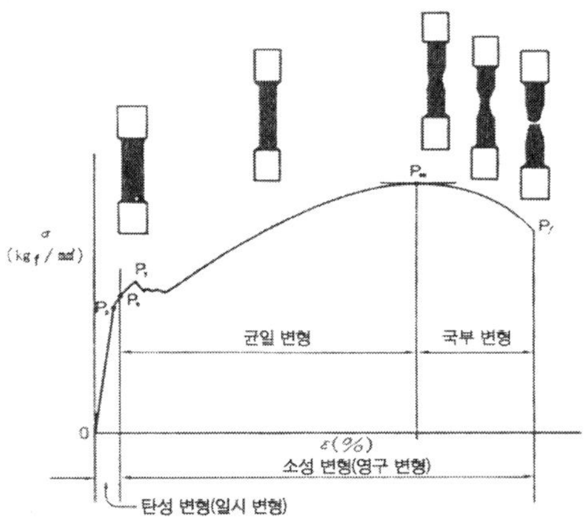

응력-변율 선도

① A~B : 탄성변형구간(Linear region)
　　B : 비례한도

② C~E : 항복구간(Yielding or perfect plasticity)
　　C : 상항복점=탄성한도
　　D : 하항복점=항복응력, 항복강도

③ E~F : 변형경화구간(Strain hardening)
　　F : 극한응력=극한강도

④ F~G : 넥킹구간(목이 늘어나기 시작)
　　G' : 진응력(단면적 줄어듬)
　　G : 공칭응력(최소단면적)

참고

1. 봉제

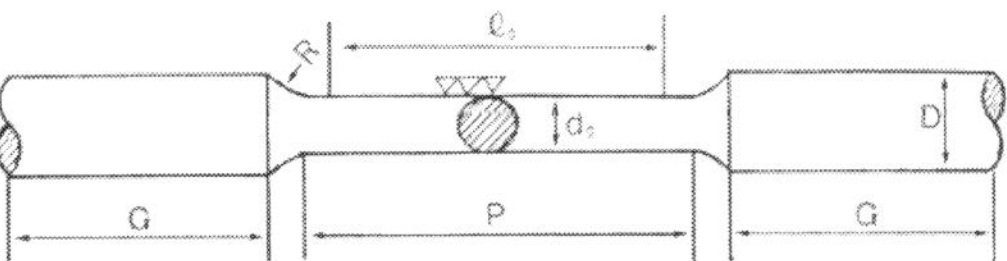

2. 판재

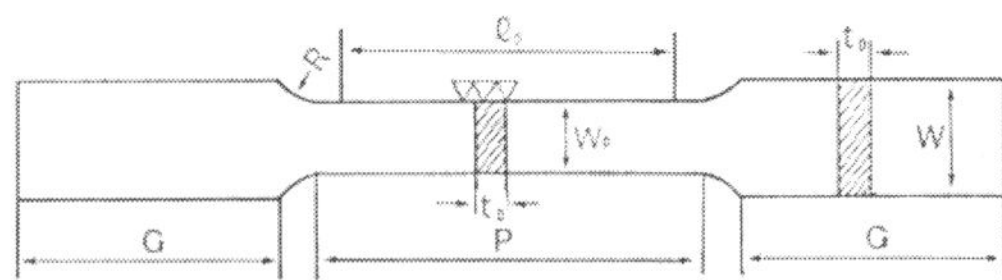

치수		ℓ_0	d_0	W_0	t_0	R	P	D	W	G	비고
봉제	표준시편	50	14	–	–	15<	60	25	–	75	KS 4호
		50	12.5	–	–	15	60	20	–	75	KS 10호
	축소시편	25	6.25	–	–	5	32	12	–	50	Subsize
판재	표준시편	50	–	25	판두께	25	60	–	30<	75	KS 5호
		50	–	12.5	–	25	60	–	20<	50	KS 13 B호
	축소시편	25	–	6.25	–	6	32	–	10	32	Subsize

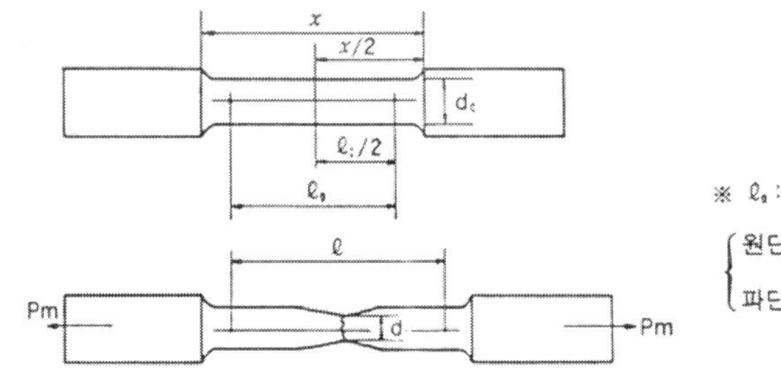

※ ℓ_0 : 표점거리(gauge length)

원단면적 $A_0=\pi r^2=\pi(\frac{d_0}{2})^2$

파단면적 $A_1=\pi r^2=\pi(\frac{d_1}{2})^2$

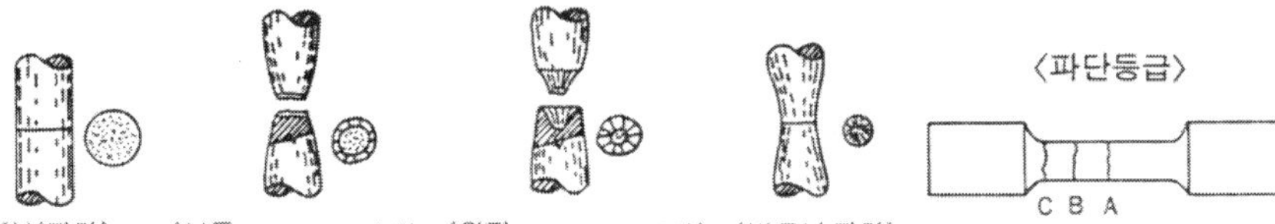

파단형상

6. 변형률

하중이 하해지면 변형이 된다. 이때 변형량과 본래의 길이와의 비율 변형률 ϵ은 단위가 없다.

$$\epsilon = \frac{\lambda}{l} = \frac{l' - l}{l}$$

l' : 변형 후 길이 l : 본래의 길이

참고

인장시험의 결과 산정

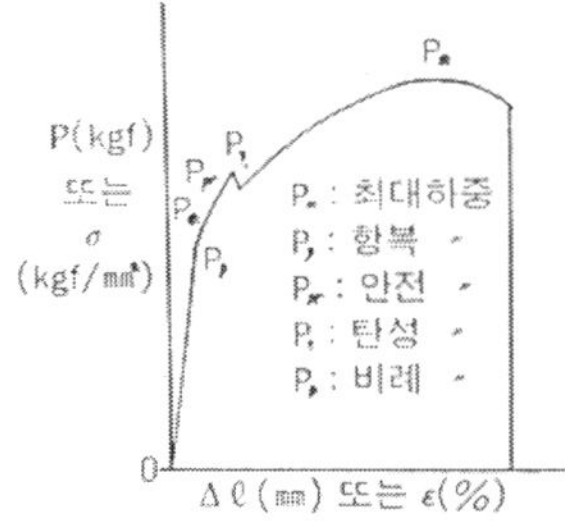

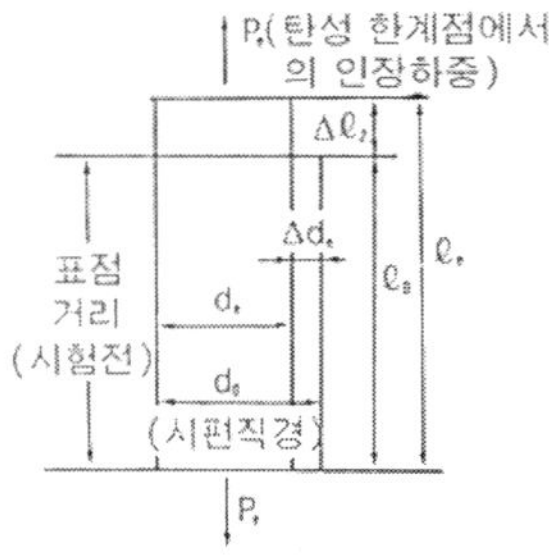

실험 결과	계산식(공식)	단위
1. 인장강도(응력)(Tensile Strength)	$\sigma r \equiv P_m / A_o$ (A_o : 시편행행부 원단 면적)	kgf/mm²
2. 항복강도(Yield Strength)	$Gr + P_r / A_o$	–
3. 안전강도(응력)(Proof Strength	$G\beta r + P_{\beta r} / A_o$	–
4. 탄성계수(Young's modulus)	$E = \sigma e / \epsilon e = \frac{(Pe/A_o)}{(\Delta \ell e / \ell_o)}$	–
5. 연신율(% Elongation)	$\epsilon = \frac{\ell_1 - \ell_o \equiv \Delta \ell}{\ell_o} \times 100$	%
6. 단면수축율(Reduction of area)	$\phi = \frac{A0 - A1 \equiv \Delta \ell}{A0} \times 100$	%
7. 포아송의 비(Poisson's ratio)	$\nu \equiv \epsilon' / \epsilon \equiv \frac{\Delta de / d_o}{\Delta \ell e / \ell_o}$	
8. 진(실) 응력(True Stress)	$\sigma_a = P / A_a$(A_a : 하중변화에 따른 단면적)	kgf/mm²

7. 후크의 법칙

재료에 따라 일정한 응력범위 안에서 응력과 변형률이 서로 비례한다는 법칙

인장과 압축

$$E=\frac{\sigma}{\epsilon} \quad \sigma=E\,\epsilon$$

E : 세로탄성계수

전단

$$G=\frac{\tau}{\gamma} \quad \tau=G\,\gamma$$

G : 가로 탄성계수

포와송 비(Poison.s ratio)

가로변형률을 세로 변형률로 나눈 값

$$\text{포와송 비}=\frac{\text{가로 변형률}}{\text{세로 변형률}}$$

경도시험(Hardness test)

기계적 성질을 결정하는 중요한 것으로 외력에 대한 단단한 정도가 어떠한지를 나타내는 척도로서 인장강도와 함께 널리 사용된다.

① 브리넬경도시험(Brinell hardness test, H_B)

일정한 지름의 강구 압입체에 일정한 하중을 가하여 시험편 표면에 압입한 다음, 그때 나타나는 압입 자국의 표면적으로 하중을 나눈 값으로 경도를 측정한다.

$$H_B=\frac{W}{A}=\frac{2W}{\pi D(D-\sqrt{D^2-d^2})}=\frac{W}{\pi Dt}$$

W : 하중(kg), D : 강구 압입체의 지름(mm)

d : 압입 자국의 지름(mm), T : 압입 자국의 깊이(mm)

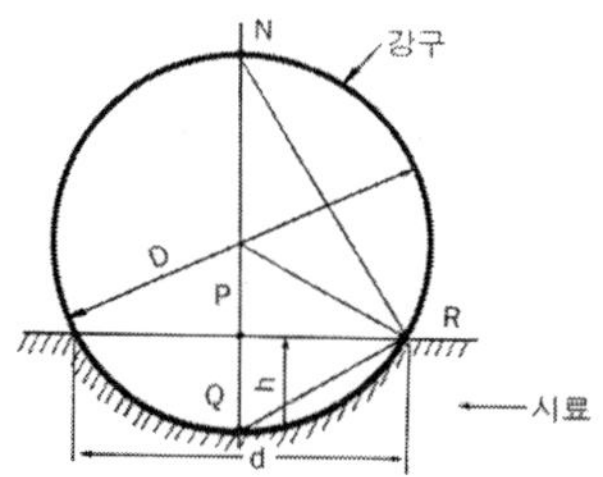

D=압입자(강구)의 지름(mm)
d=압입자국의 지름(mm)
h=압입자국의 깊이(mm)

$\overline{NP} = D - h$
$\overline{PQ} = h$
$\overline{PR} = d/2$

닮음 삼각형 △NPR ∽△RPQ로 부터

$$\frac{\overline{PQ}}{\overline{PR}} = \frac{\overline{PR}}{\overline{NP}} \quad \text{혹은} \quad \frac{\frac{h}{d}}{2} = \frac{d/2}{D-h}$$

그러므로 $h^2 - hD + \frac{d^2}{4} = 0$

$$\therefore h = \frac{D \pm \sqrt{D^2 - d^2}}{2}$$

압흔 깊이 h는 D보다 작으므로

$$h = \frac{D - \sqrt{D^2 - d^2}}{2}$$

$$HB = \frac{P}{A} = \frac{P}{\pi Dh}$$

$$= \frac{p}{\frac{\pi D}{2}(D - \sqrt{D^2 - d^2})}$$

$$= \frac{2p}{\pi D(D - \sqrt{D^2 - d^2})}$$

② 로크웰 경도시험(Rockwell hardness test, H_R)

일정한 처음 하중(10kg)을 작용시키고 이것에 하중을 증가시켜서 시험 하중(강구 : 100kg, 다이아몬드 압입체는 150kg)으로 한 후 다시 처음 하중으로 하였을 때 처음 하중과 시험 하중으로 인하여 생긴 자국의 깊이 차로 측정한다.

· 열처리된 강과 같이 단단한 재료의 시험편에는 꼭지각이 120°되는 원뿔형 다이아몬드 콘(A 스케일(H_RA) 또는 C 스케일(H_RC)을 사용한다.

· 연강, 황동 이외의 연한 재료에는 1.588mm의 강구 B스케일(H_RB)를 사용한다.

$$H_RC = 100 - 500 \cdot h$$

$$H_BC = 130 - 500 \cdot h$$

h : 압입자국의 깊이

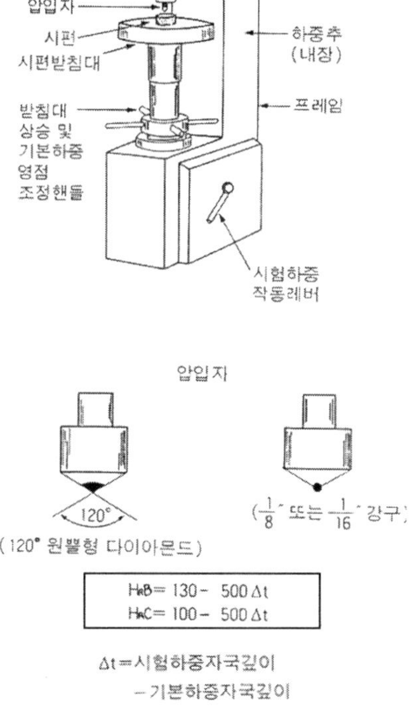

로크웰(Rockwell) 경도기 개략도 및 압입자

스케일(Scale)	기본 하중(kg)	시험 하중(kg)	압입자(Indenter)	적용 재료
A B C	10 ″ ″	60 100 150	120° 원뿔형 다이아몬드	초경합금동의 단단한 재료 ″ 극히 단단한 재료
F B G	10 ″ ″	60 100 150	1/16 ″강구	백색합금동의 연한 재료 ″ 강등의 비교적 단단한 재료
H E K	10 ″ ″	60 100 150	1/8 ″강구	대단히 연한 재료 ″ 연한 재료

로크웰 경도의 각종 스케일

③ 비커스 경도시험(Vickers hardness test, H_V)

- 대면각 $\theta=136°$의 다이아몬드 피라미드의 압입체를 시험편에 압입한 후 시험편에 작용한 하중를 압입자국의 표면적으로 나눈 값을 경도를 측정한다.
- 재료의 단단한 정도에 따라 1~120kg의 하중으로 시험할 수 있으며, 브리넬 경도 시험법으로 측정 불가능한 매우 단단한 재료의 정밀한 경도 측정에 유리하며 다음 식으로 구할 수 있다.

$$H_V=\frac{W}{A}=\frac{2W\sin\frac{\theta}{2}}{D^2}=1.854\frac{W}{D^2}[kg/mm^2]$$

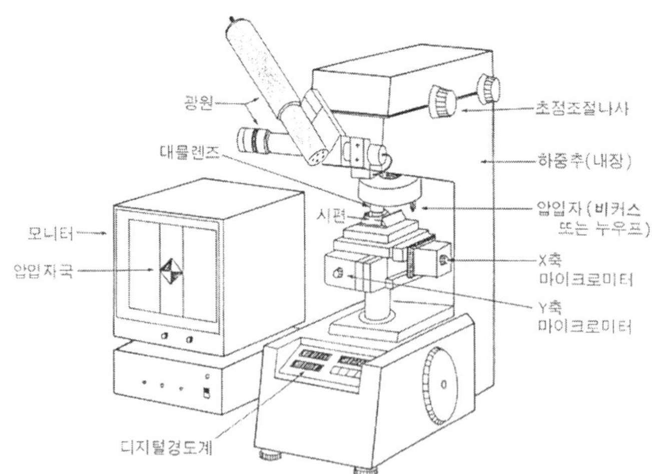

비커스(Vickers) 및 누우프(Knoop)경도기의 개략도

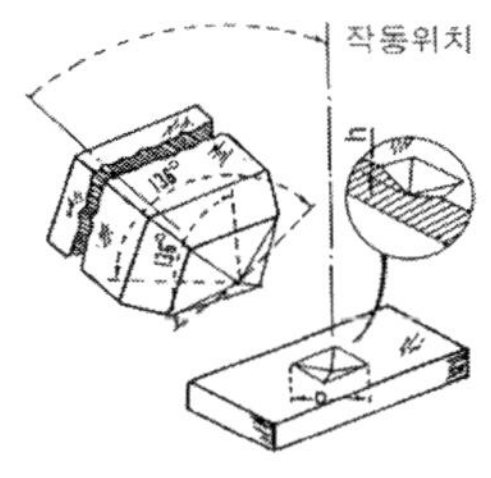

(a) 비커어스 압입자

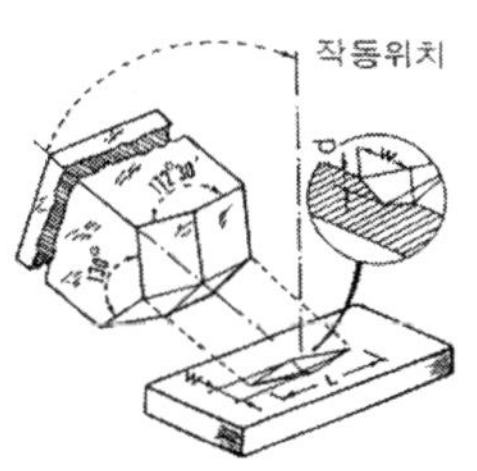

(b) 누우프 압입자

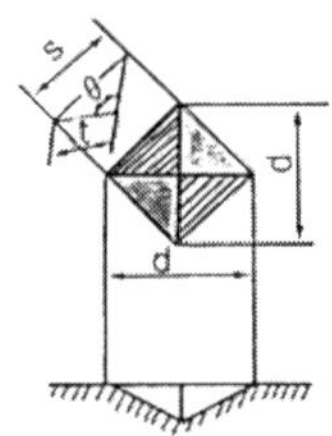

$$Hv = \frac{P}{A}$$

A＝자국의 표면적

$$= 4 \times (\frac{St}{2}) = \frac{d^2}{2} \operatorname{cosec}(\frac{\theta}{2})$$

P＝하중

$\theta = 136°$

$$Hv = \frac{2P\sin\frac{\theta}{2}}{d^2} = \boxed{1.854\frac{P}{d^2}\,(kg/mm^2)}$$

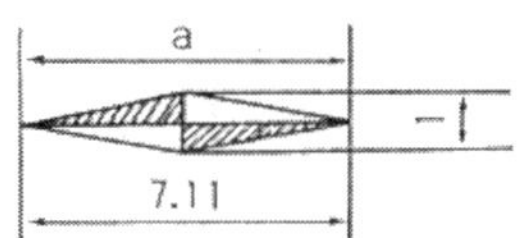

$$\tan(\frac{172.5}{2}) : \tan(\frac{130}{2}) = 7.11 : 1$$

$$H_k = \frac{P}{A} \quad (P = 25 \sim 3600gr)$$

$$= \frac{P}{\frac{a}{2} \times \frac{a}{7.11}} = \boxed{14.22\frac{P}{a^2}\,(kg/mm^2)}$$

비커스 및 누우프 경도의 압입자의 경도 계산식

④ 쇼어 경도시험(Shore hardness test. H_S)

- 일정한 형상과 중량을 가지는 다이아몬드 해머를 일정한 높이엣 시험편 위에 낙하시켜 반반하여 올라간 높이로 경도를 측정한다.
- 시험폄에 압입 자국을 남기지 않게 할 때나, 시험편의 형상이 불규칙하거나 클 때 비파괴적으로 측정하기 위하여 사용된다.

$$H_S = \frac{10000}{65} \times \frac{h}{h_0}$$

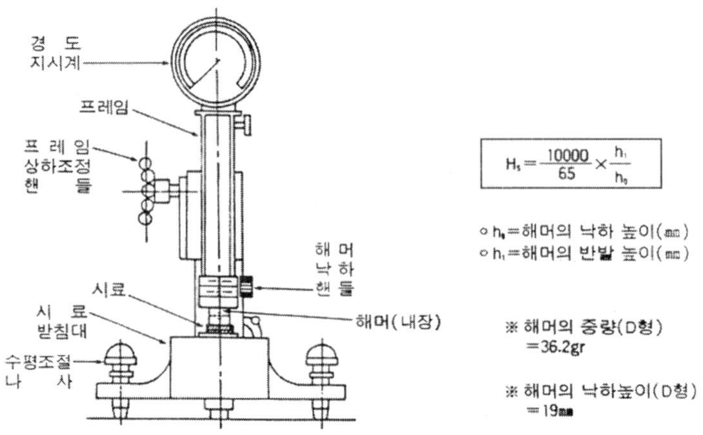

쇼어(Shore) 경도기(D형)의 개략도 및 경도식

9. 안전율

허용응력(allowable stress) : 설계시 일정한 한도의 응력

$$안전율\ S = \frac{극한강도 = 최대응력(\sigma_u)}{허용응력(\sigma_a)}, \quad \sigma_w \le \sigma_a = \frac{\sigma_u}{S}(\sigma_w : 사용응력)$$

반복하중을 받는 경우의 안전율

$$안전율\ S = \frac{크리프\ 한도}{허용응력}$$

보(Beam)

하중을 가하여 굽힘작용(bending)을 받고 있는 수평 부재

1. 보의 종류

정정보

① 외팔보(Cantilever beam) : 보의 한쪽 끝만을 고정한 것이며, 고정된 끝을 고정 단, 다른쪽을 자유단이라 한다.

② 단순보(Simple beam) : 양끝에서 지지하고 있는 보

③ 내다지보(돌출보)(Over hanging beam) : 받침점의 바깥쪽에 하중이 걸리는 보로 받침점의 반력을 힘의 평형과 모멘트의 평형으로 구할 수 있다.

부정정보의 종류

① 연속보(Continuous beam) : 3개 이상의 받침점을 가지는 보

② 양단지지보(Fixed beam) : 양 끝이 모두 고정되어 있는 보

③ 일단고정 타단지지(One end fixed other end supported beam) : 한 끝은 고정하고 다른 한 끝은 받치고 있는 보

※ 단순보, 돌출보(내다지지보), 외팔보는 정정보이다.

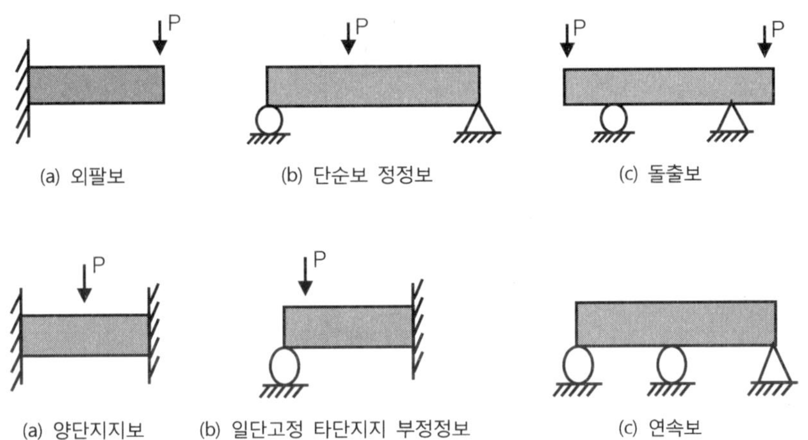

2. 보의 반력

집중하중이 작용할 때

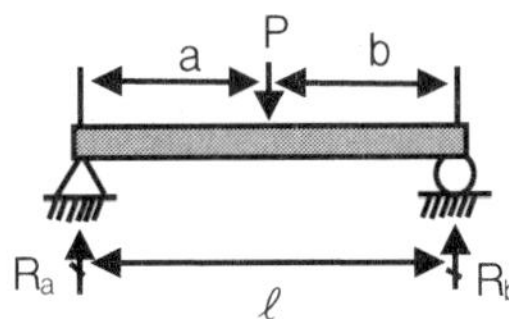

$$R_a = \frac{P \cdot b}{l}, \quad R_b = \frac{P \cdot a}{l} \quad M_{max} = \frac{Pl}{4}$$

균일분포하중이 작용할 때

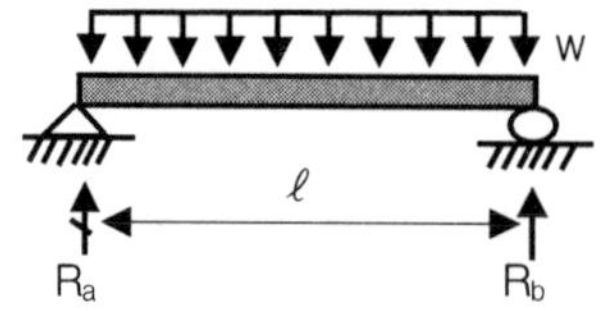

$$R_a = \frac{wl}{2},\ R_b = \frac{wl}{2} \qquad M_{max} = M_{x=\frac{l}{2}} = \frac{\omega l^2}{8}$$

외팔보

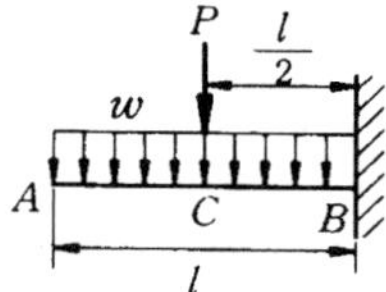

집중하중 : $M_1 = \frac{Pl}{2}$, 균일 분포하중 : $M_2 = \frac{wl^2}{2}$

$$\therefore M_{max} = M_1 + M_2 = \frac{l}{2}(P + wl)$$

3. 굽힘모멘트

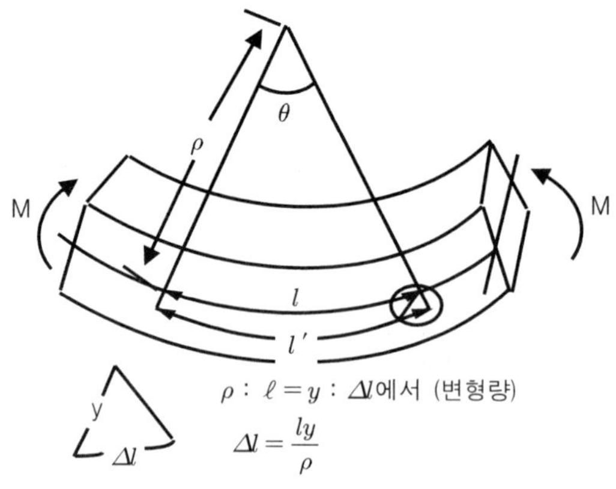

굽힘모멘트

① 굽힘모멘트

$M = \sigma Z$

여기서

σ : 굽힘응력　Z : 단면계수

$$\frac{1}{\rho} = \frac{M}{I \cdot E} = \frac{\sigma}{Ee}$$

여기서

ρ : 곡률반경　I : 단면 2차모멘트　M : 굽힘모멘트　E : 탄성계수

② 굽힘에 의해 보속에 발생되는 전단응력 : 굽힘에 의한 보속의 전단응력

$$\tau = \frac{FQ}{b\ I}$$

여기서,

F : 전단력,　b : τ를 구하고자 하는 그 위치에서의 폭

I : 단면전체의 2차 모멘트

Q : τ를 구하고자 하는 그 위치에서 상단에 실린 1차 모멘트

③ 굽힘에 의해 발생되는 사각형 내의 최대전단응력

$$\tau_{\max} = \frac{3}{2}\tau_{av}$$

④ 굽힘에 의해 발생되는 원형 내의 최대전단응력

$$\tau_{\max} = \frac{4}{3}\tau_{av}$$

⑤ 보에서 굽힘모멘트와 비틀림모멘트가 동시에 작용될 때 보속에 나타나는 최대수직응력

$$\sigma_{\max} = \frac{M_e}{Z}$$

⑥ 상당굽힘 모멘트

$$M_e = \frac{1}{2}(M + \sqrt{M^2 + T^2})$$

⑦ 보에서 굽힘모멘트와 비틀림모멘트가 동시에 작용될 때 보속에 나타나는 최대전단응력

$$\tau_{\max} = \frac{T_e}{Z_P}$$

⑧ 상당 비틀림 모멘트

$$T_e = \sqrt{M^2 + T^2}$$

기출문제

일반기계공학

01. 탄소강에 첨가되어 있는 원소 중에서 선철 및 탈산제에 첨가되며 강의경도, 탄성한계, 인장력을 높여주지만 신도(伸度)와 충격값을 감소시키는 원소는?

가. 망간　　나. 규소
다. 인　　라. 황

해설
규소는 탄소강에 첨가되어 있는 원소 중에서 선철 및 탈산제에 첨가되며 강의 경도, 탄성한계, 인장력을 높여주지만 신도와 충격값을 감소시키는 원소이다.

02. 다음 중 소성가공에서 인발(drawing)을 바르게 설명한 것은?

가. 회전하는 2~3개의 롤러 사이에 넣고 가공하는 것
나. 일정한 틈을 통과시켜 잡아당겨 늘이는 가공법
다. 재료를 통속에 넣고 압축하며 뽑아내는 가공법
라. 판재를 형틀에 의하여 변형시켜 가공하는 가공법

해설
인발(drawing) : 다이(die) 구멍에 재료를 통과시켜 기계력에 의해 잡아당겨 단면적을 줄이고 길이 방향으로 늘리는 가공으로 다이 구멍의 형상과 같은 단면의 봉, 파이프, 선 등을 만드는 작업

03. 용해온도가 낮은 동, 황동, 청동 등 비철 금속을 용해시키는데 주로 이용되는 용해로는?

가. 큐우폴라(cupola)
나. 전기로(electric furnace)
다. 반사로(reverberatory furnace)
라. 평로(open heat furnace)

해설 용해로
① 큐폴라(용선로) : 주철을 용해하는데 사용되는 로
② 선기로 : 전극 사이의 아크열을 이용하여 선철, 파쇠 등을 용해하여 강이나 합금강을 제조하는 것. 크기는 1회 용해할 수 있는 무게(ton)로 표시한다.
③ 반사로 : 노의 천장과 옆벽으로부터 반사열을 이용하여 금속을 용해하여 정련하는 노(爐)로서 용해 온도가 낮은 동, 황동, 청동 등 비철금속을 용해시키는데 주로 사용된다.
④ 평로 : 바닥이 낮고 편평한 반사로를 이용하여 선철을 용해시키며, 고철, 철광석 등을 첨가하여 용강을 만드는 것. 용량은 1회당 용해할 수 있는 쇳물의 무게를 톤(ton)으로 표시하며, 산성법과 염기성법이 있다.

04. 동 및 동합금에 관한 다음 설명 중 올바른 것은?

가. 황동은 구리와 주석의 합금이다.
나. 전기 전도율이 은(Ag) 다음으로 크다.
다. 청동은 구리와 아연의 합금이다.
라. 인청동은 내마멸성이 나쁘며 베어링으로 사용할 수 없다.

해설 동합금
① 황동은 구리와 아연의 합금이다.
② 청동은 구리와 주석의 합금으로 강도가 크고 내마멸성, 주조성이 좋으며, 주조용 합금으로 우수하다.
③ 인청동은 탄성, 내식성, 내마멸성이 커 베어링, 밸브 시트에 사용된다.

05. 다음 공작기계 중 평면절삭을 하려고 할 때 가장 적합한 기계는?

가. 보링 머신　　나. 선반
다. 드릴링 머신　　라. 셰이퍼

해설 공작기계의 용도
① 보링 머신 : 공작물에 이미 뚫린 구멍을 확대하는 데 사용되는 공작기계
② 선반 : 공작물을 회전시키면서 바이트를 이송 또는 절입시켜 외경 절삭, 끝 면 절삭, 정면 절삭, 절단, 테이퍼 절삭, 곡면 절삭, 구멍 뚫기,

01. 나 02. 나 03. 다 04. 나 05. 라

보링 및 널링 작업, 나사 절삭 등을 하는 공작기계이다.
③ 드릴링 머신 : 드릴을 사용하여 공작물에 구멍을 뚫는 공작기계이다. 드릴의 날끝 각은 일반적으로 118°이고 35°의 비틀림 각도로 되어 있다.
④ 셰이퍼 : 테이블에 공작물을 공정한 후 이송시키면서 램에 설치된 바이트가 좌우 왕복할 때 평면 또는 홈 등을 절삭하는 공작기계. 셰이퍼의 크기는 테이블의 최대 이동거리 또는램의 최대 행정으로 나타낸다.

06. 다음 금속의 합금 중 시효경화를 일으킬 수 있는 것은?

가. 동합금　　나. 알루미늄합금
다. 마그네슘합금　　라. 니켈합금

해설
시효경화 : 금속을 열처리한 후 시간이 경과함에 따라 단단해지는 현상

07. 다음 그림에서 피스톤 로드(piston rod)가 미는 힘 F는?(단, P_1, P_2는 내부압력, D_1는 실린더 내경, D_2는 로드 직경이다.)

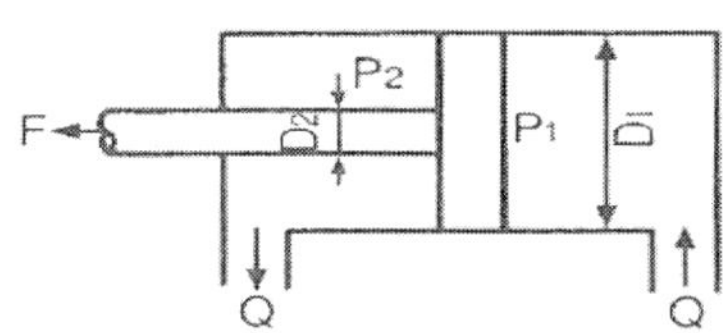

가. $F = \frac{\pi}{4}D_1^2 P_2 + (D_1^2 - D_2^2)P_1$

나. $F = \frac{\pi}{4}D_1^2 P_1 - (D_1^2 - D_2^2)P_2$

다. $F = \frac{\pi}{4}D_1^2 P_2 - (D_1^2 - D_2^2)P_1$

라. $F = \frac{\pi}{4}D_1^2 P_1 + (D_1^2 - D_2^2)P_2$

해설
피스톤의 힘 = 단면적 * 압력

08. 그림과 같은 기어 전동장치에서 기어수가 $Z_1 = 30,\ Z_2 = 40,\ Z_3 = 20,\ Z_4 = 30$인 경우 I축이 300$rpm$으로 우회전하면 III축은 어느 방향으로 몇 회전하는가?(단, Z_2는 I축의 기어와 맞물린 기어이고, Z_3는 III축 기어와 맞물린 기어잇수임)

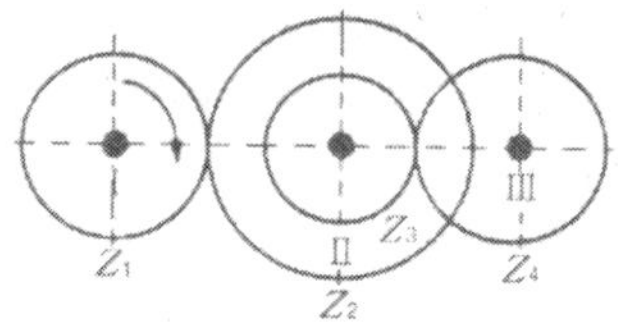

가. 300 우회전　　나. 300 좌회전
다. 150 우회전　　라. 150 좌회전

해설
$n_2 = n_1 \times \frac{Z_1}{Z_2} \times \frac{Z_3}{Z_4} = 300 \times \frac{30}{40} \times \frac{20}{30} = 150$
회전방향은 축이 3개이므로 I축과 동일하다.

09. 리벳 이음에서 리벳 효율을 나타낸 식으로 옳은 것은?(단, 리벳 효율은 전단파괴에 의하여 구하며, n : 1 피치내의 리벳의 전단 면수, P : 피치(mm), σ : 강판 재료의 허용 인장응력(kg/mm^2), t : 강판의 두께(mm), d : 리벳의 지름(mm), τ : 리벳의 허용 전단응력(kg/mm^2)이다.)

가. $\eta = 1 - \frac{d}{p}$　　나. $\eta = \frac{4pt\sigma}{\pi d^2 \tau}$

나. $\eta = 1 - \frac{p}{d}$　　라. $\eta = \frac{\pi d^2 \tau}{4pt\sigma}$

해설
$\eta = \frac{\pi d^2(\text{전단응력})}{4(\text{피치})(\text{강판두께})(\text{인장응력})}$

10. 스팬 ℓ인 양단 지지보의 중앙에 집중 하중 P가 작용하는 경우 최대 굽힘 모멘트 $M_{\max}$은?

가. $\frac{P\ell}{4}$　　나. $\frac{P\ell^2}{4}$

다. $\frac{P\ell^2}{2}$　　라. $\frac{P\ell}{2}$

해설
양단지지보 최대굽힘모멘트 = $\frac{P\ell}{4}$

06. 나 07. 나 08. 다 09. 라 10. 가

11. 안지름 16cm의 파이프로 매분 2.4m의 물을 흘러가게 할 때 파이프의 길이 100m마다의 마찰 손실수두는?(단, 관 마찰 계수 λ = 0.03이다.)

가. 2.37mm　　나. 2.5mm
다. 3.16mm　　라. 3.8mm

해설

$$h_L = \lambda \cdot \frac{L}{d} \cdot \frac{V^2}{2 \times g}$$

h_L : 마찰 손실수두(m)
λ : 파이프의 마찰계수
L : 파이프의 길이(m)
d : 파이프의 지름(m)
V : 유속(m/s)
g : 중력가속도(9.8m/s^2)

12. 다음 중 비교측정의 표준이 되는 게이지는?

가. 한계 게이지　　나. 마이크로미터
다. 블록 게이지　　라. 센터 게이지

해설

비교측정 : 블록게이지, 다이얼게이지, 핀게이지, 인디게이터 등
- 장점
① 측정기를 적당한 위치에 장치함으로써 대량 측정에 적당하고, 높은 정도의 측정을 비교적 용이하게 할 수 있다.
② 치수의 산포를 알고자 할 때에 계산을 생략할 수 있다.
③ 길이만이 아니라 면의 각종 형상의 측정이나 공작 기계의 정도, 검사 등 사용 범위가 넓다.
④ 치수의 편차를 기계에 관련지어 원격 조작이 가능하므로 자동화할 수 있다.
- 단점
① 측정 범위가 좁고, 직접 제품의 치수를 읽을 수 없다.
② 기준 치수가 되는 범위가 필요하다.

13. 다음 중 공구 재료로서 필요한 성질이 아닌 것은?

가. 취성이 커야 한다.
나. 인성이 커야 한다.
다. 내마멸성이 커야 한다.
라. 피삭재에 비하여 충분히 경도가 높아야 한다.

해설

취성 : 물체가 연성을 가지지 않고 파괴되는 성질
인성 : 물체의 질긴 정도
내마멸성 : 금속과 금속의 마찰시 그 금속의 성질이 변하지 않는 것
경도 : 물체의 단단한 정도

14. 원동차 지름이 200mm, 종동차 지름이 350mm의 원통마찰차에서 원동차가 12분간에 630회전할 때 종동차는 20분간에 몇 회전하는가?

가. 300　　나. 400
다. 500　　라. 600

해설

$$\frac{N_2}{N_1} = \frac{D_1}{D_2}$$

N_1 : 원동차 회전수, N_2 : 종동차 회전수
D_1 : 원동차 지름, D_2 : 종동차 지름

원동차 1분간 회전수 $= \frac{630}{12} = 52.5_{rpm}$

$$N_2 = N_1 \times \frac{D_1}{D_2} = \frac{52.5 \times 200}{350} = 31_{rpm}$$

종동차 20분간 회전수$= 30 \times 20 = 600_{rpm}$

15. 스퍼기어의 피니언이 3,000rpm으로 잇수가 20개일 때, 1,000rpm으로 감속하려면 기어의 잇수는 몇 개가 적당한가?

가. 30개　　나. 60개
다. 90개　　라. 120개

해설

잇수 $= \frac{3000 \times 20}{1000} = 60$개

16. 다음과 같은 외팔보에서 A지점의 반력 R_A는?

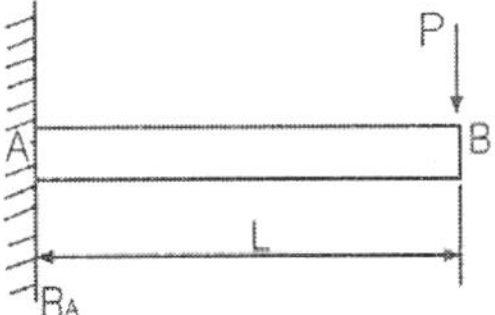

11. 라 12. 다 13. 가 14. 라 15. 나 16. 나

가. 0　　　　나. P
다. L　　　　라. P/L

해설
반력은 작용하는 힘과 거리의 비로 표현된다.

17. 나사의 피치가 $3mm$인 2중 나사가 1회전하면 리드는?

가. $3mm$　　　　나. $4mm$
다. $5mm$　　　　라. $6mm$

해설
리드 = 줄수×피치 = $3mm$×2 = $6mm$

18. 유압의 장점에 대한 설명이 잘못된 것은?

가. 힘과 속도를 자유롭게 변속시킬 수 있다.
나. 열의 냉각장치를 취할 필요가 없다.
다. 과부하에 대한 안전장치가 필요하다.
라. 적은 장치로 큰 출력을 얻을 수 있다.

해설
① 작으면서, 힘이 강함(소형의 장치로서 큰 힘을 낼 수 있다.)
② 과부하(Over Load)방지가 쉽고, 정확
③ 힘의 조정이 쉽고, 정확한 위치제어, 속도제어 가능
④ 무단변속 간단, 작동 원활
⑤ 진동이 적음(오일이 기계장치에 비해 가볍기 때문에, 관성이 적음)
⑥ 원격조작 가능(파이프로 연결)
⑦ 내구성, 윤활특성이 좋다.(마모가 적고, 원활한 운전)
⑧ 반응속도가 빠름(유압력 전달속도는 1000m/s, 공압은 약 50m/s)
⑨ 최대부하 상태에서도 출발 가능(공압은 압축성으로 인해 동적부하는 최대부하의 60% 이내여야 함)

19. $700rpm$으로 $80PS$를 전달하는 축의 전달토크 T는 몇 $kgf-cm$인가?

가. 8.18514 $kgf-cm$
나. 81.8514 $kgf-cm$
다. 818.514 $kgf-cm$
라. 8185.14 $kgf-cm$

해설
$$축마력(PS) = \frac{2\times\pi\times T\times R}{75\times 60}$$
T : 회전력($kgf-m$), R : 회전수(rpm)
$$T = \frac{75\times 60\times 80\times 100}{2\times\pi\times 700}$$
$$= 8185.111353kgf-cm$$

20. 탄소강에 하나 또는 여러 종류의 합금원소를 첨가하여 여러 가지의 목적에 적합하도록 성질을 개선한 강을 무엇이라고 하는가?

가. 과공석강　　　　나. 고탄소강
다. 합금강　　　　라. 중금속

해설
합금강[合金鋼, alloy steel]
철과 탄소의 합금인 강의 성질을 개량할 목적으로 크로뮴·니켈·망가니즈·몰리브덴·텅스텐 등과 같은 원소를 하나 이상 첨가해서 만든 강이다. 대표적인 것에는 크로뮴강·니켈강·니켈-크로뮴강 등이 있다. 특히 영구자석합금에는 알루미늄·코발트·니켈을 가한 것이 쓰인다.

21. 다음 중 반동수차가 아닌 것은?

가. 프란시스 수차　　　　나. 펠톤 수차
다. 프로펠러 수차　　　　라. 카플란 수차

해설 반동 수차의 종류
반동 수차는 물이 날개차를 통과하는 사이에 물이 갖는 압력과 속도 에너지를 수차에 주어 수차를 회전시키는 방식이다.
① 프란시스 수차 : 적용 낙차와 용량의 범위가 대단히 넓어 가장 많이 사용된다.
② 프로펠러 수차 : 저낙차, 대유량에 사용되는 수차로서 날개의 수는 보통 4~10매 정도이고 날개의 각도를 조절할 수 없는 고정날개의 수차이다.
③ 카플란 수차 : 저낙차, 대유량에 사용되는 수차로서 날개의 수는 보통 4~10매 정도이고 날개의 각도를 조절할 수 있는 가동날개의 수차이다.

22. 평벨트 풀리를 벨트와의 접촉면 중앙을 약간 높게 하는 이유는?

가. 강도를 크게 하기 위하여
나. 외간상 보기 좋게 하기 위하여

17. 라　18. 나　19. 라　20. 다　21. 나　22. 라

다. 축간 거리를 맞추기 위하여
라. 벨트의 벗겨짐을 방지하기 위하여

해설

벨트 풀리는 벨트가 벗겨지는 것을 방지하기 위하여 벨트 풀리의 바깥 면을 편평하게 하지 않고 중앙을 볼록하게 하여야 한다.

23. 평벨트에서 십자걸기(엇걸기)를 할 때의 벨트의 길이 계산식으로 가장 적합한 것은?(단, C 는 벨트의 중심거리, D^1, D^2는 두 풀리의 지름.)

가. $L \fallingdotseq 2C+\frac{\pi}{2}(D_2+D_1)+\frac{(D_2-D_1)^2}{4C}$

나. $L \fallingdotseq 2C+\frac{\pi}{2}(D_2+D_1)+\frac{(D_2+D_1)^2}{4C}$

다. $L \fallingdotseq 2C+\frac{\pi}{2}(D_2-D_1)+\frac{(D_2+D_1)^2}{4C}$

라. $L \fallingdotseq 2C+\frac{\pi}{2}(D_2-D_1)+\frac{(D_2-D_1)^2}{4C}$

해설 벨트 길이 구하는 식

① 십자걸기(엇걸기)의 경우

$$L \fallingdotseq 2C+\frac{\pi}{2}(D_2+D_1)+\frac{(D_2+D_1)^2}{4C}$$

② 바로걸기(평걸기)의 경우

$$L \fallingdotseq 2C+\frac{\pi}{2}(D_2+D_1)+\frac{(D_2-D_1)^2}{4C}$$

24. 바깥지름 $24mm$인 4각나사의 피치 $6mm$, 유효지름 $22.051mm$, 마찰계수가 0.1이라면 나사의 효율은 몇 %인가?

가. 30　　나. 45
다. 60　　라. 75

해설

$\eta=\frac{\tan\alpha}{\tan(\alpha+\rho)}$, $\tan\alpha=\frac{P}{\pi\times d_e}$

η : 나사의 효율, α : 리드각
ρ : 마찰각, P : 피치(mm)
d_e : 유효지름(mm)

① $\tan\alpha=\frac{P}{\pi\times d_e}=\frac{6}{3.14\times 22.061}=0.087$

$\alpha=\tan^{-1}0.087=4.972°$

② $\tan\rho=\mu$

$\rho=\tan^{-1}0.1=5.71°$

③ $\eta=\frac{4.972}{4.972\times 5.71}\times 100=46.54\%$

25. 다음 중 다이나 롤러를 사용하여 재료를 회전시키면서 압력을 가하여 제품을 만드는 가공방법으로 나사 등의 가공에 가장 적합한 가공방법은?

가. 압연가공(rolling)
나. 압출가공(extruding)
다. 프레스가공(press working)
라. 전조가공(form rolling)

해설 소성 가공 종류

① 단조가공 : 가열시킨 상태에서 재료를 단조기계나 해머로 두들겨 성형하는 가공방법
② 압연가공 : 회전하는 2개의 롤러사이에 재료를 열간 또는 냉간으로 통과시키면서 소정의 제품을 만드는 가공법
③ 압출가공 : 실린더 모양의 컨테이너에 재료를 넣고 한쪽에서 큰 힘으로 압력을 가하면 반대쪽에서 성형된 제품이 만들어지는 가공법
④ 인발가공 : 다이에 봉이나 파이프를 넣고 축방향으로 통과시켜 소재를 잡아당겨 외경을 줄이고 길이 방향으로 늘이는 가공법
⑤ 전조가공 : 다이나 롤러를 사용하여 재료를 회전시키면서 압력을 가하여 제품을 만드는 가공법
⑥ 판금가공 : 판재를 사용하여 각종용기, 장식품 등을 만들 때 딥 드로잉, 프레싱, 시어링, 굽힘 가공 등을 이용하여 제품을 만드는 가공법

26. 목형의 중량이 $15kgf$일 때 주물의 중량은 몇 kgf인가?(단, 주물의 비중은 7.2이고, 목형의 비중은 0.5이다.)

가. 7.5　　나. 108
다. 180　　라. 216

해설

$W=\frac{S}{S^1}\times W^1$

W : 주물의 중량(kgf), W^1 : 목형의 중량(kgf)
S : 주물의 비중, S^1 : 목형의 비중

$W=\frac{7.2}{0.5}\times 15=216kg_f$

23. 나 24. 나 25. 라 26. 라

27. 베어링 합금의 구비 조건으로 적합한 성질은?

가. 마찰 계수가 클 것
나. 내마모성이 적을 것
다. 내부 식성이 적을 것
라. 열전도성이 클 것

해설

① 축의 재료보다 연하면서 마모에 잘 견딜 것
② 축과의 마찰계수가 작을 것
③ 내식성이 클 것
④ 열전도가 좋을 것
⑤ 가공성이 좋으며 유지 및 수리가 쉬울 것

28. 탄소강의 A1 변태점은 몇 도인가?

가. 684℃ 나. 723℃
다. 768℃ 라. 941℃

해설

변태점 : 순철이나 합금을 고체 상태 의 일정한 온도로 가열 시키면 조직, 상(phae), 자성 등이 변화하는데, 그때의 온도를 변태점이라 한다.

29. 다음 중 공압장치를 응용하여 실제 사용되는 예가 아닌 것은?

가. 머시닝센터의 자동 문 개폐장치
나. 드릴머신의 이송 자동화 장치
다. 자동 세척장치
라. 디프 드로잉 프레스

해설

공압 장치는 기계의 모양에 제한을 받지 않고 다루기가 용이하므로, 산업기계, 자동화 기계, 생산공장의 자동화 장치 등에 널리 활용되고 있다.

• 공압 장치의 특징

○ 에너지원으로서 간단히 얻을 수 있다.
○ 힘의 전달이 간단하고, 또 자유로운 형태로 이루어지며, 힘의 증폭이 용이하다.
○ 속도의 증감을 쉽게 할 수 있다.
○ 제어가 간단하며, 다루기가 쉽다.
○ 인화의 위험이 없다.

30. 전기 저항 용접으로 원판상의 전극에 재료를 끼워 가압하면서 전류를 통하게 하여 접합하는 용접 방법은?

가. 프로젝션 용접 나. 심 용접
다. 맞대기 용접 라. 테르밋 용접

해설 전기 저항 용접의 종류

① 스폿 용접 : 2개의 모재를 겹쳐 전극 사이에 끼워 놓고 전류를 공급하여 접촉면이 전기 저항에 의해 발열되어 용융될 때 압력을 가하여 접합하는 용접법
② 프로젝션 용접 : 스폿 용접을 변형시킨 것으로 용접부에 돌기를 전류를 집중시켜 가압하여 접합시키는 용접법
③ 맞대기 용접 : 2개의 모재를 용접기에 설치하여 맞대고 전류를 통해서 접촉부를 용융시켜 접합하는 용접법

31. 다음 중 변형률(ε)의 단위로 맞는 것은?

가. kg 나. kg/cm
다. kg/cm^2 라. 단위 없음

해설

변형도(strain) 또는 변형률은 응력으로 인해 발생하는 재료의 기하학적 변형을 나타낸다. 즉, 변형도는 형태나 크기의 변형을 의미한다.
공학에 있어서 변형도는 다음과 같이 정량화해 나타낼 수 있다. $\epsilon = \frac{\delta l}{l_0}$ 여기서 l_0는 재료의 초기 길이이며, δl은 양(인장일 경우) 또는 음(압축일 경우)의 값을 가질 수 있다. 변형도는 무차원의 값이며, 종종 m/m, in./in. 또는 %로 나타내기도 한다.

32. 피치원 지름이 40mm, 잇수가 20인 표준 스퍼어 기어의 이끝 높이는 약 몇 mm인가?

가. 0.64 나. 2
다. 3.14 라. 6.28

해설

이끝높이 $= \frac{40}{20} = 2mm$

33. 한 변의 길이가 9cm인 정사각형 외팔보의 최대 굽힘응력이 120kgf/cm^2일 때 최대 몇 $kgf.cm$까지의 굽힘 모멘트에 견디는가?

가. 12540 나. 14580
다. 16720 라. 18420

27. 라 28. 나 29. 라 30. 나 31. 라 32. 나 33. 나

해설

$M = \sigma \times Z = \sigma \times \frac{bh^3}{6}$

$= 120 \times \frac{9^3}{6} = 14850 kg_f cm$

34. 그림에서 스프링상수가 $k_1 - 04kgf/mm$, $k_2 = kgf/mm$일 때 전체 스프링상수는 몇 kgf/mm인가?

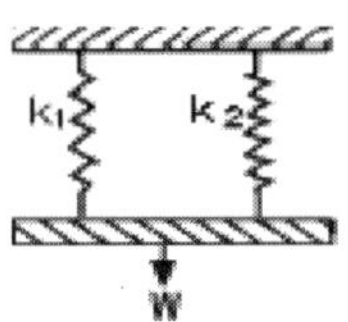

가. 0.16 나. 0.4
다. 0.6 라. 0.13

해설

$\delta = \frac{W}{K}$, δ : 스프링의처짐량(cm)
W : 하중(kgf)
K : 스프링의 상수(kgf/mm)
$\therefore \quad K = 0.4 + 0.2 = 0.6$

35. 기계의 분진이나 쇠 부스러기를 청소하기 위해서 사용하는 공구로 다음 중 가장 적당한 것은?

가. 줄 나. 스크레이퍼
다. 정 라. 브러쉬

해설

스크레이퍼 : 흙, 성에 등을 긁어내는 도구
브러쉬 : 붓

36. 마찰면을 축방향으로 눌러 제동하는 브레이크는?

가. 밴드 브레이크(band brake)
나. 원심 브레이크(centrifugal brake)
다. 원판 브레이크(disk brake)
라. 블록 브레이크(block brake)

해설

원판 브레이크(disk brake)자동차용 브레이크 장치. 원판 브레이크라고도 한다. 차바퀴와 함께 회전하는 디스크 양면에 패드를 압착한 뒤 마찰을 일으켜 제동력을 얻는다.

37. 지름 $10mm$, 길이 $1m$인 연강 환봉이 하중 1ton을 받아 $0.6mm$ 신장했다고 한다. 이 봉에 발생하는 응력은 약 몇 MPa인가?

가. 1.25 나. 12.5
다. 125 라. 1250

해설

$\sigma = \frac{W}{A}$

$= \frac{1000}{\frac{\pi \times 10^2}{4}} \times 9.80665 = 124.86 Mpa$

38. 철(Fe)이 상온에서 나타나는 결정격자는?

가. 조밀육방격자
나. 체심입방격자
다. 면심입방격자
라. 사방입방격자

해설 체심입방격자

육면체의 구석과 중심에 격자점이 존재하는 공간격자로서 각 격자점(格子點)의 배위수는 8이며, 면심입방격자(面心立方格子)보다 공간이 많은 구조이다.
예를 들면, 금속원소의 리튬·나트륨·칼륨·바륨·크로뮴·텅스텐 등, 염류의 염화세슘·브로민화세슘·염화암모늄 등이 있다.

39. 가스 용접에서 용제(Flux)를 사용하지 않아도 되는 것은?

가. 주철
나. 연강
다. 반경강
라. 구리합금

해설

용제 : 용질을 녹여 용액을 만드는 액체

34. 다 35. 라 36. 다 37. 다 38. 나 39. 나

40. 다음 중 펌프의 캐비테이션의 방지책이 아닌 것은?

가. 펌프의 설치 높이를 가능하면 낮춘다.
나. 펌프의 회전수를 높게 한다.
다. 편흡입을 양흡입 펌프로 고쳐서 사용한다.
라. 흡입 비속도를 적게 한다.

해설 펌프의 캐비테이션 방지법

① 펌프의 설치 높이를 가능한 낮춘다.
② 흡입 양정을 짧게 한다.
③ 수직 펌프를 사용한다.
④ 회전차를 수중에 완전히 잠기게 한다.
⑤ 펌프의 회전수를 낮춘다.
⑥ 흡입 비속도를 작게 한다.
⑦ 양흡입 펌프를 사용한다.
⑧ 2대 이상의 펌프를 사용한다.

41. 다음 중 왕복 펌프의 밸브 구비 요건이 아닌 것은?

가. 밸브의 개폐가 정확해야 한다.
나. 물이 밸브를 지날 때의 저항이 최대한 커야 한다.
다. 누설이 정확하게 방지되어야 한다.
라. 내구성이 양호해야 한다.

해설 왕복 펌프 밸브의 구비조건

① 누설이 정확하게 방지되어야 한다.
② 밸브가 열려 있을 때 유체의 유동저항이 적을 것
③ 펌프 작동에 따른 추종이 신속할 것.
④ 내구성이 양호해야 한다.
⑤ 밸브의 개폐가 정확할 것

42. 평행한 두 축 사이에 회전운동을 전달하고 기어 이(톱니)의 줄이 축에 평행한 기어(gear)는?

가. 스퍼 기어(spur gear)
나. 헬리컬 기어(helical gear)
다. 베벨 기어(bevel gear)
라. 워엄 기어(worm and worm wheel)

해설

스퍼기어 : 축과 나란히 톱니가 절삭되어있는 기어
헬리컬기어 : 원통기어의 한 종류로 톱니 줄기가 비스듬히 경사져 있어 헬리컬이라고 한다.
베벨기어 : 교차축기어의 한 종류로 서로 직각, 둔각 등으로 만나 두 축 사이 운동을 전달한다.
웜기어 : 2축이 서로 직교하는 경우에 사용되는 기어

43. 중량 3ton의 자동차가 시속 30㎞로 달리다가 브레이크를 걸기 시작하여 8.8m 후에 정지하였다. 베어링 등 다른 마찰을 무시한다면 브레이크에 발생하는 열량(㎉)은?(단, 바퀴와 도로와의 마찰계수는 0.4이다.)

가. 105.6　　나. 78.2
다. 42.8　　라. 24.7

해설

$$\text{열량} = \frac{3000\times8.8\times0.4\times9.8}{4.18605(J)} = 24722cal = 24.7kcal$$

44. 다음 중 회전축의 흔들림 검사에 가장 적합한 측정기는?

가. 블록 게이지
나. 버니어 캘리퍼스
다. 마이크로미터
라. 다이얼 게이지

해설 측정기의 용도

① 블록 게이지 : 길이 측정의 표준 게이지
② 버니어캘리퍼스 : 외경, 내경, 깊이 측정용
③ 마이크로미터 : 나사의 피치를 이용하여 외경(외경용), 내경(내경용) 등의 측정에 사용된다.
④ 다이얼 게이지 : 평면도 검사, 축의 휨 및 진동, 기어의 백래시, 원통의 진원도, 축의 스러스트등을 측정하는데 이용된다.

45. 분사펌프(jet pump)는 다음 중 어느 분류에 해당하는가?

가. 사류형 펌프　　나. 용적식형 펌프
다. 특수형 펌프　　라. 베인형 펌프

해설

특수형 펌프 : 와류 펌프, 기포 펌프, 제트 펌프, 수격 펌프, 점성 펌프 등

40. 나　41. 나　42. 가　43. 라　44. 라　45. 다

46. 동과 동합금에 관한 설명 중 틀린 것은?

가. 황동은 구리와 아연의 합금이다.

나. 인청동은 내식성, 내마모성을 필요로 하는 펌프부품, 캠, 축, 베어링 등에 사용된다.

다. 청동은 구리와 주석의 합금이다.

라. 전기 전도율이 알루미늄 다음으로 크다.

해설 동합금

① 황동은 구리와 아연의 합금이다.
② 청동은 구리와 주석의 합금으로 강도가 크고 내마멸성, 주조성이 좋으며, 주조용 합금으로 우수하다.
③ 인청동은 탄성, 내식성, 내마멸성이 커 베어링, 밸브 시트에 사용된다.

47. 전단력과 휨모멘트의 변화 상태에 대한 다음 설명 중 올바른 것은?

가. 전단력이 변화하지 않을 때는 휨모멘트도 기준선에 평행한 직선이다.

나. 전단력이 직선적으로 변화할 때는 휨모멘트도 직선적으로 변화한다.

다. 전단력이 직선적으로 변화할 때는 휨모멘트는 2차 함수로 변화한다.

라. 전단력이 0일 때는 휨모먼트는 3차 곡선적으로 변화한다.

해설

전단력 : 물체 안의 어떤 면(面)에 크기가 같고 방향이 서로 반대가 되도록 면을 따라 평행되게 작용하는 힘
휨모멘트 : 물체에 작용하는 힘의 회전효과는 힘만이 아니라 회전축과 힘의 작용점과의 거리에도 의존하게 되므로 물체의 회전운동을 논할 때는 흔히 합력의 모멘트라 한다.

48. 강을 가열했을 때 나타나는 조직으로 910~1,400℃ 사이 γ 철에 탄소를 잘 고용하는 γ 고용체는?

가. 오스테나이트　　나. 페라이트
다. 퍼얼라이트　　라. 시멘타이트

해설 오스테나이트

담금질한 강(鋼) 조직의 하나이다. 철은 녹을 때까지 두 번 결정형을 바꾸는데, 900℃ 이하와 1,400~1,528℃(녹는점)까지 범위에서는 체심입방 결정형이지만, 900~1,400℃에서는 면심입방 결정형이 된다. 순철은 웬만큼 급히 냉각시켜도 900℃를 경계로 하는 면심입방 → 체심입방의 결정형 변화는 막을 수가 없어 체심입방형으로 되지만, 철에 탄소가 알맞게 들어간 강에서는 급랭함으로써 이 변화가 도중에 정지한다. 이것을 다시 탄소 이외의 다른 원소를 하나 더 첨가한 합금강으로 하면, 첨가하는 원소에 따라서 이 변화가 완전히 멈추어 면심입방의 철이 상온까지 가져올 수 있다.

49. 다음 중 직선왕복운동을 회전운동으로 변화시키는 축은?

가. 플렉시블 축　　나. 직선축
다. 크랭크 축　　라. 중간축

해설 축의 용도

① 플렉시블 축 : 축이 어느 정도 굽혀질 수 있는 축으로 작은 동력을 전달하는데 사용한다.
② 크랭크축 : 직선 운동을 회전 운동으로 변화시키는데 사용한다.

50. 다음 중 6각 구멍 붙이 볼트의 머리를 묻기 위한 가공법은?

가. 카운터 보링　　나. 보링
다. 카운터 싱킹　　라. 리밍

해설 드릴링 머신의 기본 작업

① 드릴링 : 구멍을 뚫는 작업
② 스폿 페이싱 : 너트가 닿는 부분을 절삭하여 자리를 만드는 작업
③ 카운터 보링 : 작은 나사, 둥근 머리 볼트의 머리를 공작물에 묻히게 하기 위해 턱 있는 구멍을 뚫는 가공
④ 카운터 싱킹 : 접시 머리 볼트의 머리 부분이 묻히도록 원뿔자리를 파는 작업
⑤ 보링 : 뚫린 구멍이나 주조한 구멍을 넓히는 작업
⑥ 리밍 : 뚫린 구멍을 리머로 다듬는 작업

51. 외접한 한 쌍의 표준평치차의 중심거리가 100mm이고, 한쪽 기어의 피치원 지름이 80 mm일 때 상대기어의 피치원 지름은?

가. 40mm　　나. 90mm

46. 라　47. 다　48. 가　49. 다　50. 가　51. 다

다. 120mm　　라. 160mm

해설

$$L=\frac{D_a \pm D_b}{2}$$

L : 축간거리, D_a : A기어의 피치원 지름

D_b : B기어의 피치원 지름

+ : 외접기어, − : 내접기어

$D_b = 100 \times 2 - 80 = 120mm$

52. 표준스퍼 기어에서 모듈이 3일 때, 기어의 원 주피치는 약 몇 mm인가?

가. 3　　나. 3.14
다. 6.28　　라. 9.42

해설

$P=\pi \times M$, P : 원주피치, M : 모듈

$P=\pi \times 3 = 9.42$

53. 자동차 산업 등에 널리 이용되고 있는 점용접(Spotwelding)의 특징이 아닌 것은?

가. 표면이 평평하고 외관이 아름답다.
나. 재료가 절약된다.
다. 구멍을 가공할 필요가 없다.
라. 변형 발생이 크다.

해설 점 용접의 특징

① 재료가 절약된다.
② 표면이 편평하고 외관이 아름답다.
③ 변형의 발생이 적다.
④ 구멍을 가공할 필요가 없다.

54. 리벳팅이 끝난 뒤에 리벳머리 주위나 강판의 가장자리를 정으로 때려 그 부분을 밀착시켜서 틈을 없애는 작업은?

가. 코킹　　나. 호닝
다. 랩핑　　라. 클러칭

해설 작업의 정의

① 코킹 : 두께 5mm 이상의 강판을 리베팅이 끝난 후 기밀을 요하는 경우에는 리벳 머리 주위나 강판의 가장 자리를 정으로 때려 그 부분을 밀착시켜 틈을 없애는 작업.
② 호닝 : 숫돌을 이용하여 연삭 가공을 끝낸 원통의 내면을 정밀하게 다듬질하는 가공.
③ 랩핑 : 공작물보다 경도가 낮은 주철, 구리, 목재로 만든 랩을 공작물의 다듬질할 면 사이에 적당한 연삭 입자를 넣고 공작물과 적당한 압력으로 접촉시켜 상대 운동을 시킴으로서 입자가 공작물의 표면에서 아주 적을 양을 깎아 내어 표면을 매끈하게 다듬는 가공

55. 온도변화에 의해 금속의 결정격자가 다른 결정격자로 변하는 현상은?

가. 동형변태　　나. 동소변태
다. 자기변태　　라. 소성변형

해설

① 동소 변태 : 온도 변화에 의해 금속의 결정격자가 변화하는 것.
② 어떤 자장에 놓여진 순철의 자기 크기는 실온에서부터 온도를 상승시킴에 따라 서서히 변화가 생기는데 768℃ 부근에서는 갑자기 자기 크기의 변화가 생기는데 이 변화를 자기 변태라 한다.
③ 소성 변형 : 재료에 힘을 가하면 변형을 일으키게 되고 힘을 제거하여도 원형으로 완전히 복귀되지 않고 다소의 변형이 남게 되는 변형을 소성 변형이라 한다.

56. 다음 강(鋼)조직 중에서 경도가 가장 큰 것은?

가. 페라이트　　나. 오스테나이트
다. 시멘타이트　　라. 펄라이트

해설

시멘타이트(HB820)>펄라이트(HB225)>오스테라이트(HB155)>페라이트(HB90)

57. 펌프의 토출압이 60kgf/cm^2, 토출량이 30 ℓ/min인 유압펌프의 펌프동력은 몇 마력(PS)인가?

가. 3　　나. 4
다. 5　　라. 6

해설

$$PS=\frac{60 \times 30000}{75 \times 60 \times 100}=4$$

52. 라　53. 라　54. 가　55. 나　56. 다　57. 나

58. 다음 중 주물사의 시험항목에 들지 않는 것은?

가. 강도　　나. 건조도
다. 경도　　라. 통기도

해설 주물사의 시험

① 내열성 : 제게르 콘과 같이 삼각뿔로 만들어 고온에 두어 연화 굴곡 온도를 제게르 콘으로 측정한다.
② 성형성(강도와 경도) : 압축시험으로 한다.
③ 통기도 : 주형 내에서 발생된 가스나 증기를 외부로 배출시키는 정도로서 일정 압력의 공기가 흐르는 빠르기로 나타낸다.

59. 폭 8[cm], 높이 15[cm]의 사각형단면 보에 굽힘 모멘트 M=15,000[$kgf \cdot cm$]가 작용했을 때 생기는 굽힘응력 σb는 몇 $kgf \cdot cm^2$ 인가?

가. 50　　나. 100
다. 150　　라. 200

해설

$\sigma_b = \frac{M}{Z}$, $Z = \frac{b \times h^2}{6}$

M : 굽힘 모멘트, Z : 단면계수

b : 폭, h : 높이

$\sigma_b = \frac{15000 \times 6}{8 \times 15^2} = 50kgf/cm^2$

60. 기초원 지름이 150[mm], 잇수 30, 압력각 20도인 인벌류트스퍼 기어에서 물림길이가 $7\pi[mm]$라면 이 기어의 물림율은?

가. 1.0　　나. 2.0
다. 1.4　　라. 2.5

해설

물림률 = $\frac{\text{물림길이}}{\text{법선피치}}$

$P_\pi = \frac{\pi \times D_g}{Z} \times \cos\alpha$

P_π : 법선피치(mm), D_g : 기초원 지름(mm)

Z : 잇수, $\cos\alpha$: 압력각

물림률 $= \frac{7 \times \pi \times 30}{\pi \times 150 \times 0.93969} = 1.48$

61. 그림과 같이 로프로 고정되어 A점에 1000 kgf의 무게를 매달 때 AC 로프에 생기는 응력은 약 몇 kgf/cm^2 인가?(단, 로프 지름은 3 cm이다.)

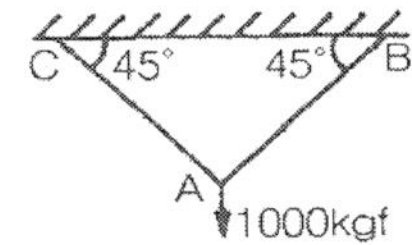

가. 100　　나. 210
다. 431　　라. 640

해설

$\sigma = \frac{1000}{\frac{\pi}{4} \times 3^2} \times \cos 45 = 100kgf$

62. 마이크로미터의 측정면이나 블록 게이지의 측정면과 같이 비교적 작고, 정밀도가 높은 측정물의 평면도검사에 사용하는 측정기로 다음 중 가장 적합한 것은?

가. 윤곽 투영기(profile projector)
나. 오토 콜리메이타(auto-collimator)
다. 컴비네이션 세트(combination set)
라. 옵티컬 플랫(optical flat)

해설 계측기의 용도

① 윤곽 투영기 : 특히 편평한 부품 및 게이지, 공구, 기어, 나사 등의 치수를 측정하고 윤곽의 형상을 건사하기 위하여 10~100배로 확대한 실상을 스크린 위에 투영하는 광학적 측정기이다.
② 오토 콜리미터 : 정반이나 긴 안내면 등의 평면 진직도, 직각도 및 단면 게이지의 평행도 등을 측정하는 게이지이다.
③ 옵티컬 플랫 : 마이크로미터의 측정면이나 블록 게이지의 측정면과 같이 비교적 작은 부분의 평면도 측정에 이용되고 있다. 광학 유리를 연마하여 만든 극히 정확한 평행 평면반을 측정면에 살며시 포개어 놓고 표면에 나트륨 광선과 같은 단색광을 비추어 간섭 무늬를 만든다. 무늬가 곧게 나타나면 정밀한 평면이다.

63. 탄소강에 어떤 성분을 결합하면 연신율을 그다지 감소시키지 않고 강도 및 소성을 증가시키고, 황에 의한 취성을 방지하는가?

가. P　　나. Mn
다. Si　　라. S

58. 나　59. 가　60. 다　61. 가　62. 라　63. 나

해설 탄소강에 함유된 성분과 영향

① 망간 : 황의 해를 제거하며, 고온 가공을 용이하게 한다. 강도, 경도, 인성을 증가하며 고온에서 결정입자의 성장을 방해한다. 소성을 증가시키고 주조성을 좋게 하며, 담금질 효과를 크게 한다.
② 규소 : 강의 경도, 탄성한계, 인장강도가 증가된다. 연신률 및 충격값을 감소시킨다. 상온에서 가 단성, 전성을 감소시키며, 결정입자가 거칠어진다.
③ 인 : 강의 결정입자를 거칠게 하며, 상온에서 취성을 일으킨다. 경도와 강도를 증가시키지만 가공시 균열을 일으키며, 기공이 없는 주물을 만들 수 있다.
④ 황 : 적열 취성을 일으키며, 인장강도, 연신율, 충격값이 저하된다. 강의 유동성을 방해하여 용접성이 나쁘며, 기공이 발생하지만 망간과 화합하여 절삭성을 개선한다.
⑤ 구리 : 인장강도, 탄성한도를 높이고 내식성을 증가시키며, 압연시 균열을 일으킨다.

64. 전위기어를 사용하는 이유 설명으로 틀린 것은?

가. 언더 컷을 피하려고 할 때
나. 이의 강도를 개선하려고 할 때
다. 중심거리를 변화시키려고 할 때
라. 축방향의 하중을 제거하려고 할 때

해설 전위 기어를 사용하는 목적

① 언더컷의 방지
② 축간 거리의 조정
③ 맞물림의 슬립을 감소
④ 유효 기어면의 증대
⑤ 이의 강도 개선

65. 다음 중 주물에 기공(blow hole)의 유무를 검사하는 방법이 아닌 것은?

가. 자기 탐상법　　나. 방사선 탐상법
다. 형광 탐상법　　라. 초음파 탐상법

해설 검사의 용도

① 자기 탐상법 : 탐상하려는 재료를 자화하여 금속 분말을 뿌리면 흠이 있는 부분에 집중하여 금속 분말이 부착되는 것을 이용하는 탐상법
② 방사선 탐상법 : χ선, γ선, β선 등의 방사선을 이용하여 재료 내부의 결함을 검사하는 탐상법
③ 형광 탐상법 : 재료의 표면에 있는 흠이나 결함 부분에 형광액을 침투시켜 그 침투 상황을 판독하여 흠이나 결함의 정도를 검사하는 탐상법
④ 초음파 탐상법 : 초음파를 이용하여 용접부 또는 재료의 내부의 결함 유무를 검출하는 방법으로 투과법, 반사법 및 공진법이 있다.

66. 다음 중 질긴 성질, 즉 충격에 대한 재료의 저항을 나타내는 성질은?

가. 인성　　나. 전성
다. 연성　　라. 탄성

해설 재료의 기계적 성질

① 인성 : 끈기가 있고 질긴 성질, 소성에 대한 저항이 크고 파괴되기까지의 변형량이 큰 성질
② 전성 : 금속을 두드려서 얇은 판으로 넓게 펴질 수 있는 성질
③ 연성 : 가느다란 선으로 늘일 수 있는 성질.
④ 탄성 : 응력은 어느 한도 내에서는 가해진 하중을 제거하여 응력을 제거하면 변형이 없어져 재료가 원 상태로 복귀되는 성질

67. 리드가 36mm 3줄 나사가 있다. 이 나사의 피치는 몇 mm인가?

가. 3　　나. 12
다. 24　　라. 108

해설

$L = n \times P$

L : 리드(mm), n : 줄수, P : 피치(mm)

$P = \dfrac{36mm}{3} = 12mm$

68. 스프링 백 현상은 다음 어느 작업 시 가장 많이 발생하는가?

가. 용접　　나. 프레스
다. 절삭　　라. 열처리

해설 스프링 백(spring back)

소성 재료를 굽힘 가공할 때 재료를 굽힌 다음 가한 힘을 제거하면 판의 탄성 때문에 탄성 변형 부분이 원 상태로 돌아가 그 굽힘 각도나 굽힘 반지름이 열려 커지는 현상을 말한다.

64. 라　65. 다　66. 가　67. 나　68. 나

69. 경도가 큰 재료에 인성만 부여 할 목적으로 A1 변태점 이하로 가열하여 서냉하는 열처리법은?

가. 담금질　　나. 고온풀림
다. 뜨임　　라. 저온풀림

해설 강의 열처리

① 담금질 : 강의 경도 또는 강도를 증가시키기 위하여 A_1 또는 A_3변태점 보다 30~50℃ 높게 가열한 후 급랭하여 재료를 경화시키는 열처리.
② 뜨임 : 경도가 큰 재료를 A_1 변태점 이하로 가열한 후 서냉하여 담금질에서 생긴 내부 응력을 제거하거나 또는 인성을 개선하는 열처리로 저온 뜨임과 고온 뜨임이 있다.
③ 풀림 : 재료가 가공 경화나 내부 응력이 생겼을 때 이를 제거하기 위해 A_1~A_3 변태점보다 30~50℃ 높게 가열한 후 서냉하는 열처리로 완전 풀림과 저온 풀림이 있다.
④ 불림 : 단조된 재료나 주조된 재료 내부에 생긴 내부 응력을 제거하거나 결정조직을 균일화시킬 목적으로 강을 균일한 오스테나이트 조직까지 가열한 후 공기중에서 냉각시키는 열처리

70. 스프링에 작용하는 진동수가 스프링의 고유진동수와 같거나 공진하는 현상을 무엇이라 하는가?

가. 스프링의 완화 현상
나. 스프링의 지수 현상
다. 스프링의 피로 현상
라. 스프링의 서징 현상

해설 서징(surging)

펌프나 송풍기에 어떤 관로(管路)를 연결하여 운전하면, 어떤 운전 상태에서 압력·유량(流量)·회전수·소요동력 등이 주기적으로 변동해서 일종의 자려진동(自勵振動)을 일으키는 현상

71. 중심거리가 900mm인 한 쌍의 표준 스퍼 기어의 회전비가 1:3일 때 피니언의 피치원 지름은 몇 mm인가?

가. 450　　나. 750
다. 1050　　라. 1350

해설

$$L=\frac{D_a \pm D_b}{2}$$

$D_b : 2 \cdot L \cdot R$
D_a : 링기어 지름(mm), L : 중심거리(mm)
D_b : 피니언 지름(mm), R : 회전비

$$D_a = 2 \times 900 \times \frac{3}{4} = 1350mm$$

$$D_b = 2 \times 900 \times \frac{1}{4} = 450mm$$

72. 안지름이 16cm, 추력 F=5ton, 피스톤의 속도 $V = 40m/\min$인 유압실린더에서 필요로 하는 유압은 몇 kgf/cm^2인가?

가. 14.3　　나. 24.9
다. 31.2　　라. 46.7

해설

$$F=\frac{\pi}{4} \times D^2 \times P$$

F : 추력(kgf), D : 실린더 안지름(cm)
P : 유압(kgf/cm^2)

$$P=\frac{5000 \times 4}{16^2 \times \pi} = 24.86kgf/cm^2$$

73. 재료의 다음 성질 중 열응력과 가장 관계 깊은 것은?

가. 경도　　나. 인장강도
다. 피로한도　　라. 선팽창계수

해설 선팽창계수

고체 열팽창에 따른 길이의 변화의 비율로 온도가 1℃ 변화할 때 재료의 단위길이당 길이의 변화이다. 이 값은 넓은 온도범위에서는 정수가 아니므로 온도에 따라 측정된 값 중에서 필요로 하는 좁은 온도범위에 대해 이 값을 직선으로 간주하고 평균선팽창계수를 구하여 사용한다.

74. 목형이 대단히 크고, 대칭형상을 갖는 주조품의 목형으로 다음 중 가장 적합한 것은?

가. 현형　　나. 부분 목형
다. 골조 목형　　라. 코어 목형

해설 목형의 종류

① 현형 : 제작할 제품과 동일한 형상으로 다듬질 여유 및 수축 여유를 첨가한 목형이다.
② 부분 목형 : 기어나 프로펠러와 같이 형상이

69. 다 70. 라 71. 가 72. 나 73. 라 74. 나

대칭으로 되어 있는 것은 일부분만 목형을 만들어 목형을 모래 위에 놓고 중심선을 축으로 차례로 돌려가면서 전체의 주형을 만든다.
③ 회전 목형 : 제품이 회전체로 되어 있을 때 판재로 주물 단면의 일부분을 만들어 목형 중심축에 대하여 회전시켜 주형을 만드는 목형이다.
④ 긁기형 목형 : 단면이 고르고 긴 것에 적합하며, 안내판에 따라 긁기판을 움직여 만드는 목형이다.
⑤ 골조 목형 : 대형이고 주조 개수가 적을 때 사용하며, 외형의 골격만을 만드는 목형이다.
⑥ 코어 목형 : 중공의 주물일 때 중공 부분을 메우는 모래형의 목형이다.

75. 어미자 1눈금이 $0.5mm$일 때, $12mm$를 25 등분하여 아들자의 눈금으로 사용하는 버니어 캘리퍼스는 몇 mm까지 읽을 수 있는가?

가. $12.5mm$　　나. $6mm$
다. $0.2mm$　　라. $0.02mm$

해설

$$0.5mm - \frac{12}{25} = 0.02mm$$

76. 사용목적이 마모된 암나사를 재생하거나 강도가 불충분한 재료의 나사 체결력을 강화시키는데 사용되는 기계요소인 것은?

가. 로크 너트(Lock nut)
나. 분할 핀(Split pin)
다. 세트 스크류(Set screw)
라. 헬리 서트(Heli sert)

해설 기계 요소의 용도
① 로크 너트 : 너트의 물림을 방지하기 위해 사용된다.
② 분할 핀 : 핀 전체가 갈라진 것으로 너트의 풀림을 방지하기 위해 사용된다.
③ 세트 스크루 : 축에 풀리나 핸들을 고정시키거나 너트의 풀림을 발지하기 위해 사용된다.
④ 헬리서트 : 스테인리스강이나 인청동의 고정 밀도의 코일로서 암·수나사 사이에 삽입하여 나사를 일체가 되도록 하는 기계요소이다.

77. V 벨트 전동과 비교한 체인 전동의 특성 설명으로 틀린 것은?

가. V 벨트 길이보다는 체인길이를 쉽게 조절할 수 있다.
나. 미끄럼이 없어 속도비가 일정하다.
다. 고속 회전에 적합하다.
라. 전동 효율이 높다.

해설 체인전동의 특징
① 미끄럼이 없고, 큰 동력을 확실히 효율적으로 전달할 수 있다.
② 소음과 진동을 일으키기 쉬우므로 고속 회전이나 정숙한 운전이 필요한 곳에는 부적합하다.
③ 두 축사이의 거리가 비교적 멀어서 기어 전동을 사용할 수 없고 확실한 전동이 필요한 곳에 사용된다.

78. 단동 피스톤 펌프에서 실린더 직경 $20cm$, 행정 $20cm$, 회전수 $80rpm$, 체적효율 90%이면 토출유량(m^3/min)은?

가. 0.261　　나. 0.271
다. 0.452　　라. 0.502

해설

유량 = 효율× 실린더 단면적× 행정× 회전수

$$= 0.9 \times \frac{\pi}{4} \times 0.2^2 \times 0.2 \times 80$$
$$= 0.452m^3/\text{min}$$

79. 왕복펌프에서 공기실의 설치 목적 설명으로 가장 적합한 것은?

가. 피스톤이나 플런저의 운동을 원활하게 하기 위하여
나. 송출관속의 유량을 일정하게 유지하기 위하여
다. 송출관내의 공기를 한곳에 모아 놓기 위하여
라. 액체를 저장하였다가 필요시에 대비하기 위하여

해설 왕복펌프
실린더 속의 피스톤·버킷 등의 왕복운동으로 액체를 수송하는 용적형 펌프이다.
피스톤은 크랭크에 의해 움직이며, 피스톤이 오른쪽으로 움직일 때 배출밸브는 닫히고 흡입밸브가 열려서 액체는 실린더 안으로 흡입된다. 피스톤이 왼쪽 방향으로 움직일 때 흡입밸브는 닫히

75. 라　76. 라　77. 다　78. 다　79. 나

고, 배출밸브가 열려서 실린더 안의 액체는 배출 밸브에서 바깥으로 흘러나간다.

80. 오스테나이트(austenite)를 상온 가공하였을 때 얻어지며 강의 담금질 조직 중 가장 경하며 자성이 강하고 상온에서 불안정한 조직인 것은?

가. 베나이트(banite)
나. 퍼얼라이트(pearlite)
다. 트루우스타이트(troostite)
라. 마르텐사이트(martensite)

해설 마르텐사이트

열탄성 마르텐사이트합금의 모상(원래의 상)은 대부분 체심입방구조의 규칙격자구조입니다. 여기서 모상단결정을 냉각하면(Ms에서 Mf까지) 24개의 형제정(6군*4개의 형제정)을가지는 완전한 마르텐 사이트 조직이 됩니다. 이 조직에 외부에서 인장응력을 가하면, 낮은 응력에서도 용이하게 형제정간의 계면이 이동하면서 합체가 일어납니다. 이때 변형이 발생하며, 어떤 임계응력(또는 임계변형)에서 형제정 가운데 선택된 하나의 단결정이 됩니다.

81. 체인의 원동차 잇수(Z_1)가 30개, 회전수(N_1) 300rpm이고, 종동차 잇수(Z_1)가 20개일 때 종동차의 회전수(N_2)와 종동차의 속도(V_2)는 각각 얼마인가?(단, 종동차의 피치는 $15mm$이다.)

가. $N_2 = 450rpm,\ V_2 = 2.25m/s$
나. $N_2 = 400rpm,\ V_2 = 2.25m/s$
다. $N_2 = 450rpm,\ V_2 = 2.75m/s$
라. $N_2 = 400rpm,\ V_2 = 2.5m/s$

해설

$$\frac{N_2}{N_1} = \frac{Z_1}{Z_2}$$

N_1 : 원동차의 회전수(rpm)
N_2 : 종동차의 회전수(rpm)
Z_1 : 원동차의 잇수, Z_2 : 종동차의 잇수

$$\frac{N_2}{300} = \frac{30}{20}$$

$$N_2 = \frac{300 \times 30}{20} = 450rpm$$

$$V_2 = \frac{15 \times 20 \times 450}{60 \times 1000} = 2.25m/s$$

82. $4m/\text{sec}$의 속도로 회전하는 평벨트의 긴장측의 장력을 $114kgf$, 이완측 장력을 $45kgf$이라 하면 전달 동력은 약 몇 마력(PS)인가?

가. 2.7　　나. 3.7
다. 4.5　　라. 6.1

해설

$$H_o = \frac{T_e \times V}{75}$$

H_o : 전달 동력(PS)
V : 벨트의 속도(m/sec)
T_e : 유효 장력(kgf) = ($T_t - T_s$)
T_t : 인장측 장력(kgf)
T_s : 이완측 장력(kgf)

$$H_o = \frac{(114-45) \times 4}{75} = 3.68PS$$

83. 건설차량, 산업 건설 기계, 산업차량, 트랙터, 콤바인 등에 사용되는 펌프로서 구조가 소형이며 간단하고 가격도 싸다. 다만 가변 용량이 곤란하며 누설이 많아 최고 압력이 $7MPa$ 이하인 펌프는 어느 것인가?

가. 베인 펌프　　나. 기어 펌프
다. 피스톤 펌프　　라. 다단 펌프

해설

베인펌프 : 회전자(回轉子 : rotor) 부분이 들어 있는 케이싱 속에 여러 장의 날개(베인)를 설치하여 회전시켜 유체를 흡입하고 송출하는 펌프이다. 회전자는 반지름 방향이거나 그보다 더 경사진 방향으로 4~12개의 홈이 같은 간격으로 파여 있으며 이 홈에 날개가 들어 있다. 이것은 회전자가 회전할 때 홈 안에서 왕복운동을 한다.
피스톤펌프 : 물을 높은 곳으로 올려 보내는 펌프의 하나. 한 개의 공기실에 펌프 두 개를 붙여 놓은 것으로, 공기실에서 공기가 압축되어 압력이 작용하므로 손잡이를 올릴 때나 내릴 때나 끊임없이 물이 나오게 되어 있다.
다단펌프 : 양수기의 양정을 높이기 위하여 한 개의 케이싱안에 여러 개의 임펠러를 차례로 장치한 양수기

84. 단판 마찰클러치의 접촉면 평균 지름이 80 mm, 전달 토크 $494kgf \cdot Tmm$, 마찰계수 0.2인 경우에 토크를 전달시키려면 몇 kgf의 힘이 필요한가?

80. 라 81. 가 82. 나 83. 나 84. 다

가. 44.8　　　　나. 51.8
다. 61.8　　　　라. 73.8

해설

$T = P \times \mu \times r$

T : 전달토크($kgf \cdot mm$), P : 힘(kgf)

μ : 마찰계수, r : 반경(mm)

$P = \dfrac{T}{\mu \times r} = \dfrac{494}{0.2 \times 40} = 61.75kgf$

85. 금속재료의 시험에서 인장시험에 의해서 산출하는 것이 아닌 것은?

가. 항복강도　　　　나. 연신율
다. 단면수축율　　　라. 피로강도

해설

인장시험 : 재료에서 인장시편을 깎아내어 인장시험기에 고정시켜서 시험을 한다. 인장시험편에 서서히 인장하중을 가해서 재료의 항복점·내력(耐力)·인장강도·신장(伸長)·드로잉(drawing) 등 기계적인 여러 성질을 측정한다. 인장시험에서는 이 밖에 비례한도·탄성한도(彈性限度)·탄성계수·일용량 등도 측정할 수 있으며, 가해진 하중과 신장과의 관계를 나타내는 선도(線圖)도 구할 수 있다.

86. 펌프에서 관의 길이 l $[m]$, 마찰계수 f, 유체의 평균 유속 $V[m/\sec]$일 때 관의 마찰 손실수두 hf를 구하는 식은?(단, 관은 한 변이 b $[m]$인 정사각형이며, Rh는 수력 반지름이고, 원관의 지름 $d[m]$이다.)

가. $h_f = f\dfrac{\ell}{d}\dfrac{V^2}{2g}$

나. $h_f = f\dfrac{d}{\ell}\dfrac{V}{2g}$

다. $h_f = f\dfrac{4\ell}{R_h}\dfrac{V^2}{2g}$

라. $h_f = \dfrac{f}{4}\dfrac{\ell}{R_h}\dfrac{V^2}{2g}$

해설 손실수두

유동하는 유체가 마찰, 충격, 맴돌이 등에 의해서 손실한 에너지를 수주(水柱)의 높이로 나타낸 것. 관로(管路)나 개거(開渠)등을 유체가 흐르는 경우 분자점성(分子粘性)이나 맴돌이 점성 때문에 생기는 유체 마찰이나 맴돌이 손실 등으로 인하여 유체는 그 자체가 가지고 있는 에너지의 일부분을 상실함. 이 손실 에너지의 크기를 수주(水柱)의 높이로 나타낸 것

87. 사용하는 측정기의 최소 측정단위가 1㎛이면 몇 mm까지 측정이 가능한가?

가. $\dfrac{1}{100}$　　　　나. $\dfrac{1}{1000}$

다. $\dfrac{1}{10000}$　　　　라. $\dfrac{1}{1000000}$

해설

1㎛=1*10-6=0.0000001

88. 6300rpm으로 2.5kW를 전달시키고 있는 축의 비틀림 모멘트는 몇 $kgf \cdot mm$인가?

가. 5240　　　　나. 7120
다. 8120　　　　라. 2420

해설

$T = \dfrac{716200 \times H \times 1.36}{N}$

T : 비틀림 모멘트($kgf \cdot mm$)

H : 전달 동력(kw)

N : 축의 회전수(rpm)

$T = \dfrac{716200 \times 2.5 \times 1.36}{300} = 8116.9kgf \cdot mm$

89. 그림과 같은 4각형 단면의 외팔보에 발생하는 최대 굽힘 응력은 어느 식으로 표시되는가?

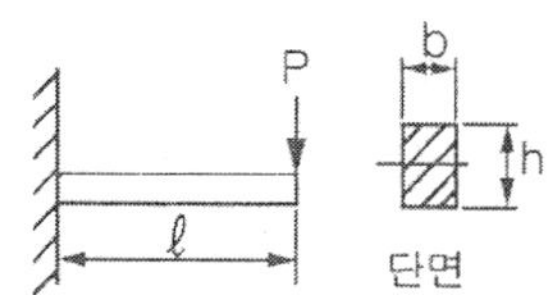

가. $\dfrac{12p\ell}{bh^2}$　　　　나. $\dfrac{6p\ell}{b^2h}$

다. $\dfrac{6p\ell}{bh^2}$　　　　라. $\dfrac{12p\ell}{b^2h}$

해설

$\sigma(\text{최대굽힘모멘트}) = \dfrac{\text{최대모멘트}}{\text{단면계수}} = \dfrac{Mmax}{Z} = \dfrac{PL}{\frac{bh^2}{6}} = \dfrac{6PL}{bh^2}$

85. 라　86. 라　87. 나　88. 다　89. 다

90. 지름 $20mm$의 드릴로 연강 판에 구멍을 뚫을 때, 회전수가 $200rpm$이면 절삭속도는 약 몇 $m/\min$인가?

가. 12.6　　나. 15.5
다. 17.6　　라. 75.3

해설

$V = \frac{\pi \times D \times N}{1000}$

V : 절삭속도($m/\min$), D : 지름(mm)
N : 회전수(rpm)

$V = \frac{\pi \times 20 \times 200}{1000} = 12.56m/\min$

91. 스프링 재료로서 갖추어야 할 가장 중요한 성질은?

가. 소성　　나. 탄성
다. 가단성　　라. 전성

해설 스프링

물체의 탄성변형(彈性變形)을 이용해서 에너지를 흡수·축적시켜 완충 등의 작용을 하게 하는 기계요소

92. 주물에서 기공(blow hole)의 유무를 검사하는 방법이 될 수 없는 것은?

가. 자기 탐상법　　나. 형광 탐상법
다. 초음파 탐상법　　라. 방사선 탐상법

해설 형광 탐상법

형광 침투 탐상법은 육안 검사로 발견할 수 없는 작은 균열이나 결함 등을 발견한다. 형광 침투 탐상 검사는 형광체를 포함하고 있는 침투액을 사용하는 방법으로 파장이 360±40nm인 자외선을 쬐며 결함 지시 모양을 황록색으로 발광시켜 손상 부위를 검출하는 방식이다.

93. 안지름이 $1m$인 압력용기에 $5kgf/cm^2$의 내압이 작용하고 있다. 압력용기의 뚜껑을 18개의 볼트로 체결 할 경우 볼트의 지름은 얼마로 설정해야 하는가?(단, 볼트 지름 방향의 허용인장응력을 $1000kgf{\cdot}cm^2$이고, 볼트에는 인장하중만 작용한다.)

가. $16.7mm$, M18　　나. $21.7mm$, M22
다. $26.7mm$, M27　　라. $31.7mm$, M33

해설

$W = \frac{\pi \times d^2 \times P}{4}$

$d = \sqrt{\frac{4 \times W}{\pi \times \tau}}$

W : 하중(kgf), d : 지름(cm)
P : 압력(kgf/cm^2), τ : 인장응력(kgf/cm^2)

$W = \frac{\pi \times 100^2 \times 5}{4} = 39269.9kgf$

볼트 1개당 하중 $= \frac{39269.9}{18} = 2181.66kgf$

$d = \sqrt{\frac{4 \times W}{\pi \times \tau}} = \sqrt{\frac{4 \times 2181.66}{\pi \times 1000}}$
$= 1.67cm = 16.7mm$

94. 강판의 두께 $12mm$, 리벳의 지름 $20mm$, 피치 $50mm$의 1줄 겹치기 리벳이음에서 1피치 당 하중이 $1,200kgf$일 경우, 강판의 인장응력은 몇 kgf/mm^2인가?

가. 3.33　　나. 6.42
다. 7.53　　라. 8.61

해설

$W = t \times (p-d) \times \sigma_a$

W : 하중(kgf), t : 판의 두께(mm)
p : 피치(mm), d : 리벳의 지름(mm)
σ_a : 강판의 인장응력(kgf/mm^2)

$\sigma_a = \frac{W}{t \times (p-d)} = \frac{1200}{12 \times (50-20)}$
$= 3.33kgf/mm^2$

95. 다음 중 마찰 클러치의 장점이 아닌 것은?

가. 주동축의 운전 중에도 단속이 가능하다.
나. 무단변속에도 적은 충격으로 단속시킬 수 있다.
다. 토크가 걸리면 미끄럼이 일어나 안전장치의 작용을 한다.
라. 클러치의 재료는 온도상승에 의한 마찰계수 변화가 커야한다.

해설

① 기관의 회전력을 변속기에 전달한다.
② 부드러우면서도 진동이 없는 발진(start)을 가능하게 한 다기관과 변속기 사이의 동력흐름을 필요할 때마다 일시 차단한다.

90. 가　91. 나　92. 나　93. 가　94. 가　95. 라

③ 기관과 동력전달장치를 과부하로부터 보호한다.
④ 플라이휠(flywheel)과 함께 기관의 회전 진동을 감소시킨다.

96. 다음 전기용접봉의 피복제중 내균열성이 가장 좋은 것은?

가. 철분산화철계　　나. 저수소계
다. 일미나이트계　　라. 고산화티탄계

해설
피복용접봉이 산성이 경우 작업성은 향상되나 내균열성이 나빠져 용착금속 내 균열이 발생하기 쉬워진다.

97. 다음 중 나사산 단면이 3각형 형태가 아닌 것은?

가. 미터나사　　나. 휘트워드나사
다. 유니파이나사　　라. 애크미나사

해설
애크미 나사는 동력 전달용 나사로 사다리꼴나사라고도 하며, 공작기계의 이송용, 선반의 리드, 나사 프레스, 바이스 등에 널리 사용된다.

98. 다음 중 시효경화(時效硬化)가 가장 잘 일어나는 금속은?

가. Y 합금　　나. 두랄루민
다. 배빗 메탈　　라. 고속도강

해설
두랄루민은 Al, Cu 및 Mg의 합금이며, 시효경화를 일으킨다.

99. 펌프운전시 출구와 입구의 압력변동이 생기고 유량이 변하는 현상을 무엇이라고 하는가?

가. 수격현상　　나. 공동현상
다. 서징현상　　라. 유체 고착현상

해설 용어의 해설
① 수격현상 : 액체 배관의 경우는 기체의 혼입, 기체 배관의 경우에는 액체의 혼입 등에 의하여 관내의 유속이 급변하는 경우에 발생하는 이상 압력으로 진동과 높은 충격음이 발생하는 현상
② 공동 현상 : 물이 관속에 유동하고 있을 때 물속의 어느 부분의 정압이 그 때 물의 온도에 해당하는 증기압 이하로 되면 부분적으로 증기가 발생되는 현상
③ 서징 현상 : 펌프나 송풍기 등이 작동중에 한숨을 쉬는 것과 같은 진공계 바늘이 움직이는 현상

100. 다음 중 반동수차가 아닌 것은?

가. 프란시스 수차　　나. 프로펠러 수차
다. 카플란 수차　　라. 펠톤수차

해설
펠톤 수차란 1개의 회전차에 여러 개의 분사 노즐을 둘 수 있으며, 에너지의 대부분을 회전차로 전달하는 형식이며, 비교 회전속도가 적고 높은 낙차에 적합하다.

101. 연삭숫돌은 자동적으로 닳아 떨어져 나가서 새로운 날을 형성하므로 커터와 바이트처럼 연삭하지 않아도 되는데 이러한 현상을 무엇이라 하는가?

가. 자생작용　　나. 투루잉
다. 글레이징　　라. 드레싱

해설 연삭숫돌 용어의 정의
① 자생작용 : 연삭숫돌이 연삭과정 중에 입자가 마멸→파쇠→탈락→생성의 과정을 반복하여 새로운 입자가 생성되어 커터와 바이트같이 연삭하지 않아도 되는 현상이다.
② 투루잉 : 숫돌의 연삭면을 숫돌과 축에 대하여 평행 또는 일정한 형태로 성형시키는 수정하는 방법이다.
③ 글레이징 : 숫돌 바퀴의 입자가 탈락하지 않고 마멸에 의해 납작하게 된 현상이다.
④ 드레싱 : 숫돌면의 표면층을 깎아 떨어뜨려서 절삭성이 나빠진 숫돌면을 새롭고 날카로운 입자를 발생시켜 주는 수정 방법이다.

102. 수력기계에서 공동현상(Cavitation)이 발생하는 주 원인은?

가. 고속회전 때문이다.
나. 낮은 대기압 때문이다.
다. 고압 때문이다.
라. 저압 때문이다.

96. 나　97. 라　98. 나　99. 다　100. 라　101. 가　102. 가

해설 공동현상

유체 속에서 압력이 낮은 곳이 생기면 물속에 포함되어 있는 기체가 물에서 빠져나와 압력이 낮은 곳에 모이는데, 이로 인해 물이 없는 빈공간이 생긴 것을 가리킨다. 선박의 프로펠러나 터빈 등의 효율이 떨어지고 침식당하는 원인이 되므로 설계시 주의해야 한다. 이를 방지하려면 비행기 날개의 모양이나 면적, 선박 후반부의 모양을 주의하여 설계해야 한다.

103. 어떤 평기어의 잇수가 100개이고 피치원의 직경이 400mm인 경우 이 기어의 모듈은 얼마인가?

가. 2 나. 3
다. 4 라. 5

해설

$M = \frac{D}{Z}$

M : 모듈, D : 피치원 직경, Z : 잇수

$M = \frac{400}{100} = 4$

104. 흡입관 하부에 스트레이너(strainer)를 설치하는 이유로 다음 중 가장 적합한 것은?

가. 불순물 침투 방지
나. 유량 조절
다. 양정을 높이기 위해
라. 역류 방지

해설

스트레이너(strainer) : 여과기

105. 마찰부분이 많아 내마모성과 인성이 풍부한 강을 만들기 위한 열처리 방법에 속하지 않는 것은?

가. 침탄법 나. 산화법
다. 화염경화법 라. 고주파경화법

해설 산화법

암모니아 가스중에 산소를 첨가한 분위기중에 질화처리하거나, 질화처리 후 수증기를 투입하여 피처리물 표면에 산화층(Fe_3O_4)을 생성 시켜 내식성, 내마모성, 내피로성, 강도향상 등을 도모한 표면 열처리법이다.

106. 저장 탱크에서 유입되는 유입구의 형상 중 관로(管路)에 생기는 부차적인 손실 계수가 가장 작은 것은?

가. 탱크 벽면에서 90°각을 이루고 만날 때
나. 탱크 벽면에서 45° 각도로 모따기 하여 만날 때
다. 탱크 벽면에서 크게 라운딩한 형상으로 만날 때
라. 탱크 벽면에서 유입관이 앞으로 돌출하였을 때

해설

관내에서 유체가 유동할 때 단면의 변화, 엘보, 밸브 및 기타 관의 부품에서 생기는 손실을 부차적 손실이라 한다. 따라서 유로에서 저항을 적게 받도록 탱크 벽면에서 큰 곡선의 형상으로 만날 때가 부차적인 손실계수가 가장 작다.

107. 두 축이 교차하는 경우의 축 이음으로 가장 적합한 것은?

가. 고정 커플링(fixed coupling)
나. 플랙시블 커플링(flexible coupling)
다. 올담 커플링(oldham's coupling)
라. 유니버셜 커플링(universal coupling)

해설 커플링의 용도

① 고정 커플링 : 동력전달 중의 축과 축과의 연결을 탈착할 수 없는 축이음을 말한다.
② 플렉시블 커플링 : 두 축의 중심선을 완전히 일치시키기 어려운 경우, 전달 회전력의 변동이 많은 원동기에서 다른 기계로 동력을 전달하는 경우, 고속 회전으로 진동을 일으키는 경우에 사용한다.
③ 올덤 커플링 : 두 축이 평행하며, 그 거리가 비교적 짧은 경우에 이용되는 것으로 접촉면의 마찰 저항이 커 윤활이 필요하다.
④ 유니버설 커플링 : 두 축이 일직선상에 있지 않고 서로 어떤 각도로 교차하는 경우의 축이음으로 두 축 끝에 설치되어 있는 요크에 십자형의 핀이 회전할 수 있도록 연결한 것이다.

108. 버니어캘리퍼스의 어미자에 새겨진 1mm의 19눈금(19mm)을 아들자에서 20등분할 때 어미자와 아들자의 1눈금크기의 차이는?

103. 다 104. 가 105. 나 106. 다 107. 라 108. 나

가. $\frac{1}{50}$mm　　나. $\frac{1}{20}$mm
다. $\frac{1}{24}$mm　　라. $\frac{1}{25}$mm

해설

$\frac{20}{20}-\frac{19}{20}=\frac{1}{20}$

109. 단순보의 한 지지점으로부터 스팬 길이의 1/3되는 점에 한 개의 집중하중이 작용할 때 최대 처짐이 생기는 위치는?

가. 지지점과 하중이 작용하는 점의 중간점
나. 하중이 작용하는 지점
다. 중앙점 부근
라. 양단 지지점

110. 인장시험편에서 변형량에 관한 설명으로 올바른 것은?

가. 하중에 반비례한다.
나. 단면적에 비례한다.
다. 길이의 제곱에 반비례한다.
라. 탄성계수에 반비례한다.

해설

$\epsilon(\text{변형량})=\frac{PL}{AE}$

111. 너트의 풀림을 방지하는 방법이 아닌 것은?

가. 분할 핀　　나. 2중 너트
다. 스프링 와셔　　라. 캡 너트

해설 너트의 풀림을 방지하는 방법

① 와셔에 의한 방법(스프링 와셔, 이붙이 와셔)
② 로크너트에 의한 방법(2중 너트)
③ 분할 핀 또는 작은 나사를 사용하는 방법
④ 철사를 사용하여 잡아매는 방법
⑤ 너트의 회전 방향에 의한 방법

112. 가로 a, 세로 b인 직사각형의 단면을 갖는 봉이 하중 P를 받아 인장되었다. 이 봉에 작용한 인장응력은 얼마인가?

가. ab^2/P　　나. $P/(ab^2)$
다. $(ab)/P$　　라. $P/(ab)$

해설

$\sigma(\text{인장응력})=\frac{P(\text{하중})}{A(\text{단면적})}$

113. 기본 부하용량이 $2400kgf$인 볼베어링이 베어링 하중 $200kgf$을 받고, $500rpm$으로 회전할 때, 이 베어링의 수명은 약 몇 시간이 되는가?

가. 57540 시간　　나. 78830 시간
다. 87420 시간　　라. 98230 시간

해설

$L_h=500\times\left(\frac{C}{P}\right)^3\times\frac{33.3}{N}$

L_h : 베어링 수명시간
C : 기본 부하 용량(kgf)
P : 하중(kgf), N : 회전수(rpm)

$L_h=500\times\left(\frac{2400}{200}\right)^3\times\frac{33.3}{500}=57542.5$

114. 지름 $75mm$의 커터가 매분 60회전하며 절삭할 때 절삭 속도는 약 몇 $m/\min$인가?

가. 14　　나. 20
다. 26　　라. 32

해설

$V=\frac{\pi\times d\times N}{1000}$

V : 절삭속도($m/\min$)
d : 공작물의 지름(mm)
N : 회전수(rpm)

$V=\frac{\pi\times 75\times 60}{1000}=14.14m/\min$

115. $L=50mm$의 사인바(sine bar)에 의하여 경사각 θ =200를 만드는 데 필요한 게이지블록의 높이차(h)는 약 몇 mm로 조합하여야 하는가?

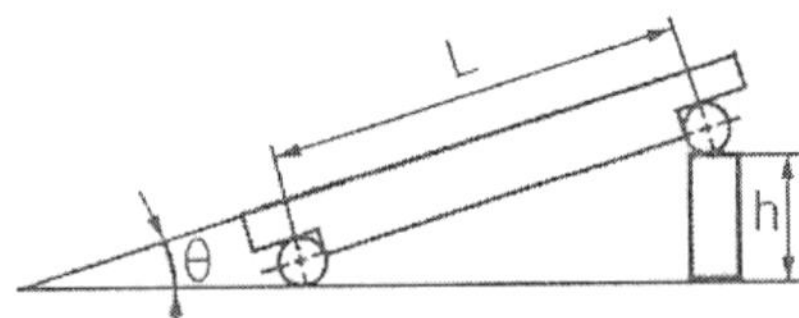

가. 16.40　　나. 17.10

109. 다　110. 라　111. 라　112. 라　113. 가　114. 가　115. 나

다. 18.20 라. 19.30

해설

$\sin\alpha = \frac{H}{L}$

$\sin\alpha$: 피측정 면과 정반이 이루는 각도

H : 게이지 블록의 높이 차

L : 원통 롤러의 중심거리(mm)

$H = \sin\alpha \times L = \sin 20^\circ \times 50 = 17.10$

116. 주철 중에서 유리(遊離)된 탄소와 Fe_3C가 혼재하고 있는 주철은 어느 것인가?

가. 백주철 나. 회주철
다. 반주철 라. 적주철

해설 회주철

주조(鑄造)할 때 탄소가 흑연으로 분리·생성되어 표면이 회색을 띤 주철

117. CNC 선반에서 G04의 의미는?

가. 일시정지 나. 나사가공
다. 직선보간 라. 원호보간

해설

수치 제어(Numerical Control)과 컴퓨터 수치 제어(Computerized Numerical Control)은 현장에 보급된 기계들은 거의 모두가 NC 기계를 약해서 CNC라 부르고 있다. 세계 최초의 NC공작기계는 기존의 공작기계에 종이테이프로 수치를 시스템에 입력하는 것으로 모터의 동작을 제어하도록 개조한 것이다. 1940년대부터 1950년대에 구축되어 초기의 서보메카니즘(servomechanism)에는 아날로그 컴퓨터나 디지털 컴퓨터가 부속 강화되어, CNC 공작기계가 되었고, 설계 공정을 일신시켰다.

118. 회전수 2000rpm에서 최대 토크가 35$kgf-m$로 계측된 축의 축마력은 약 몇 PS인가?

가. 97.76 나. 71.87
다. 116.0 라. 118.0

해설

$PS = \frac{2\times T\times R}{75\times 60} = \frac{T\times R}{716}$

PS : 축마력

T : 회전력($kgf-m$)

R : 회전수(rpm)

$PS = \frac{T\times R}{716} = \frac{35\times 2000}{716} = 97.76$

119. 다음 중 평벨트에 비하여 V벨트의 특징이 아닌 것은?

가. 미끄럼이 적고 속도비가 크다.
나. 고속운전을 할 수 있다.
다. 장력이 크므로 베어링에 걸리는 부담하중이 크다.
라. 운전이 정숙하다.

해설 V 벨트의 특징

① 미끄럼이 적고 속도비가 크다.
② 축간 거리가 짧다.
③ 운전이 정숙하며, 충격을 완화시킨다.
④ 베어링의 부담이 적다.
⑤ 고속 운전을 할 수 있다.

120. 다음 중 도가니로의 규격은 어떻게 표시하는가?

가. 시간당 용해 가능한 구리의 중량(kgf)
나. 시간당 용해 가능한 구리의 부피(m^3)
다. 한 번에 용해 가능한 구리의 중량(kgf)
라. 한 번에 용해 가능한 구리의 부피(m^3)

해설 도가니로[crucible furnace]

구리합금·경합금 등을 소량 용해할 때 흔히 사용된다. 가열에는 코크스·도시가스·중유 등을 연료로 하거나, 또는 노 안벽에 저항발열체를 늘어놓고 통전(通電)하는 전열식(電熱式)으로 한다. 도가니로를 제강(製鋼)에 사용할 때는 도가니제강법이라고 한다. 고철·탈산제 등의 원료를 도가니에 넣고 밀봉하여 노에 넣은 후 외부에서 가열하면, 소재(素材)의 녹이나 노 안의 공기에 의해 경도(輕度)의 산화제련이 이루어져 고급강이 되므로, 공구강·스프링강의 제조에 사용한다. 생산적은 아니지만 고급 금속재료를 소규모로 용해하기 위하여 사용되며, 경주식(傾注式)과 고정식(固定式)이 있다.

121. 길이 30cm의 봉이 인장력을 받아 1.5mm 신장되었을 때 길이 방향 변형률은?

가. 1.33×10^{-3} 나. 5×10^{-2}
다. 5.0×10^{-3} 라. 1.33×10^{-2}

116. 나 117. 가 118. 가 119. 다 120. 다 121. 다

해설

$\varepsilon = \frac{\lambda}{l}$

ε : 변형률, λ : 신장량, l : 길이

$\varepsilon = \frac{\lambda}{l} = \frac{1.5}{300} = 0.005 = 5 \times 10^{-3}$

122. 탄소량 0.85%에서 생기는 펄라이트 조직만의 탄소강을 무엇이라 부르는가?

가. 공석강　　나. 아공석강
다. 과공석강　　라. 시멘타이트

해설

① 공석강 : 탄소 함유량 0.85%에서 생기는 펄라이트 조직만의 탄소강
② 아공석강 : 탄소 함유량 0.85% 이하의 강으로 페라이트와 펄라이트의 공석강
③ 과공석강 : 탄소 함유량 0.85% 이상의 강으로 펄라이트와 시멘타이트의 공석강

123. 그림의 실린더 A부 단면적이 $4000mm^2$, 축 d부를 뺀 B부 단면적 $3000mm^2$일 때 압력 $P_1 = 30kgf/cm^2$, $P_2 = 5kgf/cm^2$이면 추력 F는 몇 kgf인가?

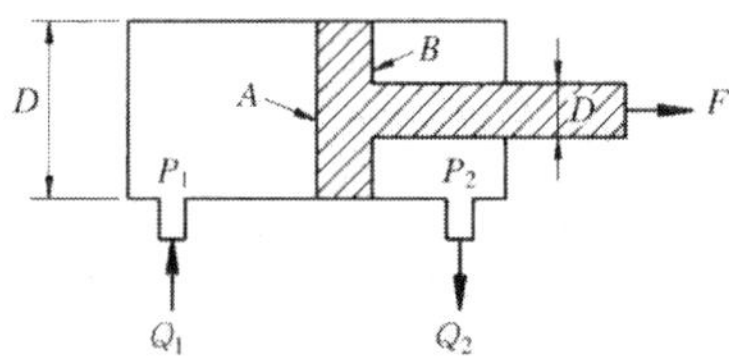

가. 850　　나. 1050
다. 1200　　라. 1350

해설

$F = \frac{\pi}{4} \times D^2 \times P_1 - \frac{\pi}{4} \times (D^2 - d^2) \times P_2$

$F = 40 \times 30 - 30 \times 5 = 1050kgf$

124. 어미자의 눈금이 $1mm$이고, 어미자 $49mm$를 50등분 하였다면 버니어 하이트게이지의 최소 측정값은?

가. $0.01mm$　　나. $0.02mm$
다. $0.025mm$　　라. $0.05mm$

해설

$1 - \frac{49}{50} = 0.02mm$

125. 드릴가공에 대한 일반적인 설명 중 틀린 것은?

가. 재료에 기공이 있으면 가공이 용이하다.
나. 드릴의 날끝각은 공작물의 재질에 따라 다르다.
다. 겹쳐진 구멍을 뚫을 때는 먼저 뚫은 구멍에 같은 종류의 재료를 메우고 구멍을 뚫는다.
라. 탭이 파손될 경우에는 나사뽑기 기구를 사용한다.

해설

드릴 가공에서 재료에 기공이 있으면 가공이 까다롭다.

126. 기어 잇수 25개, 피치원의 지름 $75mm$인 표준 스퍼기어의 모듈은 얼마인가?

가. 3　　나. 9.42
다. 8.5　　라. 6

해설

$M = \frac{D}{Z}$

M : 모듈

D : 피치원 지름(mm)

Z : 잇수

$M = \frac{D}{Z} = \frac{75}{25} = 3$

127. 시멘트 기계와 같이 모래, 먼지 등이 들어가기 쉬운 부분에 주로 사용되는 나사는?

가. 유니파이 나사　　나. 톱니 나사
다. 둥근 나사　　라. 관용 나사

해설 나사의 용도

① 유니파이 나사 : 기계 부품을 결합하거나 조정하는데 사용되는 체결용으로 사용된다.
② 톱니나사 : 큰 힘이 한 방향으로 작용하는 경우에 사용되며, 힘의 전달용으로 사용된다.
③ 둥근 나사 : 큰 힘을 받는 곳이나 먼지, 모래 등이 나사산에 들어가도 나사 작용에 지장이

122. 가　123. 나　124. 나　125. 가　126. 가　127. 다

없는 매몰용으로나 전구, 호스의 이음부에 사용된다.
④ 관용나사 : 파이프에 사용되는 나사로 수밀, 기밀, 유밀을 유지하는데 사용된다.

128. 다음 용접부의 검사 중 비파괴검사법에 해당하는 것은?

가. 인장시험　　나. 피로시험
다. 화학분석　　라. 침투검사

해설 비파괴검사
공업제품 내부의 기공(氣孔)이나 균열 등의 결함, 용접부의 내부 결함 등을 제품을 파괴하지 않고 외부에서 검사하는 방법

129. 작동유가 갖추어야 할 성질 중 틀린 것은?

가. 윤활성　　나. 유동성
다. 기화성　　라. 내산성

해설 작동유
공작기계, 산업기계, 차량, 항공기 등의 유압기계의 작동에 사용되는 기름을 말한다. 접동부의 틈새에 적합한 점도를 갖고 있고 점도의 온도변화가 작으며, 양호한 윤활성을 갖고, 체적탄성 계수가 크며, 산화안정성이 있고, 항유화성이 있으며, 폐액처리가 용이하다는 등의 중요한 성질을 갖고 있다. 이러한 성질을 가진 작동유로서 가장 일반적인 것이 석유계 작동유지만, 인화성이 강하므로 화재발생의 우려가 있는 곳에서는 난연성 작동유를 사용한다. 난연성 작동유에는 함수형과 합성형이 있으며 전자에는 유중수형(W/O 에멀젼), 수중유형(O/W 에멀젼), 수글리콜용액형이 있고 후자에는 린산에스텔, 지방산에스텔이 있다.

130. 다음 주철중 인장 강도가 높아 차량의 프레임이나 캠 및 기어용 부품 등에 적합한 것은?

가. 회주철　　나. 칠드주철
다. 백주철　　라. 가단주철

해설 가단주철
주조성이 좋은 백선조직(白銑組織)의 주철을 용해·주조하여, 적당한 열처리를 가함으로써 견인성(堅靭性)을 부여한 주철을 말한다.

131. 스퍼기어의 원동축 피니언이 300rpm으로 잇수가 20개 일 때, 100rpm으로 감속하려면 종동축 기어의 잇수는?

가. 30개　　나. 40개
다. 60개　　라. 80개

해설
$$\frac{N_2}{N_1} = \frac{Z_1}{Z_2}$$
N_1 : 원동축 회전수(rpm)
N_2 : 피동축 회전수(rpm)
Z_1 : 원동축 기어 잇수
Z_2 : 피동축 기어 잇수
$$Z_2 = \frac{N_1 \times N_2}{N_2} = \frac{300 \times 20}{100} = 60$$

132. 다음의 비철금속중 베어링 합금재료로 부적당한 것은?

가. 화이트 메탈　　나. 배빗 메탈
다. 켈밋 합금　　라. 서멧

해설 서멧
분말야금법으로 만들어진 금속과 세라믹스로 이루어지는 내열재료이며 수소 속이나 진공 또는 기타 적당한 분위기에서 소결한다. 세라믹스의 특성인 경도·내열성·내산화성·내약품성·내마모성과 금속의 강인성·가소성·기계적 강도 등을 함께 가진다.

133. 동일한 크기의 전단응력이 작용하는 원형단면 보의 지름을 2배로 하면 전단응력은 얼마로 감소하는가?

가. 1/16　　나. 1/8
다. 1/4　　라. 1/2

해설
$\tau = \frac{P}{A} = \frac{4P}{\pi d^2}$ 에서 d가 $2d$인 경우
$$\tau = \frac{4P}{\pi (2d)^2} = \frac{4P}{4\pi d^2} = \frac{P}{\pi d^2}$$

134. 일명 드로잉이라고도 하며 소재를 테이퍼 다이스(taper dies)를 통과시켜 봉재, 선재, 관재를 가공하는 방법은?

가. 단조　　나. 압연

128. 라　129. 다　130. 라　131. 다　132. 라　133. 다　134. 다

다. 인발　　　　　　라. 전단

해설 소성 가공의 종류

① 단조 : 인력이나 기계력을 이용한 해머로 가열된 재료를 앤빌 위에 올려놓고 타격하여 소정의 제품으로 성형하는 가공. 금형을 사용하지 않는 자유단조와 금형을 사용하는 형 단조가 있다. 단조는 거친 결정입자를 치밀하고 미세하게 함과 동시에 재료 내부의 불순물을 제거시킨다.
② 압연 : 회전하는 2개의 롤러 사이에 재료를 통과시켜 판재나 형재를 만드는 가공. 압연은 재료의 수축공이나 기공 등을 압착하여 수지상 조직을 미세화하고 균질화하여 우수한 제품을 얻을 수 있는 장점이 있으며, 압연할 때 고온으로 가열하여 작업하는 열간 압연(hot rolling)과 상온에서 작업하는 냉간 압연(cold rolling)이 있다.
③ 인발 : 다이(die)에 소재를 통과시켜 기계력에 의해 잡아당겨 단면적을 줄이고 길이 방향으로 늘리는 가공으로 다이 구멍의 형상과 같은 단면의 봉, 파이프, 선 등을 만드는 작업

135. 주로 굽힘 작용을 받으면서 회전력은 거의 전달하지 않는 축으로 가장 적당한 것은?

가. 차축　　　　　　나. 프로펠러 샤프트
다. 기어축　　　　　라. 공작기계의 주축

136. 너트의 이완방지 방법 중 잘못된 것은?

가. 이중너트를 사용
나. 고정나사(set screw)를 사용
다. 스프링와셔를 사용
라. 가스켓을 사용

해설 너트의 풀림을 방지하는 방법

① 와셔에 의한 방법(스프링 와셔, 이붙이 와셔)
② 로크너트에 의한 방법(2중 너트)
③ 분할 핀 또는 작은 나사를 사용하는 방법
④ 철사를 사용하여 잡아매는 방법
⑤ 너트의 회전 방향에 의한 방법

137. 70m의 물속의 수압은 수은주의 높이로 약 몇 m인가?

가. 0.68　　　　　　나. 36.4
다. 3.68　　　　　　라. 5.15

해설 수은의 비중은 13.6이므로

$$\frac{70m}{13.6} = 5.15m$$

138. 다음은 피복금속 아크 용접봉에 대한 설명이다. 설명 내용이 틀린 것은?

가. 피복제가 연소한 후 생성된 물질이 용접부를 보호하는 방법에는 가스 발생식과 슬래그 생성식이 있다.
나. 심선은 모재와 동일한 재질을 사용하고 불순물이 적어야 한다.
다. 피복제는 아크를 안정시키고 융착금속을 공기로부터 보호하여 산화와 질화현상을 억제한다.
라. 피복 배합제의 아크 안정제로는 탄산바륨($BaCO_3$), 셀룰로스가 사용된다.

해설

아크의 안정제는 규산칼륨, 규산나트륨, 산화티탄, 석회석이 사용된다.

139. 강의 경도를 높이기 위한 방법으로 730~800℃로 가열한 후 물이나 기름 속에서 급냉시키는 열처리는?

가. 풀림　　　　　　나. 불림
다. 담금질　　　　　라. 뜨임

해설

담금질이란 강(steel)의 경도를 높이기 위한 방법으로 730~800°C로 가열한 물, 기름 속에서 급냉시키는 열처리이다.

140. 전동축이 회전할 때 축에 직각방향으로만 힘이 작용하는 축에 사용하는 베어링으로 가장 적합한 것은?

가. 레이디얼 볼 베어링
나. 원추 롤러 베어링
다. 드러스트 볼 베어링
라. 피봇 저널 베어링

해설 하중 작용 방향에 따른 베어링의 분류

① 레이디얼 베어링 : 축에 직각방향으로 하중을 받는 베어링

135. 라 136. 라 137. 라 138. 라 139. 다 140. 가

② 스러스트 베어링 : 축방향으로 하중을 받는 베어링
③ 원추 베어링 : 축방향과 축 직각방향으로 하중을 동시에 받는 베어링

141. 2줄 나사의 피치가 0.5mm일 때 이 나사의 리드는 얼마인가?

가. 1mm　　나. 1.5mm
다. 2mm　　라. 0.5mm

해설

$L = n \times p$

L : 리드(mm), n : 줄 수, P : 피치(mm)

$L = 2 \times 0.5 = 1mm$

142. 다음 중 드릴링 머신 작업의 종류에 속하지 않는 것은?

가. 보링　　나. 리밍
다. 카운터보링　　라. 브로우칭

해설 드릴링 머신의 기본 작업

① 드릴링 : 구멍을 뚫는 작업
② 스폿 페이싱 : 너트가 닿는 부분을 절삭하여 자리를 만드는 작업
③ 카운터 보링 : 작은 나사, 둥근 머리 볼트의 머리를 공작물에 묻히게 하기 위해 턱 있는 구멍을 뚫는 가공
④ 카운터 싱킹 : 접시 머리 볼트의 머리 부분이 묻히도록 원뿔자리를 파는 작업
⑤ 보링 : 뚫린 구멍이나 주조한 구멍을 넓히는 작업
⑥ 리밍 : 뚫린 구멍을 리머로 다듬는 작업

143. 철, 구리, 황동 등의 금속 소성가공에서 냉간가공 중에 나타날 수 있는 현상은?

가. 풀림　　나. 변태
다. 재결정　　라. 가공경화

해설 가공 경화

냉간 가공중에 금속을 변형시켰을 때 변형 부분이 원래의 상태보다 단단하게 되는 현상으로 철사를 굽혔다 폈다 하는 것을 여러 번 반복했을 경우 절단되는 원인은 가공 경화가 되기 때문이다. 가공 경화가 되면 강도는 증가하고 연신율은 감소한다.

144. 공기압 회로 중 압축공기 필터의 내용으로 타당하지 않는 것은?

가. 수분 먼지가 침입하는 것을 방지하기 위해 설치한다.
나. 공기 출구부에 설치한다.
다. 드레인 배출 방식으로 수동식과 자동식이 있다.
라. 필터는 오염의 정도에 따라서 엘리먼트를 선정할 필요가 있다.

해설 압축공기필터

압축공기의 불순물을 단계적으로 여과해주는 역할을 한다.

① 메인필터 : 압축공기중의 40㎛ 이상의 고형 불순물제거 100%, 응축수(수분) 90% 이상, 유분 65% 이상 제거
② 프리필터 : 압축공기중의 5㎛ 이상의 고형 불순물제거 100%, 응축수(수분) 97% 이상, 유분 70% 이상 제거
③ 라인필터 : 압축공기중의 1㎛ 이상의 고형 불순물제거 100%, 응축수(수분) 100% 이상, 유분 98% 이상 제거

145. 고용한계 이상으로 탄소가 고용되면 탄소와 철이 화합하여 탄화철(Fe_3C)이 되며, 특징은 백색이고 매우 단단하며 여린 결정이고, 210 ℃에서 자기변태를 일으키는 탄소강의 조직은?

가. 페라이트　　나. 펄라이트
다. 시멘타이트　　라. 오스테나이트

해설

① 페라이트 : 721℃에서 α철의 탄소를 최대로 함유한 조직으로서 상온에서는 강자성체이며 강성이 비교적 작고 연성이 크다. α철에 탄소를 함유한 α고용체이다.
② 펄라이트 : 탄소 0.8%의 오스테나이트가 A_1 변태점에서 반응하여 펄라이트와 시멘타이트로 변한 공석정을 말한다.
③ 시멘타이트(Fe_3C) : 상온에서 강 자성체이며 경도가 높고 취성이 크며 6,68%의 탄소를 함유한 탄화철을 말한다.
④ 오스테나이트 : 비자성체는 전기 저항이 크고 경도는 낮으나 연신율이 큰 γ철에 탄소를 고용한 γ고용체이다.

141. 가　142. 라　143. 라　144. 나　145. 다

146. 단면이 사각형인 단순보의 중앙에 집중하중이 작용할 때 최대 처짐에 대한 설명 중 틀린 것은?(단, 지지점 사이의 거리를 L이라 한다.)

가. 보의 높이의 제곱에 반비례한다.
나. L의 3승에 비례한다.
다. 하중에 정비례한다.
라. 보의 폭에 반비례한다.

해설

$$\delta_{max} = \frac{PL^3}{48EI}$$

147. 판두께 13mm, 인장강도 3500kgf/cm^2, 안전 계수가 4인 연강판으로 5kgf/cm^2의 내압을 받는 원통을 만들려면 안지름(내경)은 약 몇 cm인가?

가. 228　　나. 375
다. 455　　라. 910

해설

$$\sigma_1 = \frac{p \times D \times S\sigma}{2 \times t}$$

σ_1 : 원주 방향의 응력(kgf/cm^2)
p : 내압($kgf/$④), D : 안지름(cm)
S_σ : 안전계수, t : 판 두께(cm)

$$D = \frac{\sigma_1 \times 2 \times t}{p \times S_\sigma} = \frac{3500 \times 2 \times 1.3}{5 \times 4} = 455$$

148. 2대 이상의 공작기계군을 컴퓨터에 결합시켜 작업성 및 생산성을 향상시키는 시스템을 무엇이라 하는가?

가. DNC　　나. NC
다. FMS　　라. LC

해설 DNC와 NC

① DNC : 직접수치제어, 2대 이상의 공작기계를 컴퓨터(수치제어장치)에 결합시켜 작업성 및 생산성을 향상시키는 시스테.
② NC : 수치제어 1대의 공작기계를 컴퓨터(수치제어 장치)에 결합시킨 자동화 공작기계 시스템

149. 금속재료와 대체할 수 있는 기계재료 중에서 합성수지의 공통된 성질이 아닌 것은 무엇인가?

가. 가볍고 튼튼하다.
나. 비중과 강도의 비인 비강도는 비교적 낮다.
다. 전기 절연성이 좋다.
라. 가공성이 크고 성형이 간단하다.

해설 합성수지의 성질

① 가볍고 튼튼하다.
② 비중과 강도의 비인 비강도가 비교적 높다.
③ 전기 절연성이 우수하다.
④ 열에 약하다.
⑤ 가공성이 크기 때문에 성형이 간단하여 대량 생산적이다.
⑥ 산, 알칼리, 오일, 화학 약품에 강하다.
⑦ 투명하여 채색이 자유롭고 내구성이 크다.

150. 100rpm으로 5PS를 전달하는 축에 작용하는 토크는 몇 $kgf-cm$인가?

가. 500　　나. 1217
다. 3581　　라. 5870

해설

$$H = \frac{T \times N}{71620}$$

H : 전달 마력(PS), T : 토크($kgf-cm$)
N : 회전수(rpm)

$$T = \frac{H \times 71620}{N} = \frac{5 \times 71620}{100} = 3581$$

151. 나사 모양의 커터를 회전시키면서 각종 기어를 절삭하는 기계는?

가. 보링머신　　나. 셰이퍼
다. 호닝　　라. 호빙머신

해설 공작기계의 정의

① 보링 머신 : 공작물에 뚫린 구멍을 확대하는데 사용하는 공작기계로서 자동차 엔진의 실린더 보링은 바이트를 회전시키면서 상하로 이동시켜 절삭하고 일반 공작에서는 바이트를 회전시키고 공작물을 이송시켜 절삭한다.
② 셰이퍼 : 셰이퍼는 테이블에 공작물을 고정한 후 이송시키면서 램에 설치된 바이트가 좌우 왕복할 때 평면 또는 홈 등을 절삭하는 공작기계 셰이퍼의 크기는 테이블의 최대 이동거리 또는 램의 최대 행정으로 나타낸다.
③ 호닝 : 고운 입자의 막대형 숫돌을 방사 선상으로 배치한 혼(hone)을 회전시킴과 동시에

146. 가 147. 다 148. 가 149. 나 150. 다 151. 라

왕복 운동을 하면서 보링 머신의 바이트 자국을 없애는 작업, 보링, 리밍 및 연삭 가공을 끝낸 원통의 내면을 정밀하게 다듬질하는 방법으로 정밀도는 3~10μ 정도이고 숫돌의 원주 속도는 일반적으로 40~70m/min로 하며 왕복 운동 속도는 원주 속도의 1/2~1/5로 한다.

④ 호빙 머신 : 래크 커터를 변형시킨 호브를 회전시키고 이에 접한 기어 소재에 회전 이송을 시켜 기어 이를 창성시키는 기어 절삭기계이다.

152. 500rpm으로 회전하고 있는 볼베어링에 500kgf의 레이디 얼 하중이 작용하고 있다. 이 베어링의 기본동적 부하용 량(basic dynamic load capacity)이 3000kgf일 때, 베어링의 정격수명은?(단, 하중계수는 1로 한다.)

가. 6400시간 나. 7200시간
다. 8400시간 라. 9600시간

해설

$$L_h = 500\times\left(\frac{C}{P}\right)^3\times\frac{33.3}{N}$$

L_h : 베어링 수명시간, C : 기본 부하 용량(kgf)
P : 하중(kgf), N : 회전수(rpm)

$$L_h = 500\times\left(\frac{3000}{500}\right)^3\times\frac{33.3}{500} = 7192.8$$

153. 비틀림을 받는 원형 봉에서의 최대전단응력을 구하는 식은?

가. (비틀림 모멘트×봉의 지름)/극관성 모멘트
나. (비틀림 모멘트×봉의 반지름)/극관성 모멘트
다. (비틀림 모멘트×봉의 지름)/극단면 계수
라. (비틀림 모멘트×봉의 반지름)/극단 면 계수

해설

$$\tau = \frac{T(\text{비틀림모멘트})\rho(\text{거리})}{J(\text{단면 극2차모멘트})}$$

154. 일정 유량으로 유체가 흐를 때, 관의 지름을 두 배로 하면 유속은 몇 배인가?

가. 1/4 나. 1/2
다. 2 라. 4

해설

$$Q = A\times V_m = \frac{\pi\times D^2\times V_m}{4}$$

$$V_m = \frac{Q\times 4}{\pi\times D^2}$$

Q : 유량 (m^3/sec), A : 단면적(m^2)
V_m : 유속(m/sec), D : 안지름(m)

155. 플라스틱으로 경화된 수지로서 수축이 적고, 양호한 화학적 저항, 우수한 전기적 특성, 강한 물리적 성질을 가지고 있으며, 판재제작, 용기성형, 페인트, 접착제 등으로 사용되는 열경화성 수지는?

가. 에폭시 수지 나. 페놀 수지
다. 비닐 수지 라. 아크릴 수지

해설 수지의 용도

① 에폭시 수지 : 에피클로로히드린과 비스페놀 A를 중합하여 만든 것이 대표적이며, 에폭시 수지를 단독으로 사용하는 일은 없으며, 아민, 산 등에 의해서 경화시킨 열경화성 수지로 페인트, 접착제, 주형품 등에 사용된다.
② 페놀 수지 : 페놀류와 포름알데히드의 축합에 의해 얻어지는 합성수지로 용제에 용해되지 않는 것을 베클라이트라 하며, 열경화성의 대표적인 것으로서 전기기구, 절연재료, 기어, 용기 등에 사용된다.
③ 아크릴 수지 : 아크릴산이나 아크릴산유도체를 중합하여 만든 열가소성수지로 투명도가 높고 단단하며, 방풍 유리, 광학 렌즈 등에 사용된다.

156. 바깥지름 300mm, 안지름 250mm, 클러치를 미는 힘 500kgf, 마찰계수가 0.2라고 할 경우 클러치 전달토크(torque)는 몇 $kgf\cdot mm$인가?

가. 11390 나. 13750
다. 17530 라. 18275

해설

$T = P\times\mu\times D_m$
T : 전달토크($kgf-mm$), P : 힘(kgf)
μ : 마찰계수, D_m : 평균반경(mm)

$$T = 500\times 0.2\times\frac{300+250}{4} = 13750$$

152. 나 153. 나 154. 가 155. 가 156. 나

157. 다음 중 유압의 기초적인 원리라 할 수 있는 파스칼의 원리에 대한 설명이 아닌 것은?

가. 유체의 압력은 면에 직각으로 작용한다.
나. 각 점에서의 압력은 모든 방향으로 같다.
다. 가한 압력은 유체 각부에 같은 세기로 전달된다.
라. 유체의 압력은 압력을 직접 받는 면이 가장 크다.

해설 파스칼 원리

1653년 B.파스칼이 발견한 원리로, 밀폐된 용기에 담긴 유체에 가해진 압력은 유체의 모든 부분과 유체를 담은 용기의 벽까지 그 세기가 감소되지 않고 전달된다. 이는 압력이 변할 때 기체의 부피가 바뀐다는 것만 바꾸면, 액체뿐만 아니라 기체의 경우에도 적용될 수 있다.

158. 절삭, 단조, 주조 및 용접 등이 용이하며 열처리로 재질을 개선시킬 수 있어 볼트, 너트, 축계 및 치차류의 용도로 다양하게 사용할 수 있는 강으로 가장 적합한 것은?

가. 연강 나. 반 연강
다. 경강 라. 고 탄소강

해설

탄소강은 탄소의 함유량에 따라서 극연강에서 최경강까지 다음과 같이 분류된다.

극연강 : 탄소함유량 0.12% 이하
연 강 : 탄소함유량 0.20% 이하
반연강 : 탄소함유량 0.30% 이하
반경강 : 탄소함유량 0.40% 이하
경 강 : 탄소함유량 0.50% 이하
최경강 : 탄소함유량 0.50% 이상

159. 모듈이 8인 외접한 한 쌍의 표준 평기어의 잇수가 각각 70, 98일 때 중심거리는 몇 mm인가?

가. 560 나. 672
다. 782 라. 1344

해설

$$L = \frac{M \times (Z_a + Z_b)}{2}$$

L : 중심거리(mm), M : 모듈
Z_a, Z_b : A, B기어의 잇수

$$L = \frac{8 \times (70 + 98)}{2} = 672$$

160. 재료중 수중에서의 내식성이 가장 좋은 것은?

가. 일반 구조용 압연 강재
나. 열간 압연 강판
다. 기계 구조용 압연 강재
라. 스테인레스 강

해설

스테인레스 스틸(stainless steel)은 최소 10.5 혹은 11%의 크롬이 들어간 강철 합금이다

161. 비철금속 중 황동(놋쇠)은 Cu와 어떤 원소를 첨가하여야 하는가?

가. Zn 나. Si
다. Fe 라. Al

해설 동합금

① 황동은 Cu와 Zn의 합금이다.
② 청동은 구리와 주석의 합금으로 강도가 크고 내마열성, 주조성이 좋으며, 주조용 합금으로 우수하다.
③ 인청동은 탄성, 내식성, 내마멸성이 커 베어링, 밸브 시트에 사용된다.

162. 소성가공에서 열간가공과 냉간가공을 구분하는 기준은?

가. 재결정온도
나. 탄소함유량
다. 각 재료의 변형량
라. 열팽창계수

해설

소성 가공 방법에는 냉간 가공과 열간 가공으로 분류되며, 재결정 온도 이하의 낮은 온도에서의 가공을 냉간 가공, 재결정 온도이상의 높은 온도에서의 가공을 열간 가공이라 한다.

163. 리벳이음에서 1피치 내의 리벳 전단면의 수가 증가함에 따라 리벳의 효율은?

가. 증가한다. 나. 감소한다.
다. 관계없다. 라. 반비례한다.

157. 라 158. 나 159. 나 160. 라 161. 가 162. 가 163. 가

해설

$\eta_2 = \frac{\pi \times z \times \tau \times d^2}{4 \times p \times t \times \sigma_t}$

η_2 : 리벳의 효율, τ : 리벳의 전단응력
z : 1피치 내에 있는 리벳의 전단면의 수
d : 리벳의 지름, p : 리벳의 피치
t : 핀 두께, σ_t : 인장응력

164. 공압실린더와 연결되어 스로틀 밸브를 조정하여 정밀한 속도제어를 위해 사용되는 것은?

가. 어큐물레이터
나. 루브리케이터
다. 속도제어 밸브
라. 하이드로 체크 유닛

해설

어큐물레이터 : 냉동기에서 압축기를 거치게 되면 유체(냉매)의 압력에서 맥동이 발생합니다. 진동과 소음이 심해지게 됩니다. 맥동 압력을 완충시킬 목적으로 따로 공기실을 만들어서 압력에 맥동이 생기는 것을 완충시킨다.
루브리케이터 : 루브리케이터는 레귤레이터와 마찬가지로 조절 나사부 등과 같이 유로가 좁게 된 부분이 있고, 이 부분에 먼지나 스케일이 쌓이면 작동 불량이나 기름의 적하 불능을 일으킨다.

165. 유효낙차 $100m$, 유량 $200m^3/\text{sec}$인 수력발전소의 수차에서 이론 출력을 계산하면 몇 kW인가?

가. 400 ×103　　나. 300 ×103
다. 196 ×103　　라. 100 ×103

해설

$L_{th} = \frac{\gamma \times H \times Q \times \eta}{102}$

L_{th} : 수차의 출력(kw)
γ : 물의 비중량(kgf/m^3)
H : 유효 낙차(m), Q : 유량(m^3/sec)

$L_{th} = \frac{1000 \times 100 \times 200}{102}$
$= 196078kw = 196 \times 10^3 kw$

166. 15ton의 인장하중을 받는 보울트 호칭 지름으로 다음 중 가장 적합한 것은?(단, 안전율 3, 재료 인장강도는 $5400kgf/cm^2$이며, 골지름/바깥지름($d1/d$)=0.62로 가정한다.)

가. M30　　나. M36
다. M42　　라. M48

해설

$\sigma_a = \frac{\sigma}{s}$

σ_a : 허용응력, σ : 인장응력, s : 안전율

$\sigma_a = \frac{5400}{3} = 1800kgf/cm^2$

$A = \frac{W}{\sigma_a}$

A : 단면적, W : 인장하중, σ_a : 허용응력

$A = \frac{15000}{1800} = 8.33cm^2 = 833mm^2$

$A = \frac{\pi \times d^2}{4}$ 에서

$d_m = \sqrt{\frac{4 \times 833}{\pi \times 0.62}} = 41.36mm$

167. 두 줄 나사의 피치가 $0.75mm$일 때 5회전 시키면 축방향으로 몇 mm 이동하는가?

가. 1.5　　나. 7.5
다. 3.75　　라. 37.5

해설

$L = n \times P \times N$
L : 리드(mm), n : 줄수
P : 피치(mm), N : 회전수
$L = 2 \times 0.75 \times 5 = 7.5mm$

168. 단면적 $5cm^2$인 막대에 수직으로 $20kgf$ 압축하중이 작용한다면 이때의 압축응력은 몇 kgf/cm^2인가?

가. 1　　나. 2
다. 4　　라. 8

해설

$\sigma_a = \frac{W}{A}$

σ_a : 허용능력, W : 압축하중, A : 단면적

$\sigma_a = \frac{20}{5} = 4kgf/cm^2$

169. 보스와 축 사이의 윗면과 아랫면을 죄고 측면에 틈새를 둔 끼워 맞춤으로 키의 상단과 하단면에 압축응력이 발생하는 키의 종류

164. 라 165. 다 166. 다 167. 나 168. 다 169. 다

가 아닌 것은?

가. 경사키　　나. 평키
다. 평행키　　라. 성크키

해설 평행키

축과 같이 돌면서 축선 방향으로 미끄럼 운동을 하는 키

170. 다음 공작기계 중 부속장치로 척, 센터, 돌림판, 돌리개, 심봉, 방진구 등이 있는 것은?

가. 선반　　나. 플레이너
다. 보링머신　　라. 밀링머신

해설 선반

주요 구성요소는 베드·주축대·심압대·왕복대·공구대 및 이송장치로 되어 있다. 주축대와 심압대 사이에 가공물을 고정시키고, 회전운동을 주축대로부터 받도록 설계되어 있다. 그러나 수직선반이나 터릿선반처럼 심압대 없이 주축대만으로 가공품을 유지하는 것도 있다.

171. $3kW$, $1800rpm$인 전동기로 $300rpm$인 펌프를 회전시킬 경우 두 축간 거리가 $600mm$인 V 벨트에서 원동 풀리의 지름이 $D_1 = 120mm$일 때, 종동 풀리 지름 D_2는 몇 mm인가?

가. 360　　나. 480
다. 720　　라. 900

해설

$i = \dfrac{N_2}{N_1} = \dfrac{D_1}{D_2}$, i : 회전비

N_1 : 원동차회전수

N_2 : 종동차회전수

D_1 : 원동차지름(mm)

D_2 : 종동차지름(mm)

$$D_2 = \frac{N_1 \times D_1}{N_2} = \frac{1800 \times 120}{300} = 720mm$$

172. 단면적 $20cm^2$의 재료에 $6000kgf$의 전단하중이 작용하고 있을 때 이 재료의 전단 변형률은?(단, $G = 0.8 \times 106kgf/cm^2$이다.)

가. 2.81 x 10-4　　나. 3.75 x 10-4
다. 2.81 x 10-3　　라. 3.75 x 10-3

해설

$\lambda = \dfrac{W \times l}{G \times A}$

λ : 변형률

W : 전단하중(kgf)

l : 처음길이(cm)

G : 탄성계수(kgf/cm^2),

A : 단면적(cm^2)

$$\lambda = \frac{6000}{0.8 \times 10^6 \times 20} = 0.000375 = 3.75 \times 10^{-4}$$

173. 자동차 스프링등에 응용되는 섬유강화 플라스틱의 특징이 아닌 것은?

가. 비중은 강의 약 1/3~1/4 정도이다.
나. 비탄성 에너지가 크다.
다. 내식성이 우수하다.
라. 층간 전단강도가 높다.

해설

섬유강화플라스틱 : 섬유강화플라스틱(F.R.P)은 불포화 폴리에스터 수지와 유리섬유를 혼합하여 만들어진 복합재료이다. 이것은 철보다 가볍고 알루미늄보다 내식성이 강하고 열과 화학적 변화가 적어 석유화학, 전자제품, 기어, 베어링, 건축, 레저, 자동차나 비행기 경량화, 환경산업 등 광범위하게 사용되는 신소재이다.

174. 일명 가스따내기라고 하며 가공물의 일부를 용융시켜 불어 내어 홈을 만드는 가공 방법은?

가. 수중 절단법　　나. 가스 가우징
다. 분말혼합 절단법　　라. 아크 절단법

해설 가스 가우징(Flame gouging)

가스 불꽃으로 가열하고 금속과 산소의 급격한 화학반응을 이용하여 절단하는 것

175. 총 양정이 $90m$, 공급수량 $1.56m^3/\min$인 펌프의 동력은 약 몇 PS가 필요한가?(단, 물의 비중은 1이고, 효율은 0.9이다.)

가. 18.72　　나. 31.20
다. 34.67　　라. 62.40

170. 가　171. 다　172. 나　173. 라　174. 나　175. 다

해설

$$L_w = \frac{\gamma \times Q \times H}{75 \times 60 \times \eta}$$

L_w : 축 동력(PS)
γ : 유체의 비중량(kgf/cm^2)
Q : 송출량($m^3/\min$), H : 전양정(m)
η : 효율

$$L_w = \frac{1.56 \times 1000 \times 90}{75 \times 60 \times 0.9} = 34.67ps$$

176. 다음은 화이트메탈(white metal)에 대한 설명이다. 틀린 것은?

가. Pb, Sn을 주성분으로 하고 여기에 적당한 양의 Sb, Cu 등을 첨가한 합금이다.
나. 강과 Sn을 주성분으로 한 베어링 합금이다.
다. Babbit metal이라고도 한다.
라. Cu에 Pb 25.40% 첨가한 합금으로서 항공기, 자동차 의 main bearing에 사용한다.

해설 화이트메탈

대부분 주석·납 등으로 되어 있다. 주석을 주성분으로 하는 것은 안티모니 8~15%, 구리 2~10%, 나머지는 주석이다. 납을 주성분으로 하는 것은 주석 5~20%, 안티모니 10~20%, 구리 0.5% 이하, 나머지는 납이다. 이 밖에 아연을 주성분으로 하는 것이 있으나, 이것은 가격이 싼 것이 특징이다.

177. 보스를 축방향으로 미끄럼 이송시킴과 동시에 회전력을 전달하기 위한 키로 다음 중 가장 적합한 것은?

가. 안장 키　　나. 페더 키
다. 반달 키　　라. 접선 키

해설

① 안장키(saddle key) - 보스에만 키홈을 파서 키를 박아 마찰에 의해 회전력을 전달하기 때문에 큰 힘의 전달에는 부적합하다.
② 페더 키(feather key) - 회전력 전달과 동시에 축방향으로 이동시킬 필요가 있을 때 사용한다.
③ 반달 키(woodruff key) - 반달 모양의 키로 공작이 용이하고 보스의 홈과 접촉이 자동 조정되는 이점이 있으나 축의 강도는 약하다.
④ 접선 키(tangential key) - 키가 전달하는 힘은 접선 방향으로 작용하므로 큰 힘을 전달할 수 있다. 역전을 가능케 하기 위하여 120°로 두 곳에 키를 끼운다. 큰 힘이나 힘의 방향이 바뀌는 곳에 선택한다.

178. 중공단면축의 바깥지름 $d_0 = 5cm$, 안지름 $d_1 = 3cm$, 허용전단응력 $w = 300kgf/cm^2$일 때 비틀림모멘트는?

가. $4528kgf-cm^2$　　나. $5510kgf-cm^2$
다. $6409kgf-cm^2$　　라. $7405kgf-cm^2$

해설

$$\tau_{\max} = \frac{16\,Td_0}{\pi\left(d_0^4 - d_1^4\right)}$$

$\tau_{\max}$: 허용전단응력(kgf/cm^2)
T : 비틀림 모멘트($kgf-cm^2$)
d_0 : 바깥지름(cm), d_1 : 안지름(cm)

$$T = \frac{300 \times \pi(5^4 - 3^4)}{16 \times 5} = 6408.85kgf-cm^2$$

179. 나사에서 3침법의 측정이 가장 적합한 것은?

가. 유효지름　　나. 피치
다. 골지름　　라. 외경

해설 3침법

나사의 골에 3개의 침을 끼우고 이들 침의 외측 거리를 마이크로메타, 측장기를 통해 측정하여 수나사의 유효지름을 계산하는 방법이다.

180. 다음 중 스폿(spot)용접에 관한 설명으로 맞는 것은?

가. 알미늄 용접이 불가능하다.
나. 가스용접의 일종이다.
다. 가압력이 필요없다.
라. 로봇을 이용한 자동화가 용이하다.

해설 스폿용접

점용접이라고도 한다. 겹쳐 놓은 모재의 앞쪽 끝을 적당하게 성형한 전극으로 누르고, 여기에 전류를 통하면 접촉면의 전기저항이 크므로 발열하게 된다. 접촉면의 저항은 곧 소멸하게 되나, 이 발열에 의하여 재료의 온도가 상승하여 모재 자체의 저항이 커져서 온도는 더욱 상승한다. 여기에 강한 압력을 가하여 용접을 하는 것이 스폿 용접이다.

176. 나　177. 나　178. 다　179. 가　180. 라

181. 자동차나 소형 전자 부품 조립시 많이 사용하고 있으며 스프링 작용을 할 수 있는 톱니에 의하여 체결볼트와 너트의 풀림을 방지할 수 있고, 여러 번 사용할 수 있는 이점이 있는 와셔는?

가. 혀달린 와셔 나. 평 와셔
다. 고무 와셔 라. 톱니 와셔

182. 휨만을 받는 속이 찬 차축에서 축에 작용하는 굽힘모멘트가 $3000kgf-mm$이고, 축의 허용굽힘응력이 $10kgf/mm^2$일 때 필요한 축 외경의 최소값은?

가. $55.3mm$ 나. $7.4mm$
다. $14.5mm$ 라. $13.2mm$

해설

$$d = \sqrt[3]{\frac{10.2 \times M}{\sigma_a}}$$

d : 축의 외경(mm)
M : 축의 굽힘 모멘트($kgf-mm$)
σ_a : 축의 허용 굽힘응력($kgf-mm^2$)

$$d = \sqrt[3]{\frac{10.2 \times 3000}{10}} = 14.5mm$$

183. 다음 중 압축기 뒤에 설치되어 압축공기를 저장하는 공기탱크의 기능으로 틀린 것은?

가. 맥동을 방지하거나 평준화 한다.
나. 다량의 공기 소비시 급격한 압력 상승을 방지한다.
다. 비상시에도 일정시간 운전 가능하다.
라. 압력 용기이므로 법적 규제를 받는다.

184. 금속을 소성가공할 때 열간가공과 냉간가공을 구별하는 기준 온도는?

가. 재결정온도
나. 담금질온도
다. 단조온도
라. 변태온도

해설 재결정온도

소성 변형 된 금속이 가열되면서 재결정화가 되기 시작할 때의 온도

185. 탄성한도 내에서 인장하중을 받는 봉의 허용응력이 2배가 되면 안전율은 처음에 비해 몇 배가 되는가?

가. 1/2배 나. 2배
다. 1/4배 라. 4배

해설 안전율

기계나 기구를 설계할 때는, 그 각 부분에 가해지는 힘에 견딜 수 있도록 설계해야 한다. 그러나 지나치게 튼튼하게 만들어 공연히 부재(部材)만 커지고 중량이 늘어 가격이 비싸지면 비경제적이다. 그래서 설계를 담당할 기술자는 부재(部材)에 가해지는 힘에 대하여 몇 배의 하중에 견딜 수 있으면 되는가를 결정하고 계산하게 되는데, 이 배율을 안전율이라 한다.

186. 뜨임이란 열처리의 용어 설명으로 가장 적합한 것은?

가. 담금질한 것을 풀림하기위해 가열하여 서냉한 것을 뜻한다.
나. 경도를 높게 하기 위하여 가열냉각하는 조작을 말한다.
다. 담금질한 강철에 인성이 필요할 때 A_1점 이하의 적당한 온도로 가열하여 인성을 증가시키는 것이다.
라. 경도는 약간 후퇴시키더라도 취성을 주기 위하여 가열처리한 것이다.

해설

뜨임은 경도가 큰 재료를 A_1 변태점 이하로 가열한 후 서냉하여 담금질에서 생긴 내부 응력을 제거하거나 또는 인성을 개선하는 열처리로 저온 뜨임과 고온 뜨임이 있다.

187. 다음 금속 중 열전도성이 가장 우수한 것은?

가. 주철 나. 알루미늄
다. 구리 라. 연강

해설 열전도율

시간 t동안 뜨거운 면에서 차가운 면으로 판을 통해 전달된 에너지를 Q라고 하면 단위시간당 전달되는 에너지를 열전도율 간단히 전도율이라고 한다.

181. 라 182. 다 183. 나 184. 가 185. 가 186. 다 187. 다

188. 고속도강으로 만든 지름 $16mm$인 드릴로 연상인 일감에 절삭 속도는 $28m/\min$로 구멍을 뚫을 때 드릴링 머신의 스핀들의 회전수(rpm)는?

가. 140　　나. 280
다. 557　　라. 1114

해설

$V = \frac{\pi \times D \times N}{1000}$

V : 절삭속도($m/\min$)
D : 드릴의 지름(mm)
N : 드릴의 회전속도(rpm)

$N = \frac{28 \times 000}{\pi \times 16} = 557rpm$

189. 키가 전달할 수 있는 토크의 크기가 큰 대서 작은 순으로 된 것은?

가. 성크키이, 스플라인, 새들키이, 평키이.
나. 스플라인, 성크키이, 평키이, 새들키이.
다. 평키이, 새들키이, 성크키이, 스플라인.
라. 세레이션, 성크키이, 스플라인, 평키이

190. 지름이 50[mm]인 원형단면봉에 축하중 P = 1000[kg]의 압축하중이 작용할 때 이 봉에 발생하는 압축응력은 몇 kg/cm^2인가?

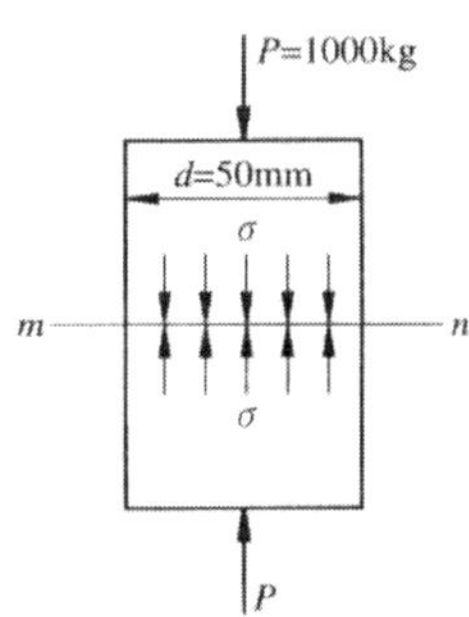

가. 51.0　　나. 59.0
다. 65.0　　리. 70.0

해설

$\sigma_c = \frac{W}{A}$

σ_c : 압축응력(kgf/cm^2), W : 압축하중(kgf)
A : 단면적(cm^2)

$\sigma_c = \frac{1000}{\frac{\pi \times 5^2}{4}} = 50.93kgf/cm^2$

191. 비틀림이 작용할 재료의 단면에 생기는 응력은?

가. 인장　　나. 압축
다. 전단　　라. 굽힘

해설 내용

기둥 모양의 물체를 비틀었을 경우의 변형을 가리킨다. 비틀림의 크기는 원기둥의 반지름이 회전한 각도인 비틀림각으로 나타낸다. 비틀림각은 평형상태에서 중심축 둘레에 작용하는 짝힘모멘트인 비틀림모멘트에 비례한다.

192. 평벨트 바로걸기의 경우 축의 중심거리가 $1000mm$, 원동차의 지름 $D_1 = 250mm$일 때 평벨트의 길이는?

가. 2193.7(mm)　　나. 2318.7(mm)
다. 3193.7(mm)　　라. 3318.7(mm)

해설

$L = 2C + \frac{\pi}{2}(D_2 + D_1) + \frac{(D_2 - D_1)^2}{4C}$

L : 벨트의 길이(mm), C : 축간거리(mm)
D_1 : 원동차 지름(mm),
D_2 : 피동차 지름(mm)

$L \mathfrak{I} E 2 \times 1000 + \frac{\pi}{2}(500 + 250) + \frac{(500 - 250)^2}{4 \times 1000}$
$= 3193.7mm$

193. 지름이 $4cm$인 봉에 $20kgf-m$의 비틀림 모멘트가 작용하고 있다. 봉에 발생되는 최대 전단응력은 몇 kgf/cm^2인가?

가. 185　　나. 163
다. 159　　라. 127

해설

$T = \frac{\pi \times d^3 \times \tau_a}{16}$

T : 비틀림 모멘트($kgf-cm$)
d : 지름(cm), τ_a : 최대 전단응력(kgf/cm^2)

$\tau_a = \frac{16 \times 2000}{\pi \times 4^3} = 159315kgf/cm^2$

188. 다　189. 나　190. 가　191. 다　192. 다　193. 다

194. 동전 제작시 사용되는 방법으로 다이에 요철을 만들어 압축하는 가공은?

가. 사이징(sizing)
나. 압인가공(coining)
다. 컬링(curling)
라. 엠보싱(embossing)

해설 압연(rolling)

회전하는 롤러 사이에 재료를 통과시켜서 롤러가 연속적으로 타격하는 것과 같이 움직인다.

195. 다음 중 왕복 운동을 하는 펌프은?

가. 제트 펌프 나. 수격 펌프
다. 피스톤 펌프 라. 기어 펌프

해설 피스톤펌프

물을 높은 곳으로 올려 보내는 펌프의 하나. 한 개의 공기실에 펌프 두 개를 붙여 놓은 것으로, 공기실에서 공기가 압축되어 압력이 작용하므로 손잡이를 올릴 때나 내릴 때나 끊임없이 물이 나오게 되어 있다.

196. 탄고강의 담금질조직에서 경도가 가장 높은 것은?

가. 오스테나이트 나. 마르텐사이트
다. 트루스타이트 라. 솔바이트

해설

강의 표준 조직에서 경도가 가장 높은 것은 시멘타이트이고 담금질 조직에서 경도가 가장 높은 것은 마르텐사이트이다.

197. 압력제어 밸브 중에서 릴리프 밸브(relief valve)의 설명으로 맞는 것은?

가. 회로의 일부에 배압을 발생시키고자 할 때 사용하는 밸브
나. 회로내의 최고 압력을 낮추어 압력을 일정하게 하는 밸브
다. 두 개 이상의 분기회로를 가진 회로 내에서 작동순서를 제어하는 밸브
라. 유량이나 입구 측의 압력크기와는 관계없이 미리 설정한 2차측 압력을 일정하게 해주는 밸브

해설 릴리프 밸브

릴리프 밸브는 계통의 이상으로 순간적인 고압이 형성되었을 때 장치가 이상고압에 의해 영향을 받지 않고 정상적으로 가동될수 있도록 계통내의 고압 형성시 배출시켜주는 역할을 합니다.

198. 액압프레스의 용량을 Q, 단조물의 유효 단면적을 A, 단조시 프레시 효율을 η 라 할 재료의 변형저항 σ_e를 나타내는 식은?

가. $\sigma_e = \dfrac{Q\times\eta}{A}$ 나. $\sigma_e = \dfrac{A\times\eta}{Q}$
다. $\sigma_e = \dfrac{A\times Q}{\eta}$ 라. $\sigma_e = \dfrac{\eta}{A\times Q}$

해설

$Q = \dfrac{A \cdot \sigma_e}{\eta}$

Q : 유압 프레스의 용량
A : 단조물의 유효 단면적
σ_e : 단조 재료의 변형 저항
η : 프레스의 효율

$\sigma_e = \dfrac{Q\cdot\eta}{A}$

199. 다음은 공작기계의 특성을 나열한 것이다. 이 중에서 잘못 설명한 것은?

가. 공작물의 회전과 그 회전축을 포함하여 평면 내에서 공구의 선운동에 의해서 공작물을 원하는 형태로 절삭하는 것을 선삭가공이라 한다.
나. 밀링 머신은 회전하는 공작물에 절삭공구를 이송하여 원하는 형상으로 가공하는 공작기계이다.
다. 드릴 작업은 일반적으로 드릴 주축을 회전시켜 작업하지만 정확을 요하는 깊은 구멍작업에는 가공물을 회전시킨다.
라. 연삭 숫돌을 공구로 사용하고 가공물에 상대운동을 시켜 정밀하게 가공하는 작업을 연삭이라 한다.

해설 자생작용

연삭과정에서 마멸→폐쇄→탈락→생성의 과정이 되풀이 되는 것

194. 나 195. 다 196. 나 197. 나 198. 가 199. 나

200. 강철 재료를 순철, 강 및 주철의 3종류로 분류할 때 순철로 구분되는 재료의 탄소 함유량으로 적합한 것은?

가. 0.01% 이하　　나. 0.1% 이하
다. 0.02% 이하　　라. 0.2% 이하

해설
주철의 흑연화를 촉진시키는 원소는 Si, Al, Ni 등이며, 순철의 탄소 함유량은 0.02% 정도이다.

201. 잇수 Z=24, 모듈=2의 표준기어가 있다. 피치원의 반지름 R은 얼마인가?

가. 52　　나. 12
다. 48　　라. 24

해설
$d=\frac{M\times Z}{2}$
d : 피치원 반지름(mm), M : 모듈
Z : 기어의 잇수
$d=\frac{2\times 24}{2}=24mm$

202. 탄소강에서 적열취성을 일으키는 원소는?

가. 탄소(C)　　나. 실리콘(Si)
다. 인(P)　　라. 황(S)

해설
탄소강에서 인(P)은 강의 결정입자를 거칠게 하며, 상온에서 취성을 일으킨다. 황(S)은 적열(고온), 취성을 일으키며, 인장강도, 연신율, 충격값이 저하된다.

203. 보의 전 길이에 걸쳐서 균일분포 하중을 받는 단순보가 있다. 처짐에 관한 설명 중 잘못된 것은?

가. 처짐량은 보의 길이에 4제곱에 비례한다.
나. 처짐량은 단면 2차 모멘트에 반비례한다.
다. 처짐량은 종 탄싱계수에 비례한다.
라. 처짐각은 보의 길이에 4제곱에 비례한다.

해설
$\sigma_{\max}=\frac{wL^4}{384EL}$

204. 다음 중 용접의 종류 중 압접에 해당하는 것은?

가. 미그용접　　나. 원자수소용접
다. 레이저용접　　라. 스폿용접

해설
점용접은 2개의 모재를 겹쳐놓고 대전류를 흐르게 하면 접촉 저항열에 의해 용융될 때 압력을 가하여 접합하는 용접이다.

205. 다음의 금속재료 중에서 베어링 메탈과 가장 관계가 적은 것은?

가. 화이트 메탈　　나. 배빗 메탈
다. 켈밋　　라. 모넬메탈

해설 모넬메탈
니켈과 구리의 합금으로 캐나다 서드베리 지구에서 생산되는 자황철광석을 전로(轉爐)로 제련하는 과정에서 생성물을 배소(焙燒)하고, 목탄가루로 환원해서 얻은 구리와 니켈의 자연합금이다.

206. 다음 중 열처리 방법으로 급냉시켜 재질을 경화시키는 방법은?

가. 불림　　나. 풀림
다. 담금질　　라. 뜨임

해설 강의 열처리
① 담금질 : 강의 경도 또는 강도를 증가시키기 위하여 A_1 또는 A_3 변태점 보다 30~50℃ 높게 가열한 후 급랭하여 재료를 경화시키는 열처리
② 뜨임 : 경도가 큰 재료를 A_1 변태점 이하로 가열한 후 서냉하여 담금질에서 생긴 내부 응력을 제거하거나 또는 인성을 개선하는 열처리로 저온 뜨임과 고온 뜨임이 있다.
③ 풀림 : 재료가 가공 경화나 내부 응력이 생겼을 때 이를 제거하기 위해 A_1~A_3변태점보다 30~50℃ 높게 가열한 후 서냉하는 열처리로 완전 풀림과 저온 풀림이 있다.
④ 불림 : 단조된 재료나 주조된 재료 내부에 생긴 내부 응력을 제거하거나 결정조직을 균일화시킬 목적으로 강을 균일한 오스테나이트 조직까지 가열한 후 공기중에서 냉각(공냉)시키는 열처리

200. 다　201. 라　202. 라　203. 라　204. 라　205. 라　206. 다

207. 다음 중에서 터보형(Turbo type) 펌프에 속하지 않는 것은?

가. 왕복식 펌프　　나. 원심식 펌프
다. 축류식 펌프　　라. 사류식 펌프

해설 왕복식 펌프의 특징

- 저속이며 대형이다.
- 고압에 적합하며, 송출압력이 350kgf/cm² 정도에서는 플런저 펌프를 사용한다.
- 송출압력은 회전속도에 제한을 받지 않는다.

208. 6 · 4 황동에 1~2%의 철을 첨가한 것으로 강도가 크고 내식성이 좋아 광산, 선박, 화학 기계에 쓰이는 것은?

가. 7 · 3 황동　　나. 톰백
다. 델타메탈　　라. 인청동

해설 구리 합금

① 7 · 3 황동 : 아연이 30%인 합금으로 인장강도는 크지만 연신율이 작다.
② 톰백 : 아연율 8~20% 함유한 것으로 연성이 크다.
③ 델타 메탈 : 6 · 4 황동에 철을 첨가한 것으로 강도가 크고 내식성이 좋다.
④ 인청동 : 청동에 0.05~0.5%의 인을 함유한 것으로 탄성, 내식성, 내마멸성이 크다.

209. 아주 큰 회전력을 전달하거나 양 방향으로 회전하는 축에 120° 또는 180°의 각도로 두 곳에 설치하는 키는?

가. 접선키　　나. 원뿔키
다. 미끄럼키　　라. 안장키

해설 키의 종류

① 접선키 : 큰 회전력을 전달하거나 양 방향으로 회전하는 축에 120° 또는 180° 각도로 두 곳에 키를 설치한 것
② 원뿔키 : 축에 구멍을 원뿔로 만들어 몇 곳이 갈라져 있는 원뿔통을 끼워 마찰로서 고정시키는 것
③ 미끄럼키 : 회전력을 전달함과 동시 보스를 축 방향으로 이동시킬 수 있는 것
④ 안장키 : 보스에만 키 홈을 파서 키우는 것으로 마찰에 의해 회전력을 전달하는 것

210. 시험 전 시험편 지름이 40mm이었고, 시험 후 시험편의 지름이 30mm이었다. 이 경우의 단면수축률(%)은?

가. 25.00　　나. 47.35
다. 65.25　　라. 75.00

해설

$$\epsilon_a = \frac{A_{\circ} - A_1}{A_{\circ}} \times 100$$

ϵ_a : 단면 수축률(%), $A_{\circ}$: 시험전 단면적(cm²)
A_1 : 시험후 단면적(cm²)

$$\epsilon_a = \frac{\frac{\pi \times D^2}{4} - \frac{\pi \times d^2}{4}}{\frac{\pi \times D^2}{4}} \times 100$$

$$= \frac{\frac{\pi \times 4^2}{4} - \frac{\pi \times 3^2}{4}}{\frac{\pi \times 4^2}{4}} \times 100$$

$= 43.75\%$

211. 나사의 피치가 3mm인 2줄 나사가 1회전하면 리드는?

가. 3mm　　나. 4mm
다. 5mm　　라. 6mm

해설

$L = n \times P$
L : 리드(mm), n : 줄 수, P : 피치(mm)
$L = 2 \times 3 = 6mm$

212. 연강재료의 절삭가공시 절삭저항이 가장 적고 절삭 가공면이 매끈한 칩의 형식은?

가. 전단형
나. 유동형
다. 균열형
라. 열단형

해설

유동형 칩 : 연성재료의 고속절삭에서 나타나며, 칩이 공구의 경사면을 따라 연속적으로 전단 스트레인을 발생하여 연속칩(continuous chip)을 발생시키는 것으로서 공구선단부의 칩은 전단응력을 받고, 항상 상부에 연속된 미끄럼이 생기므로 진동이 작고 가공면이 매끈하다.

207. 가　208. 다　209. 가　210. 나　211. 라　212. 나

213. 다음 중 너트의 풀림 방지법이 아닌 것은?

가. 로크너트 사용　　나. 분할핀 사용
다. 세트나사 사용　　라. 윤활유 사용

해설 너트 풀림 방지법

① 와셔에 의한 방법(스프링 와셔, 이붙이 와셔)
② 로크너트에 의한 방법(2중 너트)
③ 분할 핀 또는 작은 나사를 사용하는 방법
④ 철사를 사용하여 잡아매는 방법
⑤ 너트의 회전 방향에 의한 방법

214. 큰 토크를 축에서 보스로 전달시키려면 1개의 키 (key)만으로 전달시키는 것은 불가능하므로 4개~수십 개의 키를 같은 간격으로 축과 일체로 만든 것은?

가. 스플라인 축
나. 미끄럼키
다. 접선키
라. 성크키

해설 스플라인 축

축의 둘레에 같은 간격으로 4~수십 줄의 키(key) 모양의 요철(凹凸)을 붙인 것

215. 포와송 비(poisson's ratio)에 대하여 옳게 설명한 것은?

가. 종 변형률과 횡 변형률의 곱이다.
나. 수직응력과 종탄성계수를 곱한 값이다.
다. 횡 변형률을 종 변형률로 나눈 값이다.
라. 전단응력과 횡 탄성계수의 곱이다.

216. 원심 송풍기의 전압이 $250mmAq$, 회전수 $960rpm$, 풍량이 $16m^3/\mathrm{min}$일 때 이 송풍기의 회전수를 $1400rpm$으로 증가시키면 풍량은 몇 m^3/min인가?

가. 19.32　　나. 23.33
다. 34.03　　라. 49.62

해설

$16m^3 : 960 = x : 1400$

$x = \dfrac{16m^3 \times 1400}{960} = 23.33m^3$

217. 4포트 3위치 방향 전환 밸브의 중간 위치 형식 중 센터 바이패스형이라고도 하며, 중립 위치에서 펌프를 무부하시킬 수 있고 실린더를 임의의 위치에 고정시킬 수 있는 것은?

가. 오픈 센터형　　나. ABR 접속형
다. 클로즈 센터형　　라. 탠덤 센터형

218. 매우 작은 입자의 숫돌에 극히 작은 압력으로 가압하면서 공작물의 표면을 따라 축방향으로 진동을 주면서 원통의 내면, 외면 및 평면을 가공하는 방법은?

가. 호닝　　나. 슈퍼피닝
다. 래핑　　라. 브로칭

해설

호닝 : 원통내면(圓筒內面)의 다듬질법으로 발달되어 왔으나 최근에는 외면(外面) 호닝·평면 호닝도 실시되고 있다.
래핑 : 랩이라는 공구와 랩제(劑)를 사용하여 마모와 연삭작용에 의해 공작물을 다듬질하는 정밀가공법
브로칭 : 비교적 복잡한 모양을 하고 있는 가공물의 내면 또는 표면을 절삭가공하는 것

219. 선반의 3분력의 크기가 순서대로 된 것은?

가. 주분력 > 배분력 > 이송분력
나. 주분력 > 이송분력 > 배분력
다. 배분력 > 주분력 > 이송분력
라. 배분력 > 이송분력 > 주분력

해설

공구의 절삭 방향으로 작용하는 주분력
공구의 축방향에 작용하는 배분력
이송방향에 작용하는 이송분력

220. 다음 중 평 벨트 전동과 비교했을 때 V벨트 전동의 특징이 아닌 것은?

가. 속도비를 크게 할 수 있다.
나. 벨트가 끊어졌을 때 쉽게 접합할 수 있다.
다. 미끄럼이 적고 효율이 좋다.
라. 주행상태가 원활하고 정숙하다.

213. 라　214. 가　215. 다　216. 나　217. 라　218. 나　219. 가　220. 나

221. 다음 중 Fe-C 상태도에서 탄소가 약 6.67% 함유되었을 때 나타나는 조직은?

가. 시멘타이트　　나. 테라이트

다. 오스테나이트　　라. 펄라이트

해설 시멘타이트

금속합금 내에 존재하는 탄소는 금속원자와 결합하여 카바이드(탄화물)을 형성하며, 금속합금이 철강재료인 경우에는 철금속이 탄소와 결합하여 시멘타이트를 형성 한다. 대부분의 탄소강에서는 250~700℃ 근처에서 시멘타이트가 형성되며 이보다 고온에서는 구형의 입자상으로 조대화(粗大化)한다. 조성은 Fe_3C 혹은 합금내 카바이드 형성 촉진원소 M이 포함된 경우에는 (Fe, M)3C로 표시된다. 철강재료 중 백주철과 같은 재료는 탄소가 거의 시멘타이트의 형태로 존재하며, 내마모성이 뛰어나서 볼밀(ball mill)과 같은 마모가 심한 부분에 사용된다.

222. 판의 두께 $15mm$, 리벳의 지름 $16mm$, 리벳 구멍의 지름 $17mm$, 피치 $65mm$인 1줄 리벳 겹치기 이음에서 1피치마다 $1500kgf$의 하중이 작용할 때 판의 효율은?

가. 73.8%　　나. 35.4%

다. 36.9%　　라. 77.5%

해설

$\eta_1 = \dfrac{p-d}{p} \times 100$

η_1 : 판의 효율, p : 비틀림 모멘트($kgf \cdot cm$)

d : 환봉의 지름(cm)

$\tau = \dfrac{16 \times 3000\,T}{\pi \times 10^3} = 15.28kgf/cm^2$

223. $3000kgf \cdot cm$의 비틀림 모멘트가 작용하는 지름 $10cm$ 환봉축의 최대 전단응력은 몇 kgf/cm^2인가?

가. 21.28　　나.17.59

다. 15.28　　라.13.42

해설

$T = \tau \times Zp$ T(토크), τ(비틀림응력), Zp(극단면계수)

224. 2개의 회전하고 있는 롤러 사이에 소재를 통과시켜 단면적을 감소시켜 길이를 늘리는 소성가공 방법은?

가. 압출　　나. 인발

다. 아연　　라. 단조

해설 소성 가공의 종류

① 압출 : 소재를 압출 컨테이너에 넣고 한쪽에 다이를 설치하여 램을 강력한 힘으로 이동시켜 소재를 빼내는 가공이다.
② 인발 : 다이에 소재를 통과시켜 기계력에 의해 잡아당겨 단면적을 줄이고 길이 방향으로 늘이는 가공이다.
③ 압연 : 회전하는 2개의 롤러 사이에 재료를 통과시켜 판재나 형재를 만드는 가공으로 재료의 수축공이나 기공 등의 압착하여 수지상 조직을 미세화하고 균질화하여 우수한 제품을 얻을 수 있는 장점이 있다.
④ 단조 : 2의 형틀 사이에 재료를 가압하여 형틀 모양대로 성형하는 작업으로 제품의 정밀도가 높고 대량 생산에 적합한 장점이 있다.

225. 선반 작업에서 공작물의 지름을 $D(mm)$, 1분간의 회전수를 $N(rpm)$이라고 할 때, 절삭속도 V는 몇 $m/\min$인가?

가. $V = \pi DN$　　나. $V = \dfrac{\pi DN}{1000}$

다. $V = \dfrac{\pi D}{1000N}$　　라. $V = \dfrac{\pi N}{1000D}$

226. Kelmet 메탈을 옳게 설명한 것은?

가. 동에 주석을 30~40% 가한 것이다.

나. 동에 철물 30~40% 가한 것이다.

다. 동에 인을 30~40% 가한 것이다.

라. 동에 납을 30~40% 가한 것이다.

해설 켈밋 메탈

베어링으로 사용되는 구리와 납의 합금으로 열전도성(熱傳導性)이 좋고, 기계적 성질로서의 내마모성(耐摩耗性)도 우수하기 때문에 플레인 베어링의 라이닝재(材)로 사용된다. 보통 연강(軟鋼)의 대금(臺金) 위에 두께 1mm 정도로 라이닝하는데, 납과 구리의 비중이 다르기 때문에 대금 위에 주입할 때 편석(偏析)하는 결점이 있다. 이 때문에 켈밋합금에 주석과 카드뮴을 첨가해서 편석을 방지한다. 항공기·자동차·디젤기관 등의 베어링으로 널리 이용되고 있다.

221. 가 222. 가 223. 다 224. 다 225. 나 226. 라

227. 다음 유압기기의 구성요소 중 유압 액튜에이터인 것은?

가. 유압 펌프　　나. 유량 실린더
다. 제어 밸브　　라. 유압 조절밸브

해설
유압기기에서 유압 모터와 유압실린더는 유압을 받아 회전 또는 직선 운동하는 것으로 액추에이터라 한다.

228. 지름 $30mm$, 길이 $200mm$ 둥근봉에 인장하중이 작용하여 길이가 $200.12mm$로 늘어났다. 세로 변형률은 얼마인가?

가. 15×10^{-2}　　나. 15×10^{-3}
다. 6×10^{-3}　　라. 6×10^{-4}

해설
$\epsilon = \frac{l' - l}{l}$
ϵ : 세로 변형률, l' : 변형 후 길이
l : 변형 전 길이
$\epsilon = \frac{200.12 - 200}{200} = 0.0006 \times 10^{-4}$

229. 관로 내를 흐르는 유체의 평균 유속이 3 m/sec이고, 유량이 $9.9m^3/\mathrm{sec}$일 때 관의 단면적은?

가. $3.3\mathrm{m}^2$　　나. $29.7\mathrm{m}^2$
다. $0.3\mathrm{m}^2$　　라. $1.65\mathrm{m}^2$

해설
$Q = v \times A$
Q : 유량(m^3/sec), v : 유속(m/sec)
A : 단면적(m^2)
$A = \frac{9.9m^3/\mathrm{sec}}{3m/\mathrm{sec}} = 3.3m^2$

230. 공작기계로 공작물을 절삭할 때는 절삭저항이 발생하는데 절삭저항에 해당되지 않는 것은?

가. 주분력　　나. 배분력
다. 횡분력(이송분력)　　라. 치핑(chipping)

해설 치핑
반쯤 마무리가 된 금속 제품의 갈라진 틈이나 표면의 결점, 그 밖의 군더더기 따위를 제거하는 일

231. 절삭공구의 수명이 종료되어 공구를 다시 연삭하거나 새로운 절삭공구로 바꾸기 위한 공구수명 판정방법이 잘못된 것은?

가. 가공면에 광택이 있는 색조나 반점이 생길 때
나. 공구인선의 마모가 일정량에 도달하였을 때
다. 완성치수의 변화향이 일정량에 도달했을 때
라. 절삭저항의 이송분력과 배분력이 급격히 감소할 때

232. 축에는 키 홈이 없고, 축의 원호에 접할 수 있도록 하고 보스에만 키 홈을 파는 경하중용에 사용하는 키는?

가. 안장키　　나. 접선키
다. 평키　　라. 반달키

해설
접선키 : 키 홈을 축의 접선 방향으로 내어, 서로 반대 방향의 기울기를 가진 두 개의 키를 짝 짓는 체결 방식
평키 : 축의 윗면을 편평하게 깎고, 그 면에 때려 박는 키
반달키 : 옆 모양이 반달처럼 생긴 키. 조립과 분해가 쉬우며, 큰 힘을 받지 않는 데 쓴다.

233. 조립된 기계 부품의 세부항목에 대한 안전율을 결정하는 데는 여러 가지 변수가 있다. 안전율을 결정하는 요소가 아닌 것은?

가. 재료의 품질
나. 하중과응력 계산의 정확성
다. 공작기계의 정도
라. 하중의 종류에 따른 응력의 성질

해설 안전율
기계나 기구를 설계할 때는, 그 각 부분에 가해지는 힘에 견딜 수 있도록 설계해야 한다. 그러나 지나치게 튼튼하게 만들어 공연히 부재(部材)만 커지고 중량이 늘어 가격이 비싸지면 비경제적이다. 그래서 설계를 담당할 기술자는 부재(部材)에 가해지는 힘에 내하여 몇 배의 하중에 견딜 수 있

227. 나 228. 라 229. 가 230. 라 231. 라 232. 가 233. 다

으면 되는가를 결정하고 계산하게 되는데, 이 배율을 안전율이라 한다.

234. 1N의 힘은 몇 kg인가?

가. 1/9.8　　나. 1/980
다. 980　　라. 9.8

해설 1뉴턴
힘의 엠케이에스에이(MKSA) 단위. 1뉴턴은 1kg의 물체에 작용하여 매초마다 1미터의 가속도를 만드는 힘으로, 10만 다인에 해당한다. 기호는 N

235. 그림과 같이 주어진 구조물에 인장하중이 작용할 때 구조물의 자중을 고려해서 최대 응력이 발생하는 지점은?

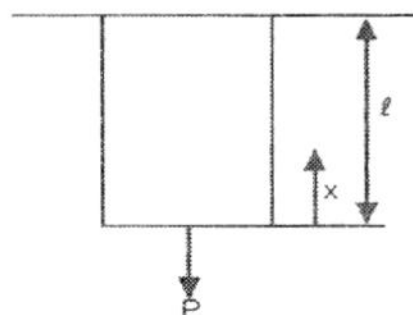

가. $\chi=0$
나. $\chi=\ell/2$
다. $\chi=\ell$
라. 모든 위치에서 동일

해설

$$\delta_w=\frac{\gamma\ell^2}{2E}=\frac{W\ell}{2AE}$$

236. 다음은 전단가공의 종류에 대한 설명이다. 틀린 것은?

가. 블랭킹(blanking) : 펀치로 판재를 필요한 치수의 모양으로 따내는 작업
나. 전단(shearing) : 판재를 필요한 길이의 치수로 절단하는 작업
다. 셰이빙(shaving) : 드로잉을 한 제품의 귀 또는 단조품의 거스러미를 제거하는 작업
라. 피어싱(piercing) : 필요한 치수 모양으로 구멍을 만드는 작업

해설 용어 해설
① 블랭킹(blanking) : 판재에서 펀치로서 소요의 형상을 뽑는 작업
② 전단(searing) : 판재를 공구와 펀치, 다이 또는 전단기를 사용하여 필요로 하는 형상으로 잘라 내거나 뚫어내거나 단을 붙이는 등의 판금 작업
③ 세이빙(shaving) : 뽑기나 구멍 뚫기를 한 제품의 가장자리에 붙어 있는 파단면 등이 편평하지 못하므로 제품의 끝을 약간 깍아 다듬질하는 작업
④ 피어싱(piercing) : 판재에서 구멍을 만드는 작업을 뽑힌 부분이 스크립이 되고 남은 부분이 제품이 된다.

237. 다음 중 Al 합금으로 자동차나 항공기의 실린더에 많이 사용되는 합금은?

가. 고속도강　　나. KS강
다. 실루민　　라. Y합금

해설
Y합금(Al+Cu+Mg+Ni) : 고온강도가 커서 내연기관의 실린더, 피스톤등에 쓰임

238. 부동속형 유니버설 조인트에서 2축의 교각은 일반적으로 몇 도가 적합한가?

가. 10° 이하　　나. 20° 이하
다. 30° 이하　　라. 40° 이하

해설 유니버셜조인트
두 축이 비교적 떨어진 위치에 있는 경우나 두 축의 각도(편각)가 큰 경우에 이 두 축을 연결하기 위하여 사용되는 축이음(커플링)의 일종이다. 자동차의 프로펠러 샤프트나 드라이브 샤프트 등의 연결부, 자동차의 스터어링 기구 등에 쓰인다.

239. 나사의 풀림 방지 방법이 아닌 것은?

가. 로크너트(lock nut)를 사용한다.
나. 분할핀(split pin)을 사용한다.
다. 세트스크류(set screw)를 사용한다.
라. 아이 볼트(eye bolt)를 사용한다.

해설 너트 풀림 방지법
① 와셔에 의한 방법(스프링 와셔, 이붙이 와셔)
② 로크너트에 의한 방법(2중 너트)

234. 가　235. 다　236. 다　237. 라　238. 다　239. 라

③ 분할 핀 또는 나사를 사용하는 방법
④ 철사를 사용하여 잡아매는 방법
⑤ 너트의 회전 방향에 의한 방법

240. 내면이 원추형인 원통에 2개의 원추키 모양의 슬릿을 가진 원추를 넣고 3개의 볼트로 죄어 두 축을 연결하는 것은?

가. 슬리브 커플링
나. 분할 머프 커플링
다. 셀러 커플링
라. 플랜지 커플링

241. 소성가공의 종류가 아닌 것은?

가. 인발가공　　나. 압출가공
다. 전단가공　　라. 밀링가공

해설 소성 가공의 종류

① 단조가공 : 가열시킨 상태에서 재료를 단조기계나 해머로 두들겨 성형하는 가공법
② 압연가공 : 회전하는 2개의 롤러사이에 재료를 열간 또는 냉간으로 통과시키면서 소정의 제품을 만드는 가공법
③ 압출가공 : 실린더 모양의 컨테이너에 재료를 넣고 한쪽에서 큰 힘으로 압력을 가하면 반대쪽에서 성형된 제품이 만들어지는 가공법
④ 인발가공 : 다이에 봉이나 파이프를 넣고 축방향으로 통과시켜 소재를 잡아당겨 외경을 줄이고 길이 방향으로 늘이는 가공법
⑤ 전조가공 : 다이나 롤러를 사용하여 재료를 회전시키면서 압력을 가하여 제품을 만드는 가공법으로 수나사 또는 기어 가공에 주로 사용된다.
⑥ 판금가공 : 판재를 사용하여 각종용기, 장식품 등을 만들 때 딥 드로잉, 프레싱, 시어링, 굽힘 가공 등을 이용하여 제품을 만드는 가공법

242. 기어에서 언더컷 현상이 일어나는 원인은?

가. 잇수비가 아주 클 때
나. 잇수가 많을 때
다. 이 끝이 둥글 때
라. 이 끝 높이가 낮을 때

해설 언더컷

치차가 서로 물려서 돌아갈 때 피니언의 잇수가 너무 적어 상대쪽의 기어 이끝이 피니언의 이뿌리부분과 접촉하여 피니언의 이뿌리부분이 깍이는 현상입니다.

243. 유압장치에 사용되는 유압유 저장용의 용기로 어큐뮬레이터라고도 하는 유압 부속기기는?

가. 축압기　　나. 유압필터
다. 증압기　　라. 유압유닛

해설

어큐물레이터(accumulator) : 축압기

244. 와셔의 사용목적으로 적합하지 못한 것은?

가. 볼트의 구멍의 지름이 볼트보다 너무 클 때
나. 볼트가 받는 전단응력을 감소시키려 할 때
다. 볼트 시트 면의 재료가 약해서 넓은 면으로 지지하여야 할 때
라. 진동이나 회전이 있는 곳의 볼트나 너트의 풀림 방지

245. 인장강도가 4299 kgf/mm^2 인 연강봉이 있다. 안전율이 10이면 허용응력은 몇 kgf/mm^2 인가?

가. 42000　　나. 42
다. 280　　라. 420

해설

$\sigma_a = \dfrac{\sigma_u}{S}$

σ_a : 허용응력(kgf/mm^2)
σ_u : 인장강도(kgf/mm^2)
S : 안전율

$\sigma_a = \dfrac{4200}{10} = 420 kgf/mm^2$

246. 50,000 $kgf-cm$ 의 굽힘 모멘트를 받는 단순보의 단면계수가 100 cm^3 이면 이 보에 발생되는 굽힘 응력(kgf/cm^2)은?

가. 250　　나. 500
다. 750　　라. 1000

240. 다　241. 라　242. 가　243. 가　244. 나　245. 라　246. 나

해설

$M = \sigma_a \times Z$, $\sigma_a = \frac{M}{Z}$

M : 축의 굽힘 모멘트($kgf-cm$)

σ_a : 축의 허용 굽힘 응력(kgf/cm^2)

Z : 단면계수(cm^3)

$\sigma_a = \frac{M}{Z} = \frac{50000}{100} = 500$

247. 잇수가 40개, 모듈 4인 표준기어를 깎고자 할 때 기어 바깥의 지름은 몇 mm인가?

가. 84　　나. 120

다. 160　　라. 168

해설

$D_o = (Z+2) \times M$

D_o : 바깥 지름(mm), Z : 기어의 잇수

M : 모듈

$D_o = (40+2) \times 4 = 168mm$

248. 다음 중 일반적으로 황동에 구멍 뚫기 작업에 사용하는 드릴의 날 끝 각으로 가장 알맞은 것은?

가. 90~120°　　나. 118°

다. 100°　　라. 60°

249. 압출가공에 대한 설명이다. 거리가 먼 것은?

가. 속이 빈 용기를 만드는 데는 충격압출이 적합하다.

나. 압출에 의한 표면 결함은 소재온도가 가공 속도를 늦춤으로써 방지할 수 있다.

다. 단면의 형태가 다양한 직선, 곡선 제품의 생산이 가능하다.

라. 납 파이프나 건전지 케이스를 생산하는데 적합하다.

해설 압출가공

단면이 균일한 긴 봉이나 관 등을 제조하는 금속 가공법으로 영국의 J.브라마가 1797년에 납을 녹여 펌프로 밀어내어 연관(鉛管)을 만든 것이 그 시초이다. 크게 정압출법(正押出法)과 역압출법으로 분류되는데 전자는 압출되는 금속의 방향이 외부로부터 압력을 가하는 방향과 같은 경우이고, 후자는 이 방향이 반대가 되는 것이다.

250. 회전운동을 직선운동으로 변환시키는 기어는?

가. 스큐우 기어　　나. 래크와 피니언

다. 인터널 기어　　라. 크라운 기어

해설

스큐우기어 : 스큐우 축에 회전력을 전달하는 기어

인터널기어 : 내치기어

크라운기어 : 직각으로 동력을 전달할 때에 쓰는 톱니바퀴

251. 강화유리란 보통판유리를 600℃ 정도의 가열온도로 열처리한 것인데 다음 중 그 특징이라고 볼 수 없는 것은?

가. 유리 파편의 결정질이 크다.

나. 유리의 강도가 크다.

다. 곡선유리의 자유화가 쉽다.

라. 안전성이 높다.

해설 강화유리

성형 판유리를 연화온도(軟化溫度)에 가까운 500~600℃로 가열하고, 압축한 냉각공기에 의해 급랭시켜 유리 표면부를 압축변형시키고 내부를 인장변형시켜 강화한 유리이다. 보통 유리에 비해 굽힘강도는 3~5배, 내충격성도 3~8 배나 강하며, 내열성도 우수하다. 그러나 유리 자체가 내부에서 힘의 균형을 유지하고 있기 때문에 한쪽이 조금 절단되어도 전체가 팥알 크기의 파편으로 파괴되므로 강화처리 하기 전에 용도에 맞는 모양으로 만들어야 한다.

252. 다음 중 유압의 기초적인 원리라 할 수 있는 파스칼의 원리에 대한 설명이 아닌 것은?

가. 유체의 압력은 면에 직각으로 작용한다.

나. 각 점에서의 압력은 모든 방향으로 같다.

다. 가한 압력은 유체 각부에 같은 세기로 전달된다.

라. 유체의 압력은 압력을 직접 받는 면이 가장 크다.

해설 파스칼원리

1653년 B.파스칼이 발견한 원리로, 밀폐된 용기에 담긴 유체에 가해진 압력은 유체의 모든 부분

247. 라　248. 나　249. 다　250. 나　251. 가　252. 라

과 유체를 담은 용기의 벽까지 그 세기가 감소되지 않고 전달된다. 이는 압력이 변할 때 기체의 부피가 바뀐다는 것만 바꾸면, 유체뿐만 아니라 기체의 경우에도 적용될 수 있다.

253. 기어의 각 부 명칭에 대한 설명 중 틀린 것은?

가. 피니언 : 서로 물리는 2개의 기어 중 작은 것
나. 원주 피치 : 피치 원주에서 측정한 하나의 이에서 다음 이까지의 거리
다. 모듈 : 피치원 지름을 잇수로 나눈 값
라. 지름 피치 : 기어의 잇수를 이뿌리원으로 나눈 값

해설
지름피치 : 모듈의 역수

254. 저항 점용접법은 사용이 간편하고 용접 자동화가 용이하므로 자동차 산업현장에서 널리 이용되고 있다. 이러한 점용접의 품질을 평가하는 방법이 아닌 것은?

가. 피로시험 나. 마멸시험
다. 비틀림시험 라. 인장시험

해설
마멸시험 : 마모시험과 비슷한 의미로 쓰임

255. 유니버셜 이음(Universal joint)설명으로 올바른 것은?

가. 2축이 평행하고 있을 EO에 사용하는 클러치이다.
나. 2축이 직교할 때에 사용되고 운전 중 단속할 수 있다.
다. 2축이 교차하고 있을 때에 사용하는 크랭크축이다.
라. 2축이 교차하는 경우에 사용되는 커플링의 일종이다.

해설 유니버셜조인트
두 축이 비교적 떨어진 위치에 있는 경우나 두 축의 각도(편각)가 큰 경우에 이 두 축을 연결하기 위하여 사용되는 축이음(커플링)의 일종이다. 자동차의 프로펠러 샤프트나 드라이브 샤프트 등의 연결부, 자동차의 스티어링 기구 등에 쓰인다.

256. 냉간 가공의 특징이 아닌 것은?

가. 가공면이 매끄럽고 곱다.
나. 가공도가 크다.
다. 연신율이 작아진다.
라. 제품의치수가 정확하다

해설 냉간가공
금속 등의 결정체(結晶體)에 재결정이 일어나는 온도보다 상당히 낮은 온도에서 소성변형(塑性變形)을 주는 가공이며 이에 대하여 재결정 온도보다 높은 온도에서 하는 가공을 열간가공(熱間加工)이라 한다. 일반적으로 사용되는 공업재료에서 냉간가공은 열간가공과 같은 큰 소성변형을 시키기는 어려우나, 다듬질 치수의 정밀도가 좋으므로 판(板)·선(線)·관재(管材) 등의 다듬질 가공에 이용된다.

257. 금속재료의 물리적 성질이 아닌 것은?

가. 비중 나. 열전도율
다. 취성 라. 선팽창계수

해설 취성
물체가 연성(延性)을 갖지 않고 파괴되는 성질

258. 화염온도가 가장 높고 발열량에 비하여 가격도 저렴하여 가스용접에 많이 사용하는 가스는?

가. 수소 나. 프로판
다. 일산화탄소 라. 아세틸렌

해설 아세틸렌
아세틸렌계 탄화수소 중 가장 간단한 것으로 에타인(ethyne)이라고도 한다. 천연으로는 존재하지 않으며, 1836년 H. 데이비가 발견하고, 1892년 프랑스의 무아상이 공업화에 성공하였다. 탄소의 삼중결합을 가지므로, 이중결합을 가진 에틸렌보다 불포화도가 크다.

253. 라 254. 나 255. 라 256. 나 257. 다 258. 라

259. #6306 레이디얼 볼베어링의 안지름은?

가. 6mm 나. 30mm
다. 12mm 라. 36mm

해설 볼 베어링의 호칭 치수(6306)

① 6 : 형식 번호(단열)
② 3 : 지름 번호(중간 하중)
③ 06 : 안지름 번호
00 : 안지름 10mm, 01 : 안지름 12mm
02 : 안지름 15mm, 03 : 안지름 17mm
안지름 20mm 이상 500mm 미만은 안지름을 5로 나눈 수가 안지름 번호이다.

260. 동 및 동합금에 관한 다음 설명 중 올바른 것은?

가. 황동은 구리와 주석의 합금이다.
나. 전기 전도율이 은(Ag)다음으로 크다.
다. 청동은 구리와 아연의 합금이다.
라. 인청동은 내마멸성이 나쁘며 베어링으로 사용할 수 없다.

261. 다음 중 소성가공에 해당되지 않는 것은?

가. 압연가공 나. 단조가공
다. 주조가공 라. 인발가공

해설 소성 가공의 종류

① 압연가공 : 회전하는 2개의 롤러사이에 재료를 열간 또는 냉간으로 통과시키면서 소정의 제품을 만드는 가공법
② 단조가공 : 가열시킨 상태에서 재료를 단조기계나 해머로 두들겨 성형하는 가공법
③ 인발가공 : 다이에 봉이나 파이프를 넣고 축방향으로 통과시켜 소재를 잡아당겨 외경을 줄이고 길이 방향으로 늘이는 가공법
④ 압출가공 : 실린더 모양의 컨테이너에 재료를 넣고 한쪽에서 큰 힘으로 압력을 가하면 반대쪽에서 성형된 제품이 만들어지는 가공법
⑤ 전조가공 : 다이나 롤러를 사용하여 재료를 회전시키면서 압력을 가하여 제품을 만드는 가공법으로 수나사 또는 기어 가공에 주로 사용된다.
⑥ 판금가공 : 판재를 사용하여 각종용기, 장식품 등을 만들 때 딥 드로잉, 프레싱, 시어링, 굽힙 가공 등을 이용하여 제품을 만드는 가공법

262. 목형의 무게가 5.2kgf이고, 목형의 비중이 0.45인 육송을 사용한 주형에서 주조한 제품의 주철의 비중을 7.4라고 하면 주철의 무게는 몇 kgf인가?

가. 45.2 나. 56.7
다. 72.8 라. 85.5

해설

$$W = \frac{S}{S'} \times W'$$

W : 주물의 중량(kgf), W' : 목형의 중량(kgf)
S : 주물의 비중 S' : 목형의 비중

$$W = \frac{7.4}{0.45} \times 5.2 = 85.5kgf$$

263. 원동차의 지름이 125mm이고, 종동차의 지름은 350mm인 원통 마찰 전동장치에서 접촉면의 마찰계수가 0.2일 때 200kgf의 힘으로 서로 밀어 붙일 경우 최대 전달 토크는 몇 $kgf-mm$인가?

가. 3500$kgf-mm$
나. 7000$kgf-mm$
다. 14000$kgf-mm$
라. 28000$kgf-mm$

해설

$$T = \frac{\mu \times P \times D_2}{2}$$

T : 최대 전달 토크($kgf-mm$), μ : 마찰계수
P : 힘(kgf), D_2 : 종동차 지름(mm)

$$T = \frac{0.2 \times 200 \times 350}{2} = 7000kgf-mm$$

264. V벨트의 속도를 5m/s로 하여 20kW를 전달하려면 인장측의 장력은 몇 kgf인가?(단, 인장축의 장력은 이완측의 장력의 2배이다.)

가. 408 나. 816
다. 1124 라. 1632

해설

$$H_o = \frac{T_e \times V}{102}$$

H_o : 전달 동력(kw),
T_e : 유효 장력(kgf) = ($T_t - T_s$)
V : 벨트의 속도(m/sec),
T_t : 인장측 장력(kgf)

259. 나 260. 나 261. 다 262. 라 263. 나 264. 나

T_s : 이완측 장력(kgf)

$T_e = \frac{20 \times 102}{5} = 408kgf$

$T_e = 2T_s - T_s$ 이므로

$T_t = 408 \times 2 = 816kgf$

265. 그림과 같은 스프링장치에서 스프링 상수가 $K_1 = 10kgf/cm$, $K_2 = 20kgf/cm$일 때, 무게 W에 의하여 스프링이 길이가 위쪽 스프링은 2㎝ 늘어나고, 아래쪽의 스프링은 2㎝ 압축되었다면 추의 무게 W는 몇 kgf인가?

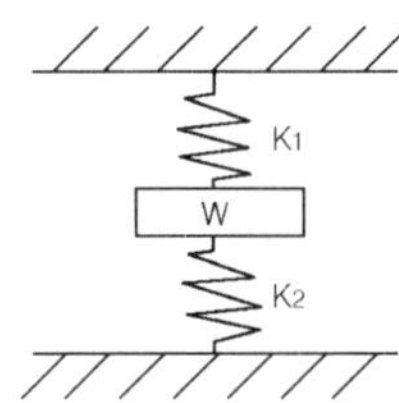

가. 13.3　　나. 33.3
다. 40　　라. 60

해설

$k = k_1 + k_2$

$W = k \times a = (10 + 20) \times 2 = 60$

266. 왕복 펌프에서 공기실의 가장 주된 역할은?

가. 밸브의 개폐를 쉽게 한다.
나. 밸브의 닫혀있을 때 누설이 없게 한다.
다. 송출되는 유량의 변동을 적게 한다.
라. 피스톤(또는 플런저)의 운동을 원활하게 한다.

267. 다음 중 시효경화(時效硬化)가 가장 잘 일어나는 금속은?

가. Y합금　　나. 두랄루민
다. 배빗 메탈　　라. 고속도강

해설 시효경화

금속재료를 일정한 시간 적당한 온도하에 놓아두면 단단해지는 현상으로 20세기 초 독일의 A.빌름이두랄루민의 시효경화를 발견하였다. 오늘날 시효경화가 일어나는 합금은 이 밖에도 많이 알려져 있으나 상온에서 일어나는 것은 알루미늄합금·납합금 등 녹는점이 낮은 금속의 합금이며 구리합금 등은 가열하지 않으면 일어나지 않는다.

268. 유압기기의 유압 작동유가 구비해야 할 성질로 올바른 것은?

가. 열전달율이 낮을 것
나. 열팽창 계수가 클 것
다. 압축률(압축성)이 높을 것
라. 증기압이 낮고, 비점이 높을 것

해설 작동유의 구비 조건

① 강인한 오일의 막(유막)을 형성하여야 한다.
② 적당한 점도와 유동성이 있어야 한다.
③ 비중이 적당하여야 한다.
④ 비압축성이어야 한다.
⑤ 인화점 및 발화점이 높아야 한다.
⑥ 내부식성이 커야 한다.
⑦ 기포(氣胞)의 발생이 적고 실(seal) 재료와의 적합성이 좋아야 한다.
⑧ 물·공기·먼지 등을 신속하게 분리할 수 있어야 한다.
⑨ 점도지수가 커야 한다.
⑩ 체적 탄성계수가 커야 한다.
⑪ 밀도가 적어야 한다.
⑫ 유압 장치에 사용되는 재료에 대하여 불활성이어야 한다.
⑬ 독성과 휘발성이 없어야 한다.

269. 전기용접봉의 피복제 중 내균열성이 가장 좋은 것은?

가. 철분산화철계　　나. 저수소계
다. 일미나이트계　　라. 고산화티탄계

270. 소성가공법 중 냉간가공과 비교한 열간 가공의 특징이 아닌 것은?

가. 가공면이 아름답고 정밀한 형상의 가공면을 얻는다.
나. 재결정온도 이상으로 가열하므로 가공이 쉽다.
다. 거친 가공에 적합하다.
라. 표면이 가열되어 있어 산화로 인해 정밀 가공이 어렵다.

265. 다　266. 라　267. 나　268. 라　269. 나　270. 가

해설 열간 가공의 특징

① 재결정 온도 이상의 높은 온도에서 작업하는 가공
② 작은 동력으로 커다란 변형을 줄 수 있다.
③ 재질의 균일화가 이루어진다.
④ 가공도가 크므로 거친 가공에 적합하다.
⑤ 가열 때문에 산화되기 쉬워 정밀 가공은 어렵다.

271. 평 벨트 전동장치에서 벨트의 원주속도 $V=10m/\mathrm{sec}$, 긴장측의 장력이 T_1=150kgf, 이완측의 장력은 T_2=30kgf일 때 유효장력은?

가. 30kgf　　나. 120kgf
다. 150kgf　　라. 180kgf

해설

$T_e = T_t - Ts$
T_e : 유효 장력(kgf), T_t : 인장측 장력(kgf)
T_s : 이완측 장력(kgf)
$T_e = 150 - 30 = 120kgf$

272. 유체를 한쪽 방향으로만 흐르게 하여 역류를 방지하는 밸브는?

가. 슬루스 밸브　　나. 스톱 밸브
다. 볼 밸브　　라. 체크 밸브

해설

슬루스 밸브 : 게이트 밸브의 일종 유체 흐름에 직각으로 간막이판을 삽입하여 유량을 가감하거나 차단하는 밸브
스톱 밸브 : 나사를 위아래로 움직여서 여닫게 하는 접시 모양의 밸브.
볼 밸브 : 둥근 모양의 판(瓣). 물통 따위의 아가리를 막아 물의 유출을 조절한다.

273. 18-8 스테인레스강에서 18 -8의 표준 성분은?

가. 규소 18%, 니켈 8%
나. 니켈 18%, 크롬 8%
다. 규소 18%, 크롬 8%
라. 크롬 18%, 니켈 8%

274. 축에 끼운 링이 빠지는 것을 방지하기 위하여 사용하여 끝부분을 두 갈래로 벌려 굽혀 빠지지 않도록 하는 기계요소인 것은?

가. 테이퍼 핀　　나. 코터
다. 분할 핀　　라. 코킹

해설

테이퍼핀 : 톱니바퀴, 벨트, 핸들 따위의 보스를 축에 간단히 고정하는 핀. 작고 둥그런 키인데, 두 물건 사이에 구멍을 뚫어 여기에 끼워서 쓴다.
코터 : 두 개의 축을 연결하는 데에 쓰는 납작한 쐐기
코킹 : 보일러, 수조(水漕) 따위를 리벳으로 이어 붙이거나 재료의 이음새, 균열 따위의 틈을 메우는 일. 또는 그런 물건

275. 동과 동합금에 관한 다음 설명 중 틀린 것은?

가. 황동은 구리와 아연의 합금이다.
나. 인청동은 청동에 인을 첨가한 것으로 내식성, 내마모성을 필요로 하는 캠, 베어링 등에 사용된다.
다. 청동은 구리와 주석의 합금이다.
라. 동은 전기 전도율이 알루미늄 다음으로 크다.

276. 탄소강에서 황(S)으로 인하여 발생되는 취성은?

가. 적열취성　　나. 고온취성
다. 뜨임취성　　라. 풀림취성

해설 적열취성

강철이 빨갛게 달았을 때 나타나는 부스러지는 성질. 흔히 강철을 1,200℃에서 압착 가공할 때 결정 입자 경계에 있는 공정 조직이 녹는데, 이것이 원인이 되어 강철이 부스러진다.

277. 같은 재료에서도 하중의 상태에 따라 안전율을 정해야 하는데, 다음 중 안전율을 가장 크게 정해야 하는 하중은?

가. 충격 하중　　나. 반복 하중
다. 교번 하중　　라. 정 하중

해설 충격하중

비교적 짧은 시간에 구조물에 가하여지는 외부의 힘. 작용하는 시간이 짧을수록 효과는 크다.

271. 나　272. 라　273. 라　274. 다　275. 라　276. 가　277. 가

278. 다음 중 윤활유의 주요 작용으로 틀린 것은?

가. 청정 작용　　나. 충격완화 작용
다. 냉각 작용　　라. 응력집중 작용

279. 단순보의 전 길이(L)에 걸쳐 균일분포하중이 작용할 때 최대 굽힘 모멘트는 보의 어느 지점에서 일어나는가?

가. 중앙($\frac{1}{2}L$)지점
나. 양끝에서 $\frac{1}{3}L$ 되는 지점
다. 양끝 지점
라. 양끝에서 $\frac{1}{4}L$ 되는 지점

280. 허용 인장응력이 $10kgf/mm^2$인 아이볼트에 축방향으로 1ton의 하중이 작용하는 경우, 허용 인장 응력을 고려한 아이 볼트로 다음 중 가장 적합한 것은?

가. M12　　나. M16
다. M24　　라. M28

해설

$d = \sqrt{\frac{2W}{\sigma_a}} = \sqrt{\frac{2 \times 1000}{10}} = 14.14mm$

이므로 M16 볼트를 사용하여야 한다.

281. 드릴링 머신에서 할 수 없는 작업은?

가. 카운터 보링　　나. 리밍
다. 카운터 싱킹　　라. 코킹

해설 드릴링 머신의 기본 작업

① 드릴링 : 드릴로 구멍을 뚫는 작업
② 스폿 페이싱 : 너트가 접촉되는 부분을 절삭하여 시트를 만드는 작업
③ 카운터 보링 : 작은 나사, 둥근 머리 볼트의 머리를 공작물에 묻히게 하기 위해 턱 있는 구멍 뚫기 가공이다.
④ 카운터 싱킹 : 접시 머리 볼트의 머리 부분이 묻히도록 원뿔자리 파기 작업
⑤ 보링 : 뚫린 구멍을 리머를 사용하여 드릴링 머신으로 다듬는 작업
⑥ 리밍 : 뚫린 구멍을 리머를 사용하여 드릴링 머신으로 다듬는 작업
⑦ 태핑 : 탭을 사용하여 드릴링 머신으로 암나사를 가공하는 작업

282. 일반적으로 열간가공과 냉간가공을 구분하는 온도는?

가. 연성 온도　　나. 취성 온도
다. 재결정 온도　　라. A_1 변태온도

해설

소성 가공 방법에는 냉간 가공과 열간 가공으로 분류되며, 재결정 온도 이하의 낮은 온도에서의 가공을 냉간 가공, 재결정 온도 이상의 높은 온도에서의 가공을 열간 가공이라 한다.

283. $300rpm$으로 $3.75kW$를 전달시키고 있는 축의 비틀림 모멘트는 약 몇 $kgf \cdot mm$인가?

가. 5240　　나. 6087
다. 8953　　라. 12175

해설

$T = \frac{716200 \times H \times 1.36}{N}$

T : 비틀림 모멘트($kgf \cdot mm$)
H : 전달 동력(kw)
N : 축의 회전수(rpm)

$T = \frac{716200 \times 3.75 \times 1.36}{300} = 12175kgf \cdot mm$

284. 베어링의 번호가 6008일 때 베어링의 안지름은 몇 mm인가?

가. 8　　나. 20
다. 30　　라. 40

해설 볼 베어링의 호칭 치수(6008)

① 6 : 형식 번호(단렬 홈)
② 0 : 지름 기호(특별 경하중)
③ 08 : 안지름 번호
　00 : 안지름 10mm, 01 : 안지름 12mm
　02 : 안지름 15mm, 03 : 안지름 17mm
안지름 20mm 이상 500mm 미만은 안지름을 5로 나눈 수가 안지름 번호이다.

278. 라　279. 가　280. 나　281. 라　282. 다　283. 라　284. 라

285. 프레스 가공을 분류할 때 전단가공의 종류에 속하지 않는 것은?

가. 엠보싱　　나. 블랭킹
다. 트리밍　　라. 셰이빙

해설 프레스 전단가공의 종류

① 블랭킹 : 판재에서 펀치로서 소요의 형상을 뽑는 작업
② 펀칭 : 판재에서 구멍을 만드는 작업으로 뽑힌 부분이 스크랩(scrap)이 되고 남은 부분이 제품이 된다.
③ 전단 : 판재를 잘라서 형상을 만드는 작업
④ 트리밍 : 판재를 드로잉 가공으로 만든 다음 둥글게 자르는 작업
⑤ 세이빙 : 뽑기나 구멍 뚫기를 한 제품의 가장자리에 붙어 있는 파단면 등이 편평하지 못하므로 제품의 끝을 약간 깎아 다듬질하는 작업

286. 강을 열처리하는 방법 중에서 풀림의 일반적인 목적이 아닌 것은?

가. 가공에서 생긴 내부 응력을 저하시킨다.
나. 조직을 균일화, 미세화시킨다.
다. 담금질한 강을 경화시킨다.
라. 열처리로 인하여 경화된 재료를 연화시킨다.

해설 풀림

금속이나 유리를 일정한 온도로 가열한 다음에 천천히 식혀 내부 조직을 고르게 하고 응력(물질의 한 점에서 단위면적에 작용하는 힘의 극한)을 제거하는 열처리 조작을 말한다.

287. 길이 300mm의 봉이 인장력을 받아 1.5 mm 신장되었을 때 길이 방향 변형률은?

가. 1.33×10^{-3}　　나. 5.0×10^{-2}
다. 5.0×10^{-3}　　라. 1.33×10^{-2}

해설

$\epsilon=\frac{\lambda}{l}$

ϵ: 변형률, λ : 신장량, l : 길이

$\epsilon=\frac{\lambda}{l}=\frac{1.5mm}{300mm}=0.005$

$=5.0\times10^{-3}$

288. 추력이 한 방향으로만 작용할 때 사용되는 것으로 주로 바이스, 압착기 등에 사용되는 나사로 가장 적합한 것은?

가. 톱니나사　　나. 너클나사
다. 볼나사　　라. 삼각나사

해설

너클나사(Knuckle thread) : 원형나사 또는 둥근 나사라 말함. 전구 입구의 쇠붙이, 먼지 모래 등이 들어가기 쉬운 경우 사용
볼나사 : 높은 효율 (약 90%), 백 래시(back lash)가 0에 가깝다. 정밀도 오래 유지하고 먼지에 의한 마모가 적다
삼각나사 : 나사산의 단면이 정삼각형으로 된 나사. 나사의 대표적인 형으로 다른 특수한 나사와 구별할 때 쓰는 명칭으로 기계의 부품이나 기타 물건을 조이는 데 쓰며 미터나사, 유니파이 나사 따위가 있다.

289. 천연고무와 비슷한 성질을 가진 합성고무로 천연고무보다 내유성, 내산성, 내열성이 더 우수하여 가스켓 재료로 많이 사용되는 것은?

가. 모넬메탈　　나. 글라스 울
다. 네오프렌　　라. 세라크 울

해설

모넬메탈 : 니켈과 구리의 합금으로 캐나다 서드베리 지구에서 생산되는 자황철광석을 전로(轉爐)로 제련하는 과정에서 생성물을 배소(焙燒)하고, 목탄가루로 환원해서 얻은 구리와 니켈의 자연합금이다.
글라스울 : 용융한 유리를 섬유 모양으로 한 광물 섬유이며 용도에 따라 장섬유와 단섬유가 있다.
세라크울 : 세라믹을 섬유화한 제품으로 가볍고 유연하여 시공이 편리한 고온용 단열재 고온 가열시 분위기를 오염시키지 않는다.

290. 기어의 각부 명칭 중 피치원의 둘레를 잇수로 나눈 값을 무엇이라 하는가?

가. 원주피치　　나. 모듈
다. 지름피치　　라. 물림 길이

해설

모듈 : 기어의 이[齒]의 크기를 정하는 수치. 피치원(圓)의 지름을 이의 수로 나눈 값을 말한다.

285. 가　286. 다　287. 다　288. 가　289. 다　290. 가

지름피치 : 모듈의 역수
물림길이 : 작용선 GHP의 길이

291. 황동에서 7 : 3 황동과 6 : 4 황동이 있다. 황동의 주성분으로 가장 적당한 것은?

가. 구리(Cu) + 망간(Mn)
나. 구리(Cu) + 아연(Zn)
다. 구리(Cu) + 니켈(Ni)
라. 구리(Cu) + 규소(Si)

해설
7·3황동은 구리 70%, 아연이 30%인 합금으로 인장강도는 크지만 연신율이 작다.

292. 윤활유의 주요 작용이 아닌 것은?

가. 냉각작용　　나. 산화방지작용
다. 부식작용　　라. 밀폐작용

293. 다음은 나사에 대한 설명이다. 틀린 것은?

가. 나사를 1회전 시켰을 때, 축방향으로 진행한 거리를 리드라고 한다.
나. 오른나사는 시계방향으로 회전할 때 전진하는 나사이다.
다. 유효지름은 수나사의 최대지름이며, 나사의 크기를 나타낸다.
라. 사각나사는 힘이 작용하는 방향이 축선과 평행하며, 나사효율이 좋다.

해설 호칭지름과 유효지름
① 바깥지름 : 수나사의 산마루에 접하는 가상적인 원통의 지름
② 골지름 : 수나사의 골에 접하는 가상적인 원통의 지름
③ 호칭지름 : 수나사의 바깥지름으로 나사의 크기를 나타낸다.
④ 유효지름 : 나사를 그 중심축에 따라 직각으로 잘랐을 때 나타나는 지름

294. 그림과 같은 스프링 장치에 인장하중 $P=100kgf$일 때, 이 스프링 장치의 하중 방향의 처짐은 얼마인가?(단, 각 스프링의 스프링 상수는 $K_1=20kgf/cm$ 이고, $K_2=10kgf/cm$ 이다.)

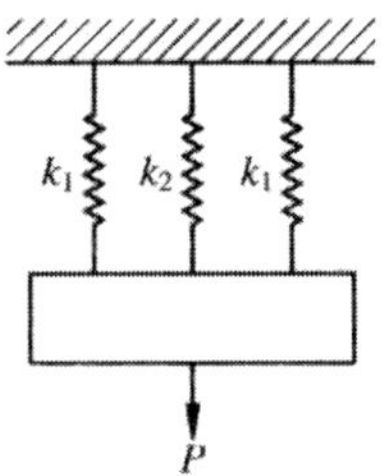

가. 1.67cm　　나. 2cm
다. 2.5cm　　라. 20cm

해설
$k=k_1+k_2$　$k=\frac{P}{a}$
k : 스프링 상수($1gf/cm$), P : 하중(kgf), a : 처짐량(cm)
$a=\frac{P}{k}=\frac{100}{20+20+10}=2cm$

295. 다음 중에서 가스절단이 가장 쉬운 금속은?

가. 구리　　나. 알루미늄
다. 주철　　라. 연강

해설 가스절단
금속과 산소가스와의 반응열로 금속을 절단하는 방법이다. 연소 가스로는 아세틸렌 외에 수소·천연가스·석탄가스·프로페인가스 등을 사용할 수 있다.

296. 그림과 같이 길이 ℓ인 다순보의 중앙에 집중하중 W를 받는 EO 최대 굽힘모멘트 (M_{max} 점)는 얼마인가?

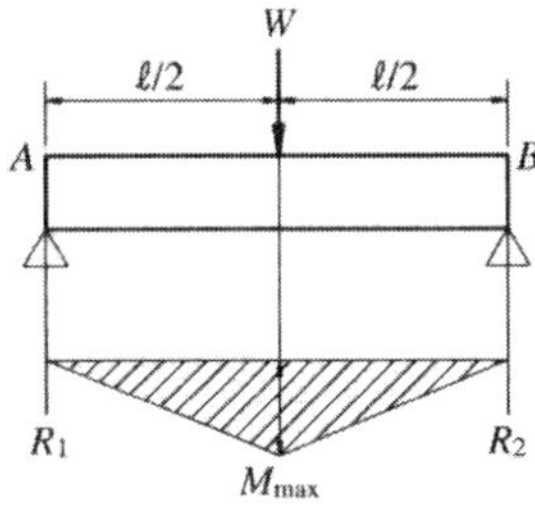

가. $\frac{W\ell}{4}$　　나. $\frac{W\ell}{2}$
다. $\frac{W\ell^2}{4}$　　라. $\frac{W\ell^2}{2}$

291. 나　292. 다　293. 다　294. 나　295. 라　296. 가

297. 총 양정이 $3m$, 공급유량 $2.5m^3\text{min}$인 펌프의 동력은 약 몇 kW가 필요한가?(단, 유체의 비중은 0.82이고, 펌프효율은 0.9이다.)

가. 0.56　　나. 1.12
다. 2.24　　라. 4.48

해설

$$L_w = \frac{\gamma \times Q \times H}{102 \times 60 \times \eta}$$

L_w : 펌프동력(kW)
γ : 유체의 비중량(kgf/m^3),
Q : 송출량(m^3/min), H : 전양정(m)
η : 효율

$$L_w = \frac{0.82 \times 2.5 \times 1000 \times 3}{102 \times 60 \times 0.9} = 1.12kW$$

298. 모듈이 8인 외접한 한 쌍의 표준 스퍼기어의 잇수가 각각 21,73일 때 중심거리를 몇 mm인가?

가. 188　　나. 376
다. 752　　라. 1504

해설

$$L = \frac{M \times (Z_a + Z_b)}{2}$$

L : 중심거리(mm), M : 모듈
$Z_{a.}$ Z_b : A,B 기어의 잇수

$$L = \frac{8 \times (21 + 73)}{2} = 376mm$$

299. 외측 마이크로미터에서 측정력을 일정하게 하는 것은?

가. 딤블　　나. 앤빌
다. 래칫 스톱　　라. 클램프

해설

딤블 : 스핀들에 고정되어 스핀들의 회전과 함께 회전하며, 원 가장자리에는 스핀들을 쉽게 회전시키기 위해 롤렛(knurl)이 달려 있다. 그리고 원주 외의 단면에는 스핀들 이동량에 상당하는 분할 눈금이 있다.
앤빌 : 측정하려는 물체의 끝단을 고정시키기위한 장치
클램프 : 프레임의 스핀들 안내부에 부착되어 있고, 크게 레버식과 링식 등 2종류가 있다. 레버식은 레버를 회전하여 캠 형태로 깎인 로드가 스핀들을 누르거나 느슨하게 하여 스핀들의 회전을 고정하는 구조로 되어 있다. 링식은 링을 회전시켜 스핀들을 전체적으로 조이는 구조로 되어 있다.

300. 열경화성 수지(성형하여 굳어지면 다시 가열하여도 연화되거나 용융되지 않고 연소하는 성질을 가진 수지)가 아닌 것은?

가. 페놀수지　　나. 아크릴 수지
다. 규소수지　　라. 멜라민 수지

해설

아크릴은 열가소성 수지이다.

301. 너트의 이완방지 방법으로 잘못된 것은?

가. 이중 너트를 사용
나. 고정나사(set screw)를 사용
다. 스프링 와셔를 사용
라. 가스킷을 사용

해설 너트 이완(풀림) 방지법

① 와셔에 의한 방법(스프링 와셔, 이붙이 와셔)
② 로크너트에 의한 방법(2중 너트)
③ 분할 핀 또는 작은 나사를 사용하는 방법
④ 철사를 사용하여 잡아매는 방법
⑤ 너트의 회전 방향에 의한 방법

302. 다음 중 인장강도가 가장 높은 주철은?

가. 합금 주철　　나. 가단 주철
다. 고급 주철　　라. 구상흑연 주철

303. 15℃에서 양 끝을 고정한 봉이 35℃가 되었다면 이봉의 내부에 생기는 열응력은 어떤 응력이고 몇 kgf/cm^2인가?(단, 봉의 세로 탄성계수는 $E = 2.0 \times 10^{\sigma} kgf/cm^2$이고 선 팽창 계수는 $a = 12 \times 10 \times^{-\sigma/-}$℃ 이다.)

가. 인장응력 : 480　　나. 인장응력 : 240
다. 압축응력 : 480　　라. 압축응력 : 240

해설

$\sigma = E \cdot a(t_2 - t_1)$
σ : 열 응력, E : 세로 탄성 계수
a : 선 팽창 계수, t_2 : 변화후 온도
t_1 : 처음 온도
$\sigma = 2 \times 10^6 \times 12 \times 10^{-6}(35 - 15) = 480$

297. 나　298. 나　299. 다　300. 나　301. 라　302. 라　303. 다

304. 폭이 $5cm$, 높이가 $10cm$의 단면을 갖는 보에 굽힘 모멘트 $10000kgf-cm$가 작용할 때 보에 생기는 굽힘응력 σ_b은 약 몇 kgf/cm^2인가?

가. 120 나. 240
다. 340 라. 480

해설

$\sigma_b = \frac{M}{Z}$, $Z = \frac{b \times h^2}{6}$

M : 굽힘 모멘트
Z : 단면계수,
b : 폭
h : 높이

$\sigma_b = \frac{10000 \times 6}{5 \times 10^2} = 120kgf/cm^2$

305. 축의 설계와 관련되는 용어에서 임계속도란 무엇인가?

가. 축이 회전 가능한 최대의 회전속도
나. 축의 회전속도가 축의 공진 진동수와 일치할 때의 속도
다. 축의 이음부분이 마모되기 시작하는 때의 회전수
라. 진동 축에서 안전율이 10일 때의 회전수

해설 임계속도

축의 회전속도가 축계(軸系)의 고유진동수(固有振動數)와 같아지며, 축이 이상한 진동을 일으킬 때의 축의 회전속도

306. 다음 중 다이얼 게이지로 측정하는 것이 가장 적합한 것은?

가. 캠축의 휨
나. 피스톤의 외경
다. 나사의 피치
라. 피스톤과 실린더의 간극

해설 다이얼 게이지

측정하려고 하는 부분에 측정자를 대어 스핀들의 미소한 움직임을 기어장치로 확대하여 눈금판 위에 지시되는 치수를 읽어 길이를 비교하는 길이 측정기

307. 강의 조직 중 경도가 가장 낮은 것은?

가. 오스테나이트 나. 시멘타이트
다. 마르텐자이트 라. 펄라이트

308. 유압 회로 중 속도제어 회로인 것은?

가. 무부하 회로
나. 미터 인 회로
다. 로킹 회로
라. 일정 모터 구동회로

해설 속도 제어 회로의 종류

① 미터 인 회로 : 유압 실린더에 유입되는 작동유를 조절하여 속도를 제어하는 회로를 말한다.
② 미터 아웃 회로 : 유압 실린더에서 나오는 작동유를 조절하여 속도를 제어하는 회로를 말한다.
③ 블리드 오프 회로 : 유량조절 밸브를 바이패스 회로에 설치하여 유압 실린더에 송유되는 작동유 이외에 작동유를 탱크로 복귀시키는 회로이다.

309. 미끄럼 베어링 재료가 구비하여야 할 성질이 아닌 것은?

가. 열에 녹아 붙음이 일어나기 어려울 것
나. 마멸이 적고 면압 강도가 클 것
다. 피로 한도가 작은 것
라. 내식성이 높을 것

310. 2줄 이사의 피치가 $0.5mm$일 때 이 나사의 리드는?

가. 1mm 나. 1.5mm
다. 0.25mm 라. 0.5mm

해설

$L = n \times P$
L : 리드(mm), n : 줄 수, P : 피치(mm)
$L = 2 \times 0.5 = 1mm$

311. 다음 중 알루미늄 합금인 것은?

가. 포금(건 메탈) 나. 다우메탈
다. 델타메탈 라. 두랄루민

해설

포금 : 주석을 10% 정도 함유한 청동으로, 옛날

304. 가 305. 나 306. 가 307. 가 308. 나 309. 다 310. 가 311. 라

에는 대포의 포신을 청동의 주조품으로 만들었으므로 대포용의 금속이라는 것이 그 어원이다.
다우메탈 : 마그네슘, 구리, 아연, 카드뮴, 망간 따위를 섞어서 만드는 경합금. 가볍고 강하여 항공기, 자동차 따위에 쓴다.
델타메탈 : 구리와 아연을 주성분으로 하고 소량의 망간이나 철 따위를 함유한 특수 합금. 잘 늘어나며 부식에 견디는 힘이 강하여 기계의 부품이나 선박 기계를 만드는 데 쓴다.

312. 강의 표면 경화하는 침탄법과 질화법의 특징 설명으로 틀린 것은?

가. 질화법은 담금질할 필요가 없다.
나. 경화층이 얇으나 경도는 침탄한 것보다 크다.
다. 질화법은 마모 및 부식에 대한 저항이 작다.
라. 질화법은 변형이 적으나 경화시간이 많이 걸린다.

해설 표면경화
철강의 열처리에서, 표면의 내마모성·내피로성을 증가하기 위하여 철강의 표면층만을 경화하여 내부에는 인성(靭性)을 보존하는 일

313. 전양정 $5.5m$, 유량 $10m^3/\min$인 급수 펌프의 전효율이 90%일 때 이 펌프의 축 동력으로 가장 적합한 것은?

가. $7.5(kW)$ 나. $9(kW)$
다. $10(kW)$ 라. $15(kW)$

해설
$L_w = \dfrac{\gamma \times Q \times H}{102 \times \eta}$
L_w : 축 동력(kW), H : 전행정(m)
η : 전달효율, γ : 유체의 비중량(kgf/m^3),
Q : 송출량$(m^3/\min)$
$L_w = \dfrac{1000 \times 10 \times 5.5}{102 \times 0.85 \times 60} = 9.98kW$

314. 베인 펌프의 특징에 관한 설명으로 틀린 것은?

가. 작동유의 점도에 제한이 있다.
나. 비교적 고장이 적고 수리 및 관리가 용이하다.
다. 베인의 마모에 의한 압력 저하가 발생되지 않는다.
라. 기어 펌프나 피스톤 펌프에 비해 토출 압력의 맥동 현상이 적다.

해설 베인펌프
압력을 통하여 액체, 기체를 빨아올리거나 이동시키는 기계. 구조로 보아 왕복 펌프, 회전 펌프, 축류 펌프, 제트 펌프 따위로 나눈다.

315. 평벨트 전동장치에서 긴장측의 장력이 T_1이 이완측의 장력 T_2의 2배인 경우, 긴장측의 장력을 $150kgf$이라 할 때 유효장력은 몇 kgf인가?

가. 75 나. 80
다. 150 라. 300

해설
$T_e = T_t - T_s$
T_e : 유효 장력(kgf), T_t : 인장측 장력(kgf)
T_s : 이완측 장력(kgf)
$T_e = 150kgf - \dfrac{150kgf}{2} = 75kgf$

316. 그림과 같은 기어열에서 각 기어의 잇수가 $Z_1 = 40$, $Z_2 = 20$, $Z_3 = 40$일 때 O_1기어를 시계 방향으로 1회전 시켰다면 O_3기어는 어느 방향으로 몇 회전하는가?

가. 시계 방향으로 1회전
나. 시계 방향으로 2회전
다. 시계 반대방향으로 1회전
라. 시계 반대방향으로 2회전

해설
$\dfrac{Z_2}{Z_1} \times \dfrac{Z_3}{Z_2} = \dfrac{20}{40} \times \dfrac{40}{20} = 1$

317. 소성 가공법에서 판금 가공의 종류가 아닌 것은?

가. 굽힘 가공 나. 타출 가공
다. 압출 가공 라. 전단 가공

312. 다 313. 다 314. 가 315. 가 316. 가 317. 다

해설

판금가공은 판재를 사용하여 각종용기, 장식품 등을 만들 때 판 뜨기, 절단가공, 굽힘가공, 타출가공, 프레스, 리벳, 용접, 전단가공 등을 이용하여 제품을 만드는 가공법

318. 아크용접 결함인 언더컷의 발생 주요 원인이 아닌 것은?

가. 전류가 너무 낮을 때
나. 아크 길이가 너무 길 때
다. 용접봉 선택이 부적당할 때
라. 용접 속도가 너무 빠를 때

319. 선반에서 일반적으로 할 수 있는 작업은?

가. 나사 절삭
나. 사각 추 가공
다. 기어 절삭
라. 묻힘 키 홈 가공

해설

선반은 공작물을 회전시키면서 바이트를 이송 또는 절입시켜 외경 절삭, 끝 면 절삭, 정면 절삭, 절단, 테이퍼 절삭, 곡면 절삭, 구멍 뚫기, 보링 및 널링 작업, 나사 절삭 등을 하는 공작기계이다.

320. 전기 저항용접의 종류가 아닌 것은?

가. 점(spot) 용접
나. 시임(seam) 용접
다. 프로젝션(projection) 용접
라. 플라즈마(plasma) 용접

해설 전기 저항 용접의 종류

① 스폿 용접 : 2개의 모재를 겹쳐 전극 사이에 끼워놓고 전류를 공급하여 접촉면이 전기 저항에 의해 발열되어 용융될 때 압력을 가하여 접합하는 용접법
② 심 용접 : 원판상의 전극에 재료를 끼워 가압하면서 전류를 통하게 하여 접합하는 용접법
③ 프로젝션 용접 : 스폿 용접을 변형시킨 것으로 용접부에 돌기를 전류를 집중시켜 가압하여 접합시키는 용접법
④ 맞대기 용접 : 2개의 모재를 용접기에 설치하여 맞대고 전류를 통해서 접촉부를 용융시켜 접합 하는 용접법
⑤ 프라즈마 용접 : 특수용접이며 자동차에서는 주로 스폿용접을 많이 사용한다.

321. 벨트 전동장치에서 유효장력은 P라 할 때 벨트에 작동하는 초기 장력은 대략 P의 몇 배로 하면 되는가?(단, 장력비 $e^{\mu\theta}$=2이고 초기 장력은 긴장측 장력에 이완측 장력을 합산한 값의 반으로 한다.)

가. 1.25P　　나. 1.5P
다. 1.75P　　라. 2P

해설

장력비는 2이고 초기 장력은 긴장측 장력과 이완측 장력을 합산한 값의 반으로 하기 때문에 $\frac{2+1}{2}=1.5P$이다.

322. 일명 자재이음이라고도 하고 두 축이 같은 평면상에 있으며, 그 중심선이 어느 각도로 교차하고 있을 때 사용되는 축 이음은?

가. 마찰 클러치　　나. 올드햄 커플링
다. 유니버설 조인트　　라. 유체 커플링

해설

마찰클러치 : 플라이휠과 클러치판의 마찰력에 의해 엔진의 동력을 전달하는 클러치
올드햄 커플링 : 평행한 두 축 사이의 거리가 약간 떨어져 있을 경우에 사용되는 것으로 기구적(機構的)으로는 이중 슬라이더 회전기구를 구성하는 링크 기구. 커플링의 하나이다.
유체커플링 : 유체를 매체로 하여 동력을 전달하는 장치

323. 결합용 나사의 리드각(λ)과 마찰각(ρ)의 관계에서 자립(self locking) 상태를 바르게 표현한 것은?

가. $\lambda \le \rho$　　나. $\lambda = 0.5\rho$
다. $\lambda > \rho$　　라. $\lambda = 2\rho$

324. 다음 중 선반에서 4대 주요 구성부분이 아닌 것은?

가. 주축대　　나. 베드
다. 바이트　　라. 왕복대

318. 가 319. 가 320. 라 321. 나 322. 다 323. 가 324. 다

해설

선반은 공작물을 회전시키고 바이트를 절입과 이송시켜 공작물을 가공하는 기계로 주축대, 심압대, 왕복대, 베드의 4대 주요 구성부분으로 되어 있다.

325. 지름이 구간에 따라 일정하지 않은 봉의 최대 지름이 $50mm$이고 최소지름이 $25mm$이다. $5000kgf$의 인장하중이 작용할 때 봉에 작용하는 최대 인장응력은 약 몇 kgf/mm^2인가?

가. 2.55 나. 10.2
다. 20.4 라. 40.8

해설

$\sigma_a = \frac{W}{A}$

σ_a : 허용응력(kgf/mm^2), A : 단면적(mm^2)
W : 인장하중(kgf)

$\sigma_a = \frac{5000}{\frac{\pi \times 25^2}{4}} = 10.18$

326. 자동차 제작시 자동화가 용이해서 자동차 차체 용접에 가장 많이 사용되는 용접은?

가. 산소 용접 나. 아크 용접
다. 레이저 용접 라. 스폿 용접

해설 스폿용접

겹침 저항 용접법의 한 가지. 점용접이라고도 한다.

327. 강 구조물 재료에서 인장강도(σ_u), 허용응력(σ_a), 사용응력(σ_w)과의 관계로 다음 중 적합한 것은?

가. $\sigma_u > \sigma_a \geq \sigma_w$
나. $\sigma_u > \sigma_w \geq \sigma_a$
다. $\sigma_w > \sigma_u \geq \sigma_a$
라. $\sigma_w > \sigma_a \geq \sigma_u$

328. 창성법으로 기어의 이를 절삭하는 기어 절삭용 전용 공작기계는?

가. 셰이퍼 나. 보링 머신
다. 브로우치 라. 호빙 머신

해설 호빙 머신

래크 커터를 변형시킨 호브를 회전시키고 기어 소재에 회전 이송시켜 치형을 창성하는 기계로 스퍼기어, 헬리컬 기어, 웜, 휠, 스프로킷, 스플라인 축 등을 가공한다.

329. 원심펌프에서 전효율이 80%, 송출유량이 2 $m^3/\min$이다. 이 펌프의 수력효율이 90%, 기계효율 90%일 때, 체적효율은 약 몇 % 인가?

가. 92 나. 95
다. 97 라. 99

해설

$\eta = \eta_m \times \eta_h \times \eta_v$
η : 펌프의 전효율
η_m : 기계효율
η_h : 수력교율
η_v : 체적효율

$\eta_v = \frac{0.8 \times 100}{0.9 \times 0.9} = 98.78\%$

330. 표준 대기압을 나타낸 것 중 틀린 것은?

가. $1atm$
나. $760mmHg$
다. 14.7PSI
라. $10.0332kgf/cm^2$

해설

1hPa = 1mb=1/1000bar=100N/㎡=0.75mmHg
1기압 = 1atm = 76cmHg = 760mmHg = 1013.25hPa
1,000hPa = 750.06mmHg

331. 담금질 강의 냉각조건에 따른 변화 조직이 아닌 것은?

가. 마텐자이트 나. 트루스타이트
다. 소르바이트 라. 시멘타이트

332. 원통마찰차 전동장치에서 원동차 지름이 $180mm$이고 속도비가 1/3일 때 두 축의 중심거리는?

가. $120mm$ 나. $180mm$
다. $360mm$ 라. $420mm$

325. 나 326. 라 327. 가 328. 라 329. 라 330. 라 331. 라 332. 다

해설

$i = \frac{n_2}{n_1} = \frac{D_1}{D_2}$

i : 속도비

n_1 : 원동차 회전수, n_2 : 종동차 회전수

D_1 : 원동차 지름, D_2 : 종동차 지름

L : 중심거리

$L = \frac{D_1 + D_2}{2}$ (+ = 외접, − = 내접)

종동차 지름 : $\frac{1}{3} = \frac{180}{D_2}$ 이므로

$D_2 = 540mm$

$L = \frac{180+540}{2} = 360mm$

333. 쇼트 피닝(shot peening)에 관한 설명으로 틀린 것은?

가. 쇼트라는 작은 덩어리를 가공품에 분사한다.

나. 피닝 효과는 열응력을 향상시킨다.

다. 자동차용 코일 또는 판스프링 가공에 쓰인다.

라. 두께가 큰 재료는 효과가 적고 균열의 원인이 될 수 있다.

해설 쇼트피닝(shot peening)

여러 개의 철, 지름 0.7~0.8mm 정도 강의 볼 또는 망간 주철구, 칠드 주철구를 10~50$m/\sec$로 가공품의 표면에 분사시켜 가공물을 연마와 동시에 강도, 피로강도를 증대시키는 가공으로 스프링, 축, 기어 등의 가공에 이용된다.

334. 플라스틱 수지로 수축이 적고, 우수한 전기적 특성, 강한 물리적 성질을 가지고 있으며, 판재제작, 용기성형, 페인트, 접착제 등으로 사용되는 열경화성 수지는?

가. 에폭시 수지 나. 스틸렌 수지

다. 염화비닐 수지 라. 아크릴 수지

335. 다음 중 스프링 재료가 갖추어야 할 가장 중요한 성질은?

가. 소성 나. 탄성

다. 가단성 라. 전성

336. 유량 30$kgf/\sec$, 양정 75m일 때 효율이 50%인 펌프로 물을 올리는데 필요한 마력(PS)은?

가. 60 나. 15

다. 75 라. 80

해설

$L_w = \frac{\gamma \times Q \times H}{75 \times 60 \times \eta}$

L_w : 동력(PS), γ : 유체의 비중량(kgf/m^3)

Q : 송출량($m^3/\min$), H : 양정(m), η : 효율

$L_w = \frac{30 \times 75}{75 \times 0.5} = 60PS$

337. 볼 베어링의 호칭번호가 6008일 경우 안지름은?

가. 8mm 나. 16mm

다. 20mm 라. 40mm

해설 볼베어링의 호칭 치수(6008)

① 6 : 형식 번호(단열)

② 0 : 지름 번호(특별 경하중)

③ 06 : 안지름 번호

00 : 안지름 10mm, 01 : 안지름 12mm

02 : 안지름 15mm, 03 : 안지름 17mm

안지름 20mm 이상 500mm 미만은 안지름을 5로 나눈 수가 안지름 번호이다.

338. 열처리 방법에서 일반적인 표면경화법이 아닌 것은?

가. 저주파 경화법 나. 청화법

다. 고체 침탄법 라. 질화법

해설

일반적인 표면 경화법은 침탄법(고체 침탄법, 가스 침탄법), 청화법(시안화법), 질화법, 화염경화법, 고주파 경화법이 있다.

339. Ag, Cu 및 Mg로 구성된 합금으로 인장강도가 크고 시효 경화를 일으키는 고력(고강도)알루미늄 합금은?

가. 두랄루민 나. 로우엑스

다. 실루민 라. Y합금

333. 나 334. 가 335. 나 336. 가 337. 라 338. 가 339. 가

해설

두랄루민은 알루미늄, 구리, 마그네슘, 망간 등의 합금으로 가볍고 인장강도가 크며, 담금질한 후 시간이 경과되면 단단해지는 시효경화가 있어 항공기, 자동차 보디 등의 재료로 이용된다.

340. 잇수 $Z=24$, 모듈 $=2$의 표준 평 기어의 바깥 지름은?

가. 52　　나. 48
다. 42　　라. 26

해설

$D_o=(Z+2)\times M$
D_o : 바깥 지름(mm), Z : 기어의 잇수
M : 모듈
$D_o=(24+2)\times 2=52mm$

341. 그림과 같이 4개의 기어로 $1200rpm$을 $100rpm$으로 감속하려한다. 이 감속기의 잇수가 Z_1=20, Z_2=80, Z_3=20 일 경우에 Z_4의 잇수는 몇 개인가?

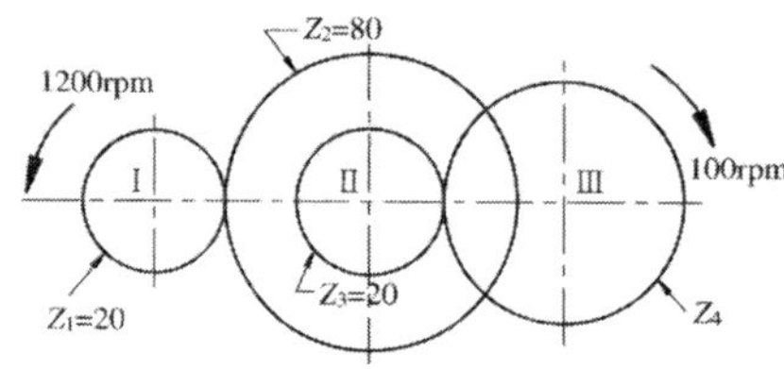

가. 20개　　나. 40개
다. 60개　　라. 80개

해설

$$i=\frac{N_2}{N_1}=\frac{Z_1\times Z_3}{Z_2\times Z_4}$$
$$\frac{100}{1200}=\frac{20\times 20}{80\times Z_4}$$
$$Z_4=\frac{1200\times 20\times 20}{80}=60$$

342. 그림과 같은 단식블록 브레이크에서 가해지는 힘 F를 나타내는 식으로 옳은 것은? (단, W는 브레이크 드럼과 브레이크 블록 사이에 작용하는 힘, μ는 마찰계수, f는 마찰력이다.)

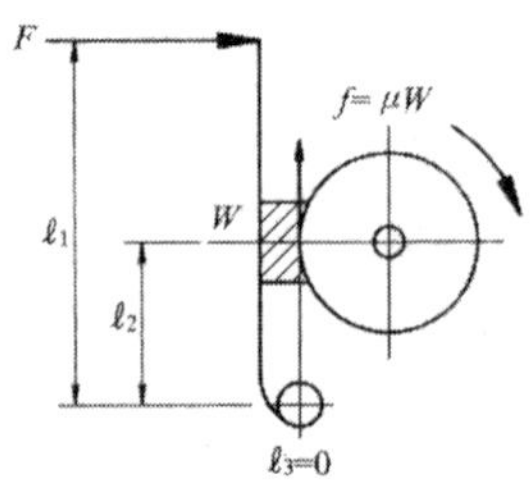

가. $F=\frac{\mu W\ell_2}{\ell_1}$　　나. $F=\frac{W\ell_1}{\ell_2}$
다. $F=\frac{W\ell_2}{\ell_1}$　　라. $F=\frac{\mu W\ell_1}{\ell_2}$

343. 두께 $2mm$의 탄소강파에 지름 $20mm$의 구멍을 펀칭할 때 펀칭력은 약 몇 kgf 이상이 필요한가?(단, 판의 전단응력은 $30kgf/mm^2$이다.)

가. 1800　　나. 3770
다. 5655　　라. 18850

해설

$P=\pi\times d\times t\times\tau$
p : 펀칭력(kgf), d : 지름(mm), t : 두께(mm)
τ : 전단저항(kgf/mm^2)
$P=\pi\times 20\times 2\times 30=3769.9kgf$

344. 펌프에서 공동현상(cavitation)의 방지책이 아닌 것은?

가. 펌프의 설치 위치를 낮춘다.
나. 흡입관의 직경을 크게 한다.
다. 단 흡입이면 양 흡입으로 한다.
라. 펌프의 회전수를 증가시킨다.

해설 공동(cavitation)현상의 방지책

① 펌프의 설치 위치를 낮춘다
② 흡입 양정을 짧게 한다.
③ 수지축 펌프를 사용한다.
④ 날개를 수중에 완전히 잠기게 한다.
⑤ 펌프의 회전 수를 낮춘다.
⑥ 흡입 비교 회전도를 적게 한다.
⑦ 양흡입 펌프를 사용한다.
⑧ 손실 수두를 작게 한다.
⑨ 2대 이상의 펌프를 사용한다.

340. 가　341. 다　342. 다　343. 나　344. 라

345. 펌프의 양수량이 $0.6m^3/\text{min}$이고, 관로의 전수두 손실이 $5m$인 펌프가 펌프중심으로부터 $1m$ 아래에 있는 물을 $20m$의 송출액면에 양수하는 펌프의 축 동력은 약 몇 kW인가?(단, 펌프의 효율은 85%이다.)

가. 2.54 나 3.0
다. 5.85 라. 8.4

해설

$L_w = \dfrac{\gamma \times H \times Q}{102 \times 60 \times \eta}$

L_w : 펌프의 축 동력(kW)
γ : 유체의 비충량(kgf/m^3)
Q : 송출량(m^3/min), H ; 전양정(m)
η : 효율

$L_w = \dfrac{1000 \times (5+1+20) \times 0.6}{102 \times 60 \times 0.85} = 2.99kW$

346. 열응력에 대한 다음 설명 중 틀린 것은?

가. 세로 탄성계수와 관계있다.
나. 재료의 단면 치수에 관계있다.
다. 온도 차에 관계있다.
라. 대료의 선팽창 계수에 관계있다.

해설 열응력

온도의 변화에 의해 물질 내에 생기는 응력으로 열응력(熱應力) 또는 온도변형력(溫度變形力)이라고도 하는데 대부분의 물체는 온도가 증가함에 따라 그 크기가 커진다. 이는, 온도가 올라감에 따라 물체를 구성하는 원자나 분자의 운동이 활발해지고 진동의 진폭이 커져서, 그들 사이의 평균 거리가 증가하기 때문이다.

347. 그림과 같이 로프로 고정하여 A 점에 1000 kgf의 무게를 매달 때 AC 로프에 생가는 응력은 약 몇 kgf/cm^2인가?(단, 로프 지름은 $3cm$이다.)

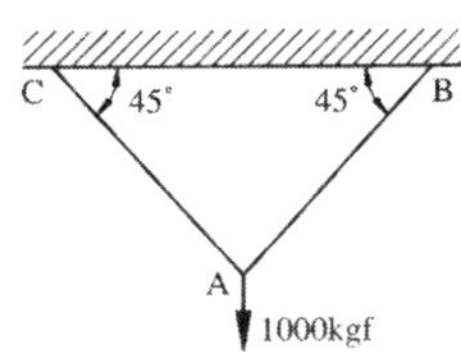

가. 100 나. 210
다. 431 라. 640

해설

$\sigma = \dfrac{1000}{\frac{\pi}{4} \times 3^2} \times \cos 45 = 100kgf$

348. 뜨임이란 열처리 용어의 설명으로 가장 적합한 것은?

가. 담금질한 것을 풀림하기 위해 가열하여 서냉한 것을 뜻한다.
나. 경도를 높게 하기 위하여 가열 및 급속 냉각시키는 조작이다.
다. 담금질한 강철에 인성이 필요할 때 A_1 점 이하의 적당한 온도로 가열하여 서냉 인성을 증가시키는 것이다.
라. 경도는 약간 후퇴시키더라도 취성을 주기 위하여 가열 처리한 것이다.

해설

뜨임은 경도가 큰 재료를 A_1 변태점 이하로 가열한 후 서냉하여 담금질에서 생긴 내부 응력을 제거하거나 또는 인성을 개선하는 열처리로 저온 뜨임과 고온 뜨임이 있다

349. 두 축간거리가 $200mm$, 속도비 3인 외접 원뿔 마찰차에서 지름이 작은 마찰차의 지름을 몇 mm로 하면 되겠는가?

가. 100 나. 155
다. 200 라. 300

해설

$i = \dfrac{N_b}{N_a} = \dfrac{D_1}{D_2}$

i : 속도비, N_a : 원동차 회전수(rpm)
N_b : 종동차 회전수(rpm),
D_1 : 원동차 지름(mm)
D_2 : 종동차 지름(mm), L : 축간거리(mm)

$L = \dfrac{D_1 + D_2}{2}$

$\dfrac{200mm \times 2}{1+3} = 100mm$ 에서

$D_1 = 100mm \times 3 = 300mm$
$D_2 = 100mm \times 1 = 100mm$

345. 나 346. 나 347. 가 348. 다 349. 가

350. 높은 강도 및 가벼운 무게와 내부식성이 강한 합금으로 자동차 트랜스미션 케이스, 피스톤, 엔진 블록 등의 사용에 가장 적합한 것은?

가. 납 기본 합금
나. 마그네슘 기본 합금
다. 아연 기본 합금
라. 알루미늄 기본 합금

351. Y 합금의 구성 성분이 아닌 것은?

가. 알루미늄　　나. 니켈
다. 주석　　라. 구리

해설

Y합금(Al+Cu+Mg+Ni) : 고온강도가 커서 내연기관의 실린더, 피스톤 등에 쓰임

352. 리드가 36mm인 3줄 나사가 있다. 이 나사의 피치는 몇 mm인가?

가. 3　　나. 12
다. 24　　라. 108

해설

$L = n \times P$

L : 리드(mm), n : 줄 수, P : 피치(mm)

$P = \frac{L}{n} = \frac{36mm}{3} = 12mm$

353. 그림과 같은 보에서 지점 B가 5N까지의 반력을 지지할 수 있다. 하중 12N은 A점에서 몇 m까지 이동할 수 있는가?

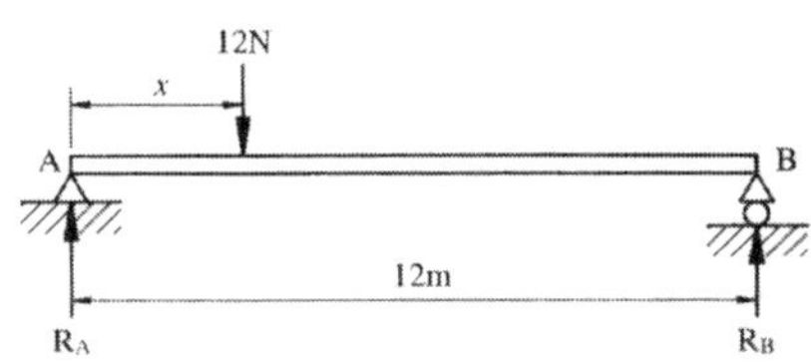

가. 2　　나. 3
다. 4　　라. 5

해설

$R_B = \frac{W \times x}{l}$ 이므로

$x = \frac{R_B \times l}{W} = \frac{5N \times 12m}{12N} = 5m$

354. 베어링용 합금이 축의 회전속도, 사용장소, 하중의 크기에 따라서 갖추어야 할 구비조건으로 올바른 설명은?

가. 열변형이 적고 열전도율이 클 것
나. 강도와 강성은 작고 충격하중에 약할 것
다. 마찰계수가 크고 저항력이 클 것
라. 피로 강도는 작고 내식성이 클 것

355. 다음 중 드릴링 머신 작업의 종류에 속하지 않는 것은?

가. 보링　　나. 카운터 보링
다. 리밍　　라. 브로우칭

해설

① 드릴링 : 구멍을 뚫는 작업
② 스폿 페이싱 : 너트가 닿는 부분을 절삭하여 자리를 만드는 작업
③ 카운터 보링 : 작은 나사, 둥근 머리 볼트의 머리를 공작물에 묻히게 하기 위해 턱 있는 구멍을 뚫는 가공
④ 카운터 싱킹 : 접시 머리 볼트의 머리 부분이 묻히도록 원뿔자리를 파는 작업
⑤ 보링 : 뚫린 구멍이나 주조한 구멍을 넓히는 작업
⑥ 리밍 : 뚫린 구멍을 리머로 다듬는 작업

356. 합성수지의 일반적이 특성 설명으로 틀린 것은?

가. 가공성이 좋고 성형이 간단하다.
나. 전기 절연성이 우수하다.
다. 산, 알칼리, 유류, 약품 등에 강하다.
라. 단단하고 열에 강하다.

해설 합성수지의 성질

① 가볍고 튼튼하다.
② 비중과 강도의 비인 비강도가 비교적 높다.
③ 전기 절연성이 우수하다.
④ 열에 약하다.
⑤ 가공성이 크기 때문에 성형이 간단하여 대량 생산적이다.
⑥ 산, 알칼리, 오일, 화학 약품에 강하다.
⑦ 투명하여 채색이 자유롭고 내구성이 크다.

350. 라　351. 다　352. 나　353. 라　354. 가　355. 라　356. 라

357. 다음 용접부의 검사 중 비파괴 검사법에 해당하는 것은?

가. 인장 시험　　나. 피로 시험
다. 화학 분석　　라. 침투 탐상 검사

358. 피스톤용 알루미늄 합금의 구비조건으로 틀린 것은?

가. 열전도도가 클 것
나. 고온에서 강도가 클 것
다. 팽창계수와 마찰계수가 적을 것
라. 비중이 크고 내식성이 있을 것

해설 피스톤 재질의 구비조건

① 고온에서 강도가 높아야 한다.
② 내마모성이 좋아야 한다.
③ 열팽창계수가 적어야 한다.
④ 열전도가 좋아야 한다.
⑤ 관성의 영향이 적도록 무게가 가벼울 것

359. 다음 측정기 중 아들자와 어미자로 되어 있지 않은 것은?

가. 버니어 캘리퍼스　　나. 마이크로미터
다. 하이트 게이지　　라. 다이얼 게이지

해설 다이얼게이지

측정하려고 하는 부분에 측정자를 대어 스핀들의 미소한 움직임을 기어장치로 확대하여 눈금판 위에 지시되는 치수를 읽어 길이를 비교하는 길이 측정기

360. 지름 $2cm$, 길이 $4m$인 봉이 축 인장력 $400kg$을 받아 지름이 $0.001mm$ 줄어들고 길이는 $1.05mm$ 늘어났다. 이 재료의 포와송 수 m은 얼마인가?

가. 3.25　　나. 4.25
다. 5.25　　라. 6.25

해설

$\frac{1}{m} = \frac{\epsilon'}{\epsilon}$, $m = \frac{\epsilon}{\epsilon'} = \frac{\lambda \times d}{\delta \times l}$

m : 포아송 수
ϵ' : 가로 변형률
ϵ : 세로 변형률,
λ : 팽창량(mm)
δ : 수축량(mm)
l : 길이(mm)

$m = \frac{1.05 \times 20}{0.001 \times 4000} = 5.25$

361. 탄소강에서 적열 취성을 일으키는 원인이 되는 원소로 가장 적합한 것은?

가. 탄소(C)　　나. 실리콘(Si)
다. 인(P)　　라. 황(S)

해설 탄소강에 함유된 성분과 영향

① 망간 : 황의 해를 제거하며, 고온 가공을 용이하게 한다. 강도, 경도, 인성을 증가하며, 고온에서 결정 입자의 성장을 방해한다. 소성을 증가시키고 주조성을 좋게 하며, 담금질 효과를 크게 한다.
② 규소 : 강의 경도, 탄성한계, 인장강도가 증가된다. 연신률 및 충격값을 감소시킨다. 상온에서 가 단성, 전성을 감소시키며, 결정입자가 거칠어진다.
③ 인 : 강의 결정입자를 거칠게 하며, 상온에서 취성을 일으킨다. 경도와 강도를 증가시키지만 가공시 균열을 일으키며, 기공이 없는 주물을 만들 수 있다.
④ 황 : 적열 취성을 일으키며, 인장강도, 연신율, 충격값이 저하된다. 강의 유동성을 방해하여 용접성이 나쁘며, 기공이 발생하지만 망간가 화합하여 절삭성을 개선한다.
⑤ 구리 : 인장강도, 탄성한도를 높이고 내식성을 증가시키며, 압연시 균열을 일으킨다.
⑥ 가스 : 산소, 질소, 수소 등이 있으며, 산소는 적열 취성을 일으키고 질소는 경도와 강도를 증가시키며, 수소는 헤어 크랙의 원인이 된다.

362. 구름 베어링을 미끄럼 베어링과 비교한 특징을 설명한 것이다. 다음 중 틀린 것은?

가. 마찰이 적다.
나. 시동 저항이 크다.
다. 동력을 절약할 수 있다.
라. 윤활유의 소비가 적다.

해설 구름 베어링의 특징

① 마찰 저항이 적다.
② 동력손실이 적다.
③ 밀봉장치의 교정이 쉽고 윤활방법이 편리하다.
④ 저널의 길이를 짧게 할 수 있다.
⑤ 윤활유 소비가 적다.

357. 라　358. 라　359. 라　360. 다　361. 라　362. 나

363. $3kw$, $1800rpm$인 전동기로 $300rpm$인 펌프를 회전시킬 경우 두 축간 거리가 $600mm$인 V 벨트전동장치에서 원동 풀리의 지름이 $120mm$일 때 펌프에 설치하는 종동 풀리의 지름은?

가. $360mm$ 나. $480mm$
다. $720mm$ 라. $900mm$

해설

$\frac{n_1}{n_2} = \frac{D_1}{D_2}$

n_1 : 전동기 회전수(rpm)
n_2 : 펌프 회전수(rpm)
D_1 : 원동 풀리의 지름(mm)
D_2 : 종동 풀리의 지름(mm)

$\frac{300}{1800} = \frac{120}{D_2}$

$D_2 = \frac{1800 \times 120}{300} = 720mm$

364. 그림과 같은 스프링에 무게 W의 추를 달았더니 δ만큼 늘어났다. 이 계의 스프링 상수(k)는 얼마인가?(단, g는 중력가속도이다.)

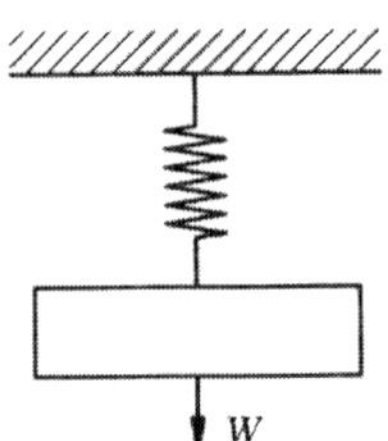

가. $\frac{W}{g}$ 나. $\frac{W}{\delta}$
다. $\frac{g}{W}$ 라. $\frac{\delta}{W}$

365. 다음 중 상온(냉간)가공에 비교되는 고온(열간)가공에 관련된 설명으로 올바른 것은?

가. 미세결정의 형성이 끝나는 재결정 온도보다 다소 높은 온도에서 작업한다.
나. 강에서는 임계 범위보다 높은 온도에서 작업한다.
다. 가공경화를 일으켜 강도와 경도가 증가한다.
라. 강의 경우 보통 1040℃이며 최저 재결정 온도보다 낮아야 한다.

해설 열간가공의 특징

열간가공은 재결정온도 이상의 높은 온도에서 작업하는 가공으로 다음과 같은 특징이 있다
① 작은 동력으로 큰 변형을 줄 수 있다.
② 재질의 균일화가 이루어진다.
③ 가공도가 크므로 거친 가공에 적합하다.
④ 산화되기 쉬워 정밀 가공은 곤란하다.

366. 복합재료(Composite materials)에 대한 설명으로 틀린 것은?

가. 복합재료는 2개 이상의 단일재를 결합시켜 보다 성능이 우수하고 경제성이 좋은 재료이다.
나. 강화 재료의 형태에 따라 분산강화, 입자 강화, 섬유강화 복합재료로 분류된다.
다. 유리섬유 강화 플라스틱은 GFRP라고 하며, 폴리에스테르, 에폭시, 페놀수지 등에 지름 $5\sim8\mu m$ 유리섬유를 첨가하여 성형한 것이다.
라. 섬유 강화 플라스틱은 피로 강도가 높고, 내열성이 우수하며 내마모성의 성질을 가지고 있어 금속 대체 재료로 사용되는 첨단 재료이다.

해설

섬유 강화 플라스틱은 섬유 같은 강화재로 복합시켜, 기계적 강도와 내열성을 좋게 한 플라스틱으로 섬유보강수지, 강화플라스틱이라고도 한다.

367. 굽힘 모멘트 $M = 4000kg-cm$이고, 굽힘 강성계수 $EI = 2.0 \times 10^6 kg \cdot cm^2$일 때 곡률 반경은 몇 m인가?

가. 3 나. 4
다. 5 라. 6

해설

$\rho = \frac{EI}{M}$

ρ : 곡률반경(cm),
EI : 굽힘강성계수($kg-cm$)
M : 굽힘모멘트($kg-cm$)

363. 다 364. 나 365. 가 366. 라 367. 다

$$\rho = \frac{2.0\times10^6}{4000} = 500cm = 5m$$

368. 압축하중 2400kgf를 받고 있는 연강 축에 발생하는 압축응력이 960kgf/cm^2일 경우 축의 지름은 약 몇 mm인가?

가. 9.28　　나. 10.24
다. 17.85　　라. 30.36

해설

$$\sigma = \frac{W}{A} = \frac{W}{\frac{\pi\cdot D^2}{4}}$$

σ : 압축응력(kgf/cm^2)
W : 압축하중(kgf)
D : 축의 지름(cm)

$$960 = \frac{2400}{\frac{\pi\cdot D^2}{4}}$$

$$D = \sqrt{\frac{2400\times4}{3.14\times960}} = 1.785cm = 17.85mm$$

369. 기계의 작동유가 갖추어야 할 일반적인 특성이 아닌 것은?

가. 윤활성　　나. 유동성
다. 기화성　　라. 내산성

해설

기화성 : 액체가 기체가 되려는 현상

370. 목형의 종류에서 현형에 속하는 것이 아닌 것은?

가. 단체형(one piece pattern)
나. 분할형(split pattern)
다. 조립형(built up pattern)
라. 회전형(sweeping pattern)

해설

현형은 제작할 제품과 동일한 형상으로 다듬질 여유 및 수축 여유를 첨가한 목형으로 단체형, 분할형, 조립형이 있다.

371. 드릴 자루가 테이퍼인 드릴 끝 부분을 납작하게 한 부분으로 드릴이 미끄러져 헛돌지 않고, 테이퍼 부분이 상하지 않도록 하면서 회전력을 주는 부분의 명칭은?

가. 탱(tang)
나. 몸체(body)
다. 마진(margin)
라. 사심(dead center)

해설

마진 : 남는 여분
사심 : 사점(死點)(dead point); (선반(旋盤)의) 부동 중심, 정확한 중심

372. 절삭가공에서 발생하는 칩의 일반적인 형태가 절삭력으로 가공된 면이 뜯어낸 것과 같은 형태의 표면이나 땅을 파는 것과 같이 불규칙한 면으로 가공되는 일명 열단형 칩이라고도 하는 칩은?

가. 유동형 칩　　나. 경작형 칩
다. 전단형 칩　　라. 균열형 칩

해설 절삭 칩의 생성

① 유동형 : 고속으로 절삭할 때 칩이 바이트의 경사면에 따라 흐르는 것과 같이 연속적으로 발생한다.
② 전단형 : 연성인 재료를 사용하여 저속으로 절삭할 때 날 끝의 경사된 위쪽에 칩이 일정 간격을 두고 전단이 발생되는 형태
③ 경작형(열단형) : 절삭속도가 느린 경우 칩이 경사면에 점착되어 날 끝에서 비스듬히 아래쪽을 향해서 균열이 일어나면서 절삭된다.
④ 균열형 : 절삭속도가 매우 느릴 경우 순간적으로 균열이 발생되어 칩이 공작물에서 분리되는 형태

373. 알루미늄(Al) + 구리(Cu) + 마그네슘(Mg)의 합금으로 시효경화를 일으키며 인장강도가 큰 알루미늄합금은?

가. 하이드로날륨　　나. Y-합금
다. 두랄루민　　라. 라우탈

해설 두랄루민

① 두랄루민은 알루미늄, 구리, 마그네슘, 망간의 합금으로 가볍고 강인하여 단조용 재료로서 우수하며, 항공기, 사동차용 보디 재료로 이용된다.
② 초두랄루민은 두랄루민에 아연, 크롬을 첨가

368. 다　369. 다　370. 라　371. 가　372. 나　373. 다

한 것으로 리벳, 기계기구류, 구조용 재료로 이용된다.

374. 한쪽 또는 양쪽에 기울기를 갖는 평판 모양의 쐐기로서 인장력이나 압축력을 받는 2개의 축을 연결하는 기계요소를 무엇이라 하는가?

가. 소켓 나. 너클 핀
다. 코터 라. 커플링

375. 기어의 종류를 분류할 때 두 축의 상대 위치가 평행이 아닌 것은?

가. 스퍼기어 나. 베벨기어
다. 래크 라. 헬리컬기어

해설 기어의 분류

① 두 축이 서로 평행한 기어 : 스퍼기어, 인터널 기어, 헬리컬 기어, 더블 헬리컬 기어, 래크
② 두 축이 교차하는 기어 : 스퍼 베벨기어, 스파이럴 베벨기어, 헬리컬 베벨 기어
③ 두 축이 만나지도 평행하지도 않는 기어 : 하이포이드 기어, 스크루 기어, 웜기어

376. 체인의 평균속도가 $3m/s$, 전달 동력이 $6kW$일 때 체인에 걸리는 하중은 몇 kgf인가?

가. 18 나. 54
다. 108 라. 204

해설

$$H_p = \frac{F \cdot v}{102}$$

H_p : 전달동력(kW), F : 전달력(하중 kgf)
v : 평균속도(m/s)

$$F = \frac{H_p \times 102}{v} = \frac{6 \times 102}{3} = 204kgf$$

377. 잠호 용접이라고도 하며 전자동 용접으로 용접부에 용제를 쌓아 두고 그 속에 전극 와이어를 넣어 모재와의 사이에 아크를 발생시켜 용제와 모재를 용융시켜 용접하는 방식의 용접은?

가. 불활성 가스 아크용접
나. 탄산가스 아크용접
다. 서브머지드 아크용접
라. 일렉트로 슬래그용접

해설 용접 방법

① 불활성가스 아크 용접 : 알곤(Ar), 헬륨(He) 등 고온에서도 금속과 반응하지 않는 불활성 가스의 분위기 속에서 텅스텐(TIG 용접) 또는 금속 (MIG 용접) 봉을 전극으로 하여 모재와의 사이에서 아크를 발생시켜 용접하는 방법이다.
② 탄산가스 아크 용접 : 용접부에 CO_2 가스(실드가스)를 분사시켜 금속 와이어(전극봉)와 모재와의 사이에 발생하는 아크를 공기와 차단시킨 상태에서 열에 의해 모재를 가열 용합시켜서 용접하는 방법이다.
③ 일렉트로 슬래그 용접 : 처음에는 플럭스 안에서 모재와 용접봉 사이에 아크가 발생하여 플럭스가 녹아서 액상의 슬래그가 되면 전류를 통하기 쉬운 도체의 성질을 갖게 되면서 아크는 꺼지고 와이어와 용융 슬래그 사이에 흐르는 전류의 저항 발열을 이용하는 자동 용접법

378. 훅 조인트라고도 하며 두 축이 같은 평면 내에 있으면서 그 중심선이 어느 각도로 교차하고 있을 때 사용하는 축이음인 것은?

가. 슬리브 커플링 나. 분할 머프 커플링
다. 유니버설 커플링 라. 플랜지 커플링

379. 표면경화법에 관한 설명 중 틀린 것은?

가. 표면경화의 대표적인 것은 기어, 캠, 캠 샤프트 등이 있다.
나. 강제품은 내마모성 및 인성이 요구된다.
다. 기계적인 성질을 내부까지 변형시킬 때 사용된다.
라. 표면경화 방법으로 침탄법, 질화법, 고주파담금질, 화염담금질 등이 있다.

380. 주석계 화이트 메탈 설명으로 틀린 것은?

가. 베어링용 합금이다.
나. 배빗 메탈이라고도 한다.
다. Sn-Sb-Cu 계 합금이다.
라. 고속, 고하중용 베어링으로는 사용할 수 없다.

374. 다 375. 나 376. 라 377. 다 378. 다 379. 다 380. 라

해설

Sb : stibium 안티몬
Sn : stannum 주석
Cu : cuivre 구리

381. 회전수 1500rpm인 3줄 웜이 잇수 30개인 웜 휠(웜 기어)에 물려 돌고 있다면 이때 웜 휠의 회전수는?

가. 50rpm　　나. 150rpm
다. 180rpm　　라. 280rpm

해설

웜휠 회전수 = 웜 회전수 × 기어비

웜휠 회전수 = $\frac{1500 \times 3}{30} = 150rpm$

382. 주조형 목형(원형)을 실물치수보다 크게 만드는 이유로 다음 중 가장 중요한 것은?

가. 수축 여유와 가공 여유를 고려하기 때문이다.
나. 잔형을 덧붙임 하여야 하기 때문이다.
다. 코어를 넣어야 하기 때문이다.
라. 주형의 치수가 크기 때문이다.

383. 선반 작업에서 공작물의 지름을 $D[mm]$, 1분간의 회전수를 $N[rpm]$이라고 할 때 절삭속도 V는 몇 $m/\min$인가?

가. $V = \pi DN$　　나. $V = \frac{\pi DN}{1000}$
다. $V = \frac{\pi D}{1000N}$　　라. $V = \frac{\pi N}{1000D}$

384. 열응력에 관한 설명으로 가장 적합한 것은?

가. 열을 가해 온도가 올라갈 때 늘어나면서 생기는 내부 응력
나. 온도가 내려가면 재료가 수축하여 생기는 외부응력
다. 높은 온도에서 급냉할 때만 발생하는 잔류 응력
라. 온도 변화에 의한 신축이 방해되었기 때문에 생기는 응력

해설 열응력

온도의 변화에 의해 물질 내에 생기는 응력으로 열응력(熱應力) 또는 온도변형력(溫度變形力)이라고도 하는데 대부분의 물체는 온도가 증가함에 따라 그 크기가 커진다. 이는, 온도가 올라감에 따라 물체를 구성하는 원자나 분자의 운동이 활발해지고 진동의 진폭이 커져서, 그들 사이의 평균 거리가 증가하기 때문이다.

385. 왕복 펌프에서 공기실의 가장 주된 역할은?

가. 밸브의 개폐를 쉽게 한다.
나. 밸브가 닫혀 있을 때 누설이 없게 한다.
다. 송출되는 유량의 변동을 적게 한다.
라. 피스톤(또는 플런저)의 운동을 원활하게 한다.

해설 왕복펌프

실린더 속의 피스톤·버킷 등의 왕복 운동으로 액체를 수송하는 용적형 펌프

386. 베어링에 오일 실을 사용하는 가장 중요한 이유는?

가. 접촉이 잘 되도록 하기 위하여
나. 마찰 면이 적고 열 발산을 위하여
다. 유막이 끊기지 않도록 하기 위하여
라. 기름이 새는 것과 먼지 등의 침입을 막기 위하여

해설 오일실

립(lip)패킹을 사용하여 운동축에 공급하는 윤활유가 외부로 흘러나가는 것을 방지하기 위한 밀봉장치

387. 3000$N-m$의 비틀림 모멘트가 작용하는 지름 10mm 환봉 축의 최대 전단응력은 약 몇 $N-mm^2$인가?

가. 13.42　　나. 15.28
다. 17.59　　라. 21.28

해설

$T = \frac{\pi \times d^3 \times \tau_a}{16}$

T : 비틀림 모멘트($Nf-mm$), d : 지름(mm)

381. 나　382. 가　383. 나　384. 라　385. 다　386. 라　387. 나

τ_a : 최대 전단응력(kgf/mm^2)

$\tau_a = \frac{16 \times 3000}{\pi \times 10^3} = 15.28N/mm^2$

388. 펌프의 전 효율(η)을 구하는 식은?(단, η_m : 기계효율, η_v : 체적효율, η_h : 수력효율이다.)

가. $\eta = \eta_m \cdot \eta_v \cdot \eta_h$

나. $\eta = \frac{\eta_m \cdot \eta_v}{\eta_h}$

다. $\eta = \eta_m + \eta_v + \eta_h$

라. $\eta = \frac{1}{\eta_m \cdot \eta_v \cdot \eta_h}$

389. 다음 열처리의 담금질 액 중 냉각속도가 가장 빠른 것은?

가. 소금물　　나. 공기
다. 물　　라. 기름

해설 담금질

급랭(急冷)함으로써 금속이나 합금의 내부에서 일어나는 변화를 저지(沮止)하여, 고온에서의 안정상태 또는 중간상태를 저온·온실에서 유지하는 조작으로 과거에는 소입(燒入)이라고도 하였으며 영어로는 quenching인데 그 뜻이 광범위하여 냉각뿐만 아니라 승온(昇溫)에 수반되어 일어나는 변화를 급열(急熱)함으로써 저지하는 경우에도 사용한다.

390. 그림과 같은 단순보의 R A, R B의 값으로 적당한 것은?

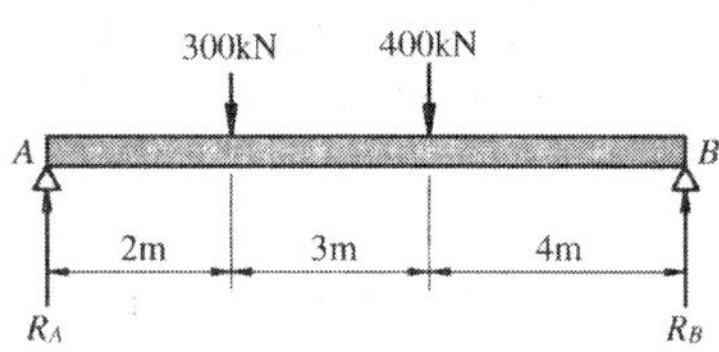

가. $R_A = 467.4kN$, $R_B = 232.6kN$

나. $R_A = 432.3kN$, $R_B = 267.7kN$

다. $R_A = 411.1kN$, $R_B = 288.9kN$

라. $R_A = 396.8kN$, $R_B = 303.2kN$

해설

$R_B = \frac{P_1 \cdot l_1 \cdot P_2 \cdot l_2}{l}$

$R_A = P_1 + P_2 - R_B$

$R_B = \frac{300KN \times 2 + 400KN \times 5}{9} = 288.9KN$

$R_A = 300KN + 400KN - 288.9KN = 411.1KN$

391. 다음 중 일반 구조용 압연강재의 특성 대한 설명으로 옳은 것은?

가. 열간 압연으로 만들어진 강판, 강대, 평강, 형강, 봉강 등의 강재이다.

나. P와 S가 비교적 많이 함유되어 있기 때문에 인성, 특히 저온 인성이 높다.

다. 기계 가공성과 용접성이 뛰어나서 용접 구조용 압연제와 혼용하여 사용할 수 있다.

라. 고장력강으로 분류되며, 인장강도는 대략 100MPa이며, 연성은 25% 정도이다.

392. 다음 중 평벨트 전동과 비교했을 때 V 벨트 전동의 특징이 아닌 것은?

가. 속도비를 크게 할 수 있다.

나. 벨트가 끊어 졌을 때 쉽게 접합할 수 있다.

다. 미끄럼이 적고 효율이 좋다.

라. 주행 상태가 원활하고 정숙하다.

해설 V 벨트 전동의 특징

① 미끄럼이 적고 효율이 좋다.
② 전동 속도비가 크다.
③ 축간 거리가 평 벨트보다 짧다.
④ 운전이 정숙하며, 충격을 완화시킨다.
⑤ 베어링의 부담이 적다.

393. 엘리베이터(elevator)의 로프와 같이 하중의 크기와 방향이 일정하게 되풀이 작용하는 하중은?

가. 집중하중　　나. 분포하중
다. 반복하중　　라. 충격하중

해설

* 동하중의 종류
① 반복하중 : 일정한 방향에 연속하여 반복되는 하중
② 교번하중 : 하중의 크기와 방향이 바뀌는 하중
③ 충격하중 : 순간적으로 갑자기 격렬하게 작용

388. 가 389. 가 390. 다 391. 가 392. 나 393. 다

하는 하중
* 분포 상태에 따른 하중의 종류
① 집중하중 : 재료의 한 점에 집중하여 작용하는 하중
② 분포하중 : 재료의 어느 범위 안에 분포되어 작용하는 하중

394. 아크 용접에서 언더 컷(under cut)은 다음 어느 조건에서 가장 많이 나타나는가?

가. 고 전압, 고 용접속도
나. 전류 부족, 저 용접속도
다. 고 용접속도, 전류 과대
라. 저 용접속도, 전류 과대

395. 소성 가공법에서 열간 가공의 특징이 아닌 것은?

가. 가공 면이 아름답고 정밀한 형상의 가공면을 얻는다.
나. 재결정 온도 이상으로 가열하므로 가공이 쉽다.
다. 거친 가공에 적합하다.
라. 표면이 가열되어 있어 산화로 인해 정밀 가공이 어렵다.

해설 열간가공의 특징
① 작은 동력으로 큰 변형을 줄 수 있다.
② 재질의 균일화가 이루어진다.
③ 가공도가 크므로 거친 가공에 적합하다.
④ 산화되기 쉬워 정밀 가공은 곤란하다.
⑤ 재결정 온도 이상으로 가열되므로 가공이 쉽다.

396. 연삭숫돌은 자동적으로 닳아 떨어져 커터의 바이트처럼 연삭하지 않아도 되는데 이러한 현상은 무엇이라 하는가?

가. 자생 작용　　나. 클레이징
다. 투루잉　　라. 드레싱

해설 연삭숫돌 용어의 정의
① 자생작용 : 연삭숫돌이 연삭과정 중에 입자가 마멸 →파쇄→탈락→생성의 과정을 반복하여 새로운 입자가 생성되어 커터와 바이트 같이 연삭하지 않아도 되는 현상
② 글레이징 : 숫돌 바퀴의 입자가 탈락하지 않고 마멸에 의해 납작하게 된 현상이다.
③ 투루잉 : 숫돌의 연삭면을 숫돌과 축에 대하여 평행 또는 일정한 형태로 성형시키는 수정하는 방법이다.
④ 드레싱 : 숫돌면의 표면층을 깍아 떨어뜨려서 절삭성이 나빠진 숫돌면을 새롭고 날카로운 입자를 발생시켜 주는 수정 방법이다.

397. 마그네슘-알루미늄계 합금이며, 7% 이상의 알루미늄을 함유하여 인장강도, 연신율이 매우 큰 것은?

가. 포금
나. 실루민
다. 다우메탈
라. 두랄루민

398. 일명 미끄럼 키라고도 하며, 회전 토크를 전달함과 동시에 보스가 축 방향으로 이동할 수 있는 키는?

가. 새들 키　　나. 평 키
다. 패터 키　　라. 반달 키

399. 플라스틱계 복합재료로 섬유강화 플라스틱의 약어인 것은?

가. FRM　　나. FRP
다. FRC　　라. SAP

해설
섬유강화플라스틱(fiber reinforced plastic)

400. 압축 코일 스프링에서 유효 감김수를 2배로 하면 축하중에 대하여 처짐은 몇 배가 되는가?

가. 2　　나. 4
다. 8　　라. 16

401. 좌 2줄 $m50\times2-6H$로 표시된 나사의 호칭 설명으로 올바른 것은?

가. 오른나사. 2줄
나. 미터보통나사. 수나사
다. 호칭지름 50mm. 피치 2mm
라. 바깥지름 25mm. 공차 등급 6급

394. 다 395. 가 396. 가 397. 다 398. 다 399. 나 400. 가 401. 다

402. 주철의 결점인 여리고 약한 인성을 개선하기 위하여 먼저 백주철을 만들고 이것을 장시간 열처리하여 탄소상태를 분해 또는 소실시켜 인성 또는 연성을 증가시킨 주철은?

가. 회주철　　나. 칠드 주철
다. 합금 주철　　라. 가단 주철

해설

회주철 : 주조(鑄造)할 때 탄소가 흑연으로 분리·생성되어 표면이 회색을 띤 주철
칠드주철 : 냉각속도를 빠르게 하여 경도를 높인 주철
합금주철 : 물리적·화학적 성질, 기계적 성질을 좋 게 하기 위하여 특별히 합금 원소를 넣어 만든 주철

403. $70m$의 물속의 수압은 수은주의 높이로 약 몇 m인가?

가. 0.68　　나. 36.4
다. 3.68　　라. 5.15

해설

수은의 비중은 13.6이므로 $\frac{70m}{13.6} = 5.15m$

404. 50℃의 물을 $30m$ 높은 곳으로 양수하자면 펌프의 전양정을 몇 m로 하면 되는가?(단, 흡 수면에는 대기압이 작용하고 송수면 출구에서는 $39.2N/cm^2$의 압력이 작용한다. 전 손실수 두는 $6m$이며, 흡입관과 송출관의 지름은 같고 50℃ 물의 비중량은 $\gamma = 9800N/m^3$이다.)

가. 36　　나. 40
다. 76　　라. 84

해설

$$H = \frac{P_d - P_s}{\gamma} + \frac{v_d^2 - v_s^2}{2g} + y$$

H : 전양력(m)
$P_d - P_s$: 각각 송출측 압력계와 흡입측 진공계에서의 계기압력(N/m^2)
γ : 물의 비중량(N/m^2)
$v_d - v_s$: 각각 송출측의 유속과 흡입측의 유속
g : 중력가속도
y : 송출축 압력계와 흡입측 압력계기와의 수직거리(m)

$$H = \frac{39.2 \times 1000}{9800} + 30 + 6 = 76m$$

405. 중앙에 집중하중 P를 받는 길이 ℓ의 단순보에 대한 설명 중 틀린 것은?(단, 보의 자중은 무시하고 굽힘 강성은 EI로 한다.)

가. 보의 최대 처짐은 중앙에서 일어난다.
나. 보의 양 끝단에서의 굽힘 모멘트는 0 (zero)이다.
다. 보의 최대 처짐을 나타내는 값은 $\frac{P\ell^3}{3EI}$이다.
라. 보의 한 지점에서의 반력은 $P/2$이다.

해설

보의 최대 처짐을 나타내는 값은 $\frac{P\ell^3}{48EI}$이다.

406. 서브머지드 아크용접의 특징 설명으로 틀린 것은?

가. 용접 홈의 가공 정밀도가 좋아야 한다.
나. 일정 조건하에서 용접이 시공되므로 강도가 크고 신뢰도가 높다.
다. 열에너지의 손실이 적고 용접속도가 수동 용접과 비교하여 10배 정도 이상이다.
라. 비드가 불규칙할 경우와 하향용접 이외의 경우에도 매우 적합한 자동용접이다.

해설

서브머지드 아크용접은 용접부에 압자상의 용제를 공급하고 용제 속에서 아크를 발생시켜 연속적으로 용접하는 것으로 용접선이 짧거나 용접선이 구부러진 경우 용접장치의 조작이 어렵다.

407. 드릴이 용이하게 재료를 파고 들어갈 수 있도록 드릴의 절삭 날에 주어진 각의 명칭은?

가. 날 여유 각
나. 보링 각
다. 평면 가공 각
라. 홈 절삭 각

402. 라　403. 라　404. 다　405. 다　406. 라　407. 가

408. 구리의 일반적인 성질 설명으로 틀린 것은?

가. 용융점 이외는 변태점이 없다.
나. 전기 및 열전도도가 높다.
다. 연하고 전연성이 커서 가공하기 어렵다.
라. 철강 재료에 비하여 내식성이 커서 공기 중에서는 거의 부식되지 않는다.

409. 윤활유의 사용 목적이 아닌 것은?

가. 밀폐작용 나. 밀봉작용
다. 청정작용 라. 보온작용

해설 윤활유

기계의 마찰면에 생기는 마찰력을 줄이거나 마찰면에서 발생하는 마찰열을 분산시킬 목적으로 사용하는 유상물질(油狀物質)로 주로 석탄계 광물유가 쓰인다.

410. 2개의 너트를 사용하여 충분히 죈 다음 2개의 스패너를 사용하여 바깥쪽 너트를 스패너로 고정한 후 너트를 다른 스패너로 풀리는 방향으로 돌려 조여 너트의 풀림을 방지하는 것은?

가. 자동 죔 너트에 의한 방법
나. 로크너트에 의한 방법
다. 멈춤 나사에 의한 방법
라. 톱니붙이 와셔에 의한 방법

해설 로크너트

너트가 진동 따위로 풀리는 것을 막기 위하여 두 개의 너트로 죌 때 아래쪽에 끼우는 너트.

411. 피치원 지름이 $500mm$, 잇수가 100개인 표준 평 기어의 모듈은 얼마인가?

가. $m=2.5$ 나. $m=3$
다. $m=4$ 라. $m=5$

해설

$M=\dfrac{D}{Z}$

M : 모듈, D : 피치원 지름, Z : 잇수

$M=\dfrac{500}{100}=5$

412. 합성수지의 일반적인 성형가공 방법이 아닌 것은?

가. 압축성형 나. 사출성형
다. 단조성형 라. 주조성형

해설 단조

고체인 금속재료를 해머 등으로 두들기거나 가압하는 기계적 방법으로 일정한 모양으로 만드는 조작

413. 소성가공의 종류가 아닌 것은?

가. 인발가공 나. 압출가공
다. 전단가공 라. 밀링가공

해설 밀링

주축에 고정한 밀링커터를 회전시켜 테이블위에 고정한 일감에 절삭 깊이와 이송을 주어 절삭하는 것

414. 폭이 $5cm$, 높이가 $10cm$의 단면을 갖는 보에 굽힘 모멘트 $10000kgf\cdot cm$가 작용할 때 보에 생기는 최대 굽힘응력 σ_{max}은 약 몇 kgf/cm^2인가?

가. 120 나. 240
다. 340 라. 480

해설

$\sigma_{max}=\dfrac{6\times P\times \ell}{b\times h^2}=\dfrac{6\times M}{b\times h^2}$

σ_{max} : 최대 굽힘응력(kgf/cm^2), P : 하중(kgf)

ℓ : 길이(cm), b : 폭(cm), h : 높이(cm)

M : 굽힘모멘트($kgf\cdot cm$)

$\sigma_{max}=\dfrac{6\times 10000}{5\times 10^2}=120$

415. 한 변의 길이가 $8cm$인 정 4각 단면의 봉에 온도를 20℃ 상승시켜도 길이가 늘어나지 않도록 하는데 $28000N$이 필요하다면 이 봉의 선팽창 계수는?(단, 단성계수는 $E=2.1\times 10^6$ N/cm^2이다.)

가. 1.14×10^{-5} 나. 1.04×10^{-5}
다. 1.14×10^{-6} 라. 1.04×10^{-4}

408. 다 409. 라 410. 나 411. 라 412. 다 413. 라 414. 가 415. 나

해설

$\sigma_t = E \times a \times \Delta t$

$P = \sigma_t \cdot A = A \cdot E \cdot a \cdot \Delta t$

$\therefore \alpha = \dfrac{P}{A \cdot E \cdot \Delta t}$

σ_t : 열응력, E : 탄성계수

α : 선팽창계수, Δt : 온도 변화량

P : 억제하는 힘, A : 단면적

$\alpha = \dfrac{28000}{8 \times 8 \times 2.1 \times 10^6 \times 20} = 0.0000104$

$= 1.04 \times 10^{-5}$

416. 스프링 상수가 $5kgf/cm$인 코일 스프링에 $30kgf$의 하중을 작용시키면 처짐은 몇 mm인가?

가. 10 나. 30
다. 60 라. 90

해설

$k = \dfrac{W}{a}$

k : 스프링 상수(kgf/cm), W : 하중(kgf)

a : 변형량(cm)

$a = \dfrac{30}{5} = 6cm = 60mm$

417. 동일한 동력을 전달하는 평 벨트 전동과 비교한 V 벨트 전동의 특징이 아닌 것은?

가. 미끄럼이 적고 속도비가 크다.
나. 벨트 이음부 없이 운전이 가능하여 정숙하다.
다. V 홈이 있어 벨트가 벗겨질 염려가 없다.
라. 장력이 크므로 베어링에 걸리는 부하가 크다.

해설 V 벨트

단면이 'V' 자 사다리꼴로 된 벨트. 천을 심으로 하여 고무로 싸서 만든 것으로, 전동 능률이 좋으며 소음이 적다.

418. 일반적인 표면 경화법의 종류가 아닌 것은?

가. 노멀라이징 나. 청화법
다. 고체 침탄법 라. 질화법

해설

일반적인 표면 경화법은 침탄법(고체 침탄법, 가스 침탄법), 청화법(시안화법), 질화법, 화염경화법, 고주파 경화법이 있다.

419. 한 축에서 다른 축으로 운전 중 단속을 할 필요가 있는 경우 사용되는 축 이음은?

가. 유니버설 조인트 나. 올덤 커플링
다. 물림 클러치 라. 플렉시블 커플링

해설

유니버셜조인트 : 축이음(커플링)의 일종. 두 축이 비교적 떨어진 위치에 있는 경우나 두 축의 각도(편각)가 큰 경우에 이 두 축을 연결하기 위하여 사용되는 축이음(커플링)의 일종이다.
올덤커플링 : 평행한 두 축 사이의 거리가 약간 떨어져 있을 경우에 사용되는 것으로 기구적(機構的)으로는 이중 슬라이더 회전기구를 구성하는 링크 기구
플렉시블커플링 : 휘어짐 커플링, 플렉시블 조인트라고도 말한다. 고무 등 탄성체를 이용한 유니버설 조인트로서, 전달 각도가 3-5 정도로 낮은 것에 사용 가능하다.

420. 선반을 이용하여 $300rpm$으로 지름이 $45cm$인 환봉을 절삭하려 한다. 이때 절삭속도는 약 몇 m/min인가?

가. 254 나. 25.4
다. 424 라. 42.4

해설

$V = \dfrac{\pi \times D \times N}{1000}$

V : 절삭속도(m/min), D : 지름(mm)

N : 회전수(rpm)

$V = \dfrac{\pi \times 450 \times 300}{1000} = 424m/\text{min}$

421. 잇수가 60개와 23개인 헬리컬 기어의 치직각 모듈이 3, 압력각 20°, 비틀림각 30°일 때 중심거리는?

가. 124.50 나. 143.76
다. 150.99 라. 166.00

해설

$L = \dfrac{(Z_1 + Z_2) \times M}{2 \times \cos\beta}$

L : 중심거리(mm), Z_1, Z_2 : 각 기어의 잇수

416. 다 417. 라 418. 가 419. 다 420. 다 421. 나

M : 치직각 모듈, $\cos\beta$: 비틀림 각

$$L = \frac{(60+23)\times 3}{2\times\cos 30} = 143.76mm$$

422. 고온에서 소결처리 하여 만든 비금속 무기질 고체 재료 즉, 유리, 도자기, 시멘트, 내화물 등과 같은 고체 재료의 통칭인 용어는?

가. 알런덤(alundun)
나. 멜라닌(melanin)
다. 몰타르(mortar)
라. 세라믹(ceramics)

해설

세라믹(ceramics)은 도자기, 유리 및 시멘트등 고온에서 소결 처리하여 만들어진 무기재료의 총칭, 특히 정제된 재료를 사용하여 정밀하게 만들어진 것을 파인 세라믹이라고 한다. 터보차저의 로터 등 고온에 강하며 강도가 높은 성질을 이용한 구조용 세라믹과 서미스터 온도계 등 전자기적인 특성을 이용한 기능성 세라믹이 있다.

423. 18-4-1형이라고 약칭하는 W계 고속도강의 표준조성은?

가. W(18%) - Cr(4%) - V(1%)
나. W(18%) - V(4%) - Co1%)
다. W(18%) - Cr(4%) - Mo(1%)
라. Mo(18%) - Cr(4%) - V(1%)

해설

텅스턴(W), 크롬(Cr), 바나듐(V)

424. $4m/s$의 속도로 전동하고 있는 벨트의 긴장측의 장력이 $125N$, 이완측의 장력이 50 N이라고 하면 전동하고 있는 동력(kW)은?

가. 0.3 나. 0.5
다. 300 라. 500

해설

$$H_p = \frac{T_e \times v}{102}$$

H_p : 전달 동력(kW), T_e : 유효장력(kgf)
v : 벨트의 속도(m/s), $1kgf = 9.8N$

$$H_p = \frac{(125-50)\times 4}{102\times 9.8} = 0.3kW$$

425. 용접봉에서 피복제의 역할이 아닌 것은?

가. 아크를 안정시킨다.
나. 용착금속의 급냉을 방지한다.
다. 용착 금속의 탈산·정련작용을 한다.
라. 용융점이 높은 무거운 슬래그를 만든다.

해설 용접봉의 피복제 작용

① 중성 또는 환원성 분위기를 만들어 대기중의 산소나 질소의 침입을 방지하고 용융금속을 보호한다.
② 아크를 안정시킨다.
③ 용융점이 낮은 가벼운 슬래그를 만든다.
④ 용접 금속의 탈산 및 정련 작용을 한다.
⑤ 용접 금속에 적당한 합금 원소를 첨가한다.
⑥ 용적을 미세화하고 용착효율을 높인다.
⑦ 용융금속의 응고와 냉각속도를 지연시킨다.
⑧ 모든 자세의 용접을 가능케 한다.
⑨ 슬랙의 제거가 쉽고 파형이 고운 비드를 만든다.
⑩ 모재 표면의 산화물을 제거하여 완전한 용접이 되도록 한다.
⑪ 전기 절연 작용을 한다.

426. 다음 유압 회로도에서 품번 ①은 무엇을 나타내는가?

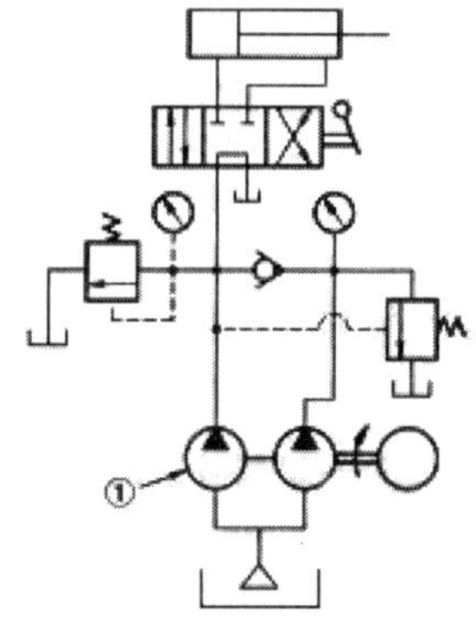

가. 유압 모터 나. 공압모터
다. 유압펌프 라. 공압펌프

427. 두께 $5mm$, 안지름 $300mm$인 관에 $3MPa$의 원주 방향 압력이 작용할 때 관벽에 발생하는 응력은 몇 MPa인가?

422. 라 423. 가 424. 가 425. 라 426. 다 427. 나

가. 45　　　　나. 90
다. 125　　　　라. 250

해설

$$\sigma = \frac{P \cdot D}{2 \cdot t}$$

σ : 응력(MPa), P : 압력(MPa)
D : 안지름(mm), t : 두께(mm)

$$\sigma = \frac{3 \times 300}{2 \times 5} = 90MPa$$

MPa : '메가(M)'는 백만을 뜻하는 SI 접두사입니다. 따라서, MPa은 백만 파스칼을 뜻하게 되죠. $1Pa$은 1제곱미터에 1뉴턴의 힘이 작용할 때의 압력을 나타냅니다. 1뉴턴은 $1kg$을 초당 1미터/초로 가속시킬 수 있는 힘입니다.
즉, $N = kg \cdot m/s^2$
따라서, $Pa = (kg \cdot m/s^2)m^2$ 지구표면에서 $1kg$의 질량이 작용하는 힘을 kg중 또는 kgf라고 하는데, 지표면에서 중력가속도가 $9.80665m/s^2$이므로 $1kg$에 작용하는 힘인

$$1kgf = 1kg \times 9.80665m/s^2 = 9.80665kg \cdot m/s^2 = 9.80665N$$

이 됩니다. 따라서
$1kgf/m^2 = 9.80665N/m^2 = 9.80665Pa.$
$1Pa = 100000^-$
즉, $1 = 10^{-5}Pa$
이 됩니다. $1atm$(기압)은 $101325Pa$로 정의되므로 $1Pa = 9.8692 \times 10^{-6}atm$이 됩니다.

428. 인장강도가 $430N/mm^2$인 주철의 안전율이 10이면 허용응력은 몇 N/mm^2인가?

가. 4300　　　　나. 21.5
다. 2150　　　　라. 43.0

해설

$$\sigma_a = \frac{\sigma}{s}$$

σ_a : 허용응력, σ : 인장응력, s : 안전율

$$\sigma_a = \frac{430}{10} = 43N/mm^2$$

429. 정육면체의 외형 평면가공에 다음 중 가장 적합한 공작기계는?

가. 선반　　　　나. 드릴링 머신
다. 밀링 머신　　　　라. 보링 머신

해설 밀링머신

밀링커터를 회전시켜 상하·좌우·전후의 선형이송운동(線形移送運動)을 준 공작물을 절삭하는 공작기계. 프라이스반(盤)이라고도 한다.

430. 강과 비교한 알루미늄의 성질 설명으로 틀린 것은?

가. 비중이 작다.
나. 용융점이 낮다.
다. 유동성이 양호하고, 수축율이 적다.
라. 표면에 산화막이 형성되어 내식성이 우수하다.

해설 알루미늄의 성질

① 비중이 2.7로 작다.
② 용융점이 660℃로 낮다.
③ 전성과 연성이 좋다.
④ 열전도성 및 전기 전도성이 구리 다음으로 좋다.
⑤ 표면에 산화막이 형성되어 있어 내식성이 우수하다.

431. 도면과 같이 자유단에 집중하중을 받고 있는 외팔보의 굽힘 모멘트 선도로 가장 적합한 것은?

W
A　B
ℓ

가. 

나. 

다. 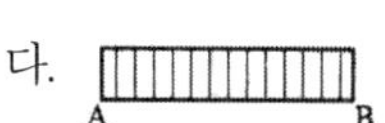

라. 

432. $400rpm$으로 $50kW$를 전달하는 축에 발생한 비틀림 응력이 약 $300N/mm^2$이었다면 축의 지름은 약 몇 mm인가?

가. 21.26　　　　나. 23.26
다. 25.26　　　　라. 27.26

해설

$$d = 170 \times \sqrt[3]{\frac{H}{\tau_a \times N}}$$

d : 축의 지름(mm), H : 전달동력(kW)
τ_a : 허용 비틀림 응력($kgf \cdot mm$)
N : 축의 회전수(rpm)

428. 라　429. 다　430. 다　431. 나　432. 라

$1N = 0.101972kgf$, $kgf = 9.80665N$

$d = 170 \times \sqrt[3]{\frac{50}{300 \times 0.101972 \times 400}}$

$= 27.18mm$

$d = 170 \times \sqrt[3]{\frac{50 \times 9.80665}{300 \times 400}} = 27.18mm$

433. 허용압력속도계수(발열계수)가 $P \cdot v = 2N/mm^2 \cdot m/s$인 안지름 $60mm$, 길이 $70mm$의 중간저널 베어링을 $250rpm$으로 회전하는 축에 사용하였을 경우 허용하중은 약 몇 N인가?

가. 4583　　나. 9167
다. 10695　　라. 12210

해설

$pv = \frac{\pi \times P \times N}{1000 \times 60 \times \ell}$

pv : 허용압력 속도계수(발열계수)

P : 허용 하중(N), N : 회전수(rpm)

ℓ : 길이(mm)

$P = \frac{2 \times 1000 \times 60 \times 70}{\pi \times 250} = 10695.21N$

434. 그림과 같이 3개의 스프링을 조합하여 연결하였을 때 조합된 스프링 상수는 몇 N/mm인가?(단, 스프링 상수 $k_1 = 20N/mm$, $k_2 = 30N/mm$, $k_3 = 40N/mm$이다.)

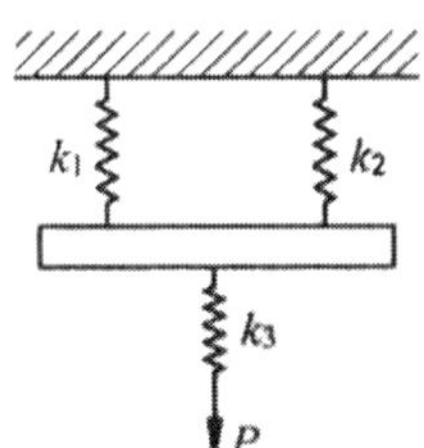

가. 22.22　　나. 44.44
다. 66.67　　라. 266.67

해설

직렬연결 $= \frac{1}{k_1} + \frac{1}{k_2}$

병렬연결 $= k_1 + k_2$

435. 재료에 탄성한계를 넘어서 외력을 가하면 외력을 제거하여도 복원되지 않는 소성변형을 일으키는 성질로 소성가공에 이용되는 성질은?

가. 가소성　　나. 취성
다. 역극성　　라. 절삭성

해설 가소성과 취성

① 가소성(plasticity) : 탄성 한도 이상의 응력을 가하면 응력을 제거하여도 변형된 상태에서 원상태로 되돌아오지 않는 성질

② 취성(brittleness) : 금속에 외력을 가했을 때 잘 부서지고 잘 깨지는 성질로서 인성에 반대되는 성질

436. 체결용 나사와 운동용 나사로 분류할 때, 운동용 나사로 분류되는 것은?

가. 사다리꼴 나사　　나. 미터 나사
다. 유니파이 나사　　라. 관용 나사

해설

운동용 나사로는 사각 나사, 사다리꼴(애크미) 나사, 톱니 나사 등이 있다.

437. 한꺼번에 여러 개의 구멍을 뚫거나 공정수가 많은 구멍을 가공할 때 가장 적합한 드릴링 머신은?

가. 탁상 드릴리 머신
나. 래이디얼 드릴링 머신
다. 다축 드릴링 머신
라. 직립 드릴링 머신

해설

다축 드릴링 머신은 1대의 기계에 여러 개의 스핀들이 있어 같은 평면 안에 여러 개의 구멍을 동시에 가공할 수 있다.

438. 코일 스프링에서 코일의 평균지름 $D = 50mm$이고, 유효권수가 10, 소선 지름이 $d = 6mm$이면 축방향 하중 $10N$이 작용할 때 비틀림에 의한 전단응력은 약 몇 MPa인가?

가. 1.5　　나. 3.0
다. 5.9　　라. 58.9

433. 다　434. 가　435. 가　436. 가　437. 다　438. 다

해설

$$\tau = \frac{8 \times P \times D}{\pi \times d^3}$$

τ : 전단응력(MPa), P : 하중(N)
D : 코일의 평균지름(mm)
d : 소선 지름(mm)

$$\tau = \frac{8 \times 10 \times 50}{\pi \times 6^3} = 5.89$$

439. 재료의 경도시험에서 압입자를 이용한 경도 시험 방법이 아닌 것은?

가. 마이어 경도시험
나. 브리넬 경도시험
다. 비커스 경도시험
라. 쇼어 경도시험

해설

쇼어 경도는 작은 다이아몬드를 시험대에 낙하시켰을 때 반발되어 튀어 올라간 높이로 경도를 측정한다. 쇼어 경도 시험은 다이스, 기어 및 롤러의 시험에 사용된다.

440. 사형주조에 비교한 다이캐스팅의 장점 설명으로 틀린 것은?

가. 주물의 형상이 정확하고 끝손질할 필요가 거의 없다.
나. 아연, 알루미늄 합금의 대량 생산용으로 사용한다.
다. 대형주물의 주조에 적합하다.
라. 단면이 얇은 부물의 주조가 가능하다.

해설

다이캐스팅은 용융금속을 주형에 고압으로 주입하는 방법으로 주물의 정밀도가 높고 표면이 아름다워 기계 다듬질이 필요 없는데 사용된다.

441. $50000kgf-cm$의 굽힘 모멘트를 받는 단순보의 단면계수가 $100cm^3$이면 이 보에 발생되는 굽힘 응력은 몇 kgf/cm^2인가?

가. 250　　나. 500
다. 750　　라. 1000

해설

$M = \sigma_a \times Z$, $\sigma_a = \dfrac{M}{Z}$

M : 축의 굽힘 모멘트($kgf-cm$)
σ_a : 축의 허용 굽힘 응력(kgf/cm^2)
Z : 단면계수(cm^3)

$$\sigma_a = \frac{M}{Z} = \frac{50000}{100} = 500kgf/cm^2$$

442. 구름 베어링과 비교한 미끄럼 베어링의 장점이 아닌 것은?

가. 내충격성이 크다.
나. 유막에 의한 감쇠력이 우수하다.
다. 일반적으로 구조가 간단하다.
라. 표준형 양산품으로 호환성이 높다.

해설 미끄럼 베어링의 장점

① 일반적으로 구조가 간단하고 가격이 싸다.
② 일반적으로 구조가 간단하고 가격이 싸다.
③ 충격에 대하여 견디는 힘(내충격성)이 크다.
④ 유막에 의한 감쇠력이 우수하다.

443. 길이가 $1.5m$인 봉에 인장하중을 작용시켜, 변형 후 길이가 $1.5009m$로 되었다면 세로 변형률은?

가. 0.0003　　나. 0.0006
다. 0.003　　라. 0.006

해설

$$\epsilon = \frac{l' - l}{l}$$

ϵ : 세로 변형률
l' : 변형 후 길이
l : 변형 전 길이

$$\epsilon = \frac{1.5009 - 1.5}{1.5} = 0.0006$$

444. 나사 마이크로미터는 나사의 무엇을 측정하는가?

가. 암나사의 안지름
나. 수나사의 골지름
다. 수나사의 유효지름
라. 암나사의 골지름

해설 나사 마이크로미터

암, 수나사의 유효지름 등을 측정하는 측정기구

439. 라　440. 다　441. 나　442. 라　443. 나　444. 다

445. 다음 내용은 어떤 합성수지의 설명인가?

『무색의 가벼운 침상결정체이며, 요소수지 보다 강도, 내수성, 내열성이 우수하고, 포르말린, 석탄산, 요소 등과 합성하여 각종 성형품, 접착제, 페인트, 섬유제조 등에 사용되며 150℃에도 잘 견딘다.』

가. 페놀 수지 나. 에폭시 수지
다. 멜라민 수지 라. 실리콘 수지

해설

- 페놀 수지 : 페놀류와 포름알데히드류의 축합에 의해서 생기는 열경화성(熱硬化性) 수지이다. 로진과 비슷한데, 사용되는 페놀류는 석탄산이 주가 된다.
- 에폭시 수지 : 분자 내에 에폭시기 2개 이상을 갖는 수지상 물질 및 에폭시기의 중합에 의해서 생긴 열경화성 수지로이다. 굽힘강도·굳기 등 기계적 성질이 우수하고 경화 시에 휘발성 물질의 발생 및 부피의 수축이 없고, 경화할 때는 재료면에서 큰 접착력을 가진다.
- 실리콘 수지 : 실리콘의 유기유도체가 중합되어 만들어지는 열가소성 합성수지이다. 분자구조는 규소와 산소가 번갈아 있는 실록세인결합(Si-O결합)의 형태이다.

446. 스프링의 평균 지름(D)을 소선의 지름(d)으로 나눈 비는?

가. 스프링 상수
나. 스프링 지수
다. 스프링의 종횡비
라. 코일의 유효 감김수

해설

스프링 상수 : 용수철에 작용하는 힘과 길이변화의 비례관계를 표시하는 상수
스프링 종횡비 : 압축 코일스프링의 자유높이와 코일의 평균지름과의 비

447. 벨트폴리의 지름이 $D_1 = 100mm$, $D_2 = 200mm$이고, 축간거리가 $400mm$일 때 십자걸이의 벨트의 길이는 약 몇 mm인가?

가. 877.5 나. 927.5
다. 1277.5 라. 1327.5

해설

$$L = 2C + \frac{\pi}{2}(D_1 + D_2) + \frac{(D_1 + D_2)^2}{4C}$$

L : 벨트의 길이(mm)
C : 축간거리(mm)
D_1 : 원동차 지름(mm)
D_2 : 피동차 지름(mm)

$$2 \times 400 + \frac{\pi}{2}(100 + 200) + \frac{(100 + 200)^2}{4 \times 400}$$
$$= 1327.5mm$$

448. 리벳이음을 용접이음과 비교한 설명으로 틀린 것은?

가. 용접이음과는 달리 초기응력에 의한 잔류변형이 생기지 않으므로 취약파괴가 일어나지 않는다.
나. 구조물 등에서 현장 조립할 때에는 용접이음보다 쉽다.
다. 경합금을 이음할 때는 용접이음보다 신뢰성이 떨어진다.
라. 용접이음과 같이 강판 등을 영구적으로 접합할 때 사용한다.

해설

리벳이음 : 강철판을 포개어 뚫려 있는 구멍에 가열한 리벳을 꽂아 넣고, 머리부분을 받친 후 기계·해머 등으로 두들겨 변형시켜서 체결한다. 대체로 연강(軟鋼)으로 만들지만, 특수용도에는 합금강·경합금으로 만들며, 종류는 머리의 모양에 따라 둥근머리 리벳·접시머리 리벳·납작머리 리벳·둥근접시머리 리벳·냄비머리 리벳·얇은 납작머리 리벳 등이 있다.
용접이음 : 용접법은 접합부에 금속재료를 가열, 용융시켜 서로 다른 두 재료의 원자 결합을 재배열하여 결합시키는 방법으로 아크용접, 가스용접, 테르밋용접 등이 있다. 압접법은 접합부에 외부의 강한 물리적 압력을 가해 접합하는 방법으로 가스압접이나 단접(鍛接)처럼 압력을 가하는 동시에 가열하는 방법을 특히 가열압접 또는 고온압접이라고 한다.

449. 클램프 상태에 있는 회로에서 압력저하에 따른 위험방지 목적으로 공기탱크와 압축기 사이에 설치하여 압축기 정지시 역류방지용 등에 사용되는 밸브는?

가. 체크 밸브 나. 셔틀 밸브

445. 다 446. 나 447. 라 448. 다 449. 가

다. 2압 밸브　　　　라. 게이트 밸브

해설

셔틀 밸브 : 출구측 포트는 입구측 포트관로의 2개중 어느 쪽이든 항상 고압측에 자동적으로 접속하여 동시에 저압측 입구 포트부를 폐쇄하게 되어있는 밸브
2압 밸브 : 2개의 입력 신호를 줄 수 있는 형태로 출력신호를 제어하는 밸브
게이트 밸브 : 유로를 차단, 개방하는 역할을 하는 밸브

450. 선삭가공이나 드릴로 뚫어진 구멍의 형상과 치수를 정밀하게 다듬질하는 작업을 하는 것은?

가. 탭핑　　　　나. 다이스작업
다. 리밍　　　　라. 스크레이퍼 작업

해설 리밍(reaming)
내경을 정밀하게 다듬질하는 작업

451. 티탄에 대한 내용으로 틀린 것은?

가. 로켓, 차량, 기계기구 등에서 구조용 재료로 이용된다.
나. 스테인리스강이나 모넬 메탈처럼 내식성이 강하다.
다. 비중이 강보다 가벼우나 알루미늄보다는 무겁다.
라. 용융점이 강보다 낮고 주조성이 우수하다.

452. $100rpm$으로 $5kW$를 전달하는 축에 작용하는 토크는 몇 $N\cdot m$인가?

가. 478　　　　나. 578
다. 678　　　　라. 778

해설

$$N_b = \frac{2\times\pi\times n\times T}{60\times1000}(kW)$$

N_b : 동력(kW), n : 회전수(rpm)
T : 회전력($N\cdot m$)

$$T = \frac{N_b\times60\times1000}{2\times\pi\times n} = \frac{5\times60\times1000}{2\times\pi\times100} = 477.8N\cdot m$$

453. 선반의 부속장치로 심압축에 꽂아서 사용하는 것으로 선단이 원뿔형이고, 대형 가공물에 사용되며, 자루부는 테이퍼로 되어 있는 것은?

가. 척(chuck)
나. 센터(center)
다. 심봉(mandrel)
라. 돌림판(driving plate)

해설

척 : 선반 부속장치의 하나. 공작기계의 하나인 선반의 주축(主軸) 끝에 장치하여 공작물을 유지하는 부속장치이다.
심봉(mandrel) : 주축대

454. 내경이 $40mm$인 관을 통하여 $40m/s$의 속도로 유압유가 흘렀다면 이때의 유량(ℓ/min)은?

가. 201.4　　　　나. 251.7
다. 301.6　　　　라. 351.7

해설

$Q = A\times v$
Q : 유량(ℓ/min), A : 단면적(m^2)
v : 유속(m/s)

$$Q = \frac{\pi\times0.4^2}{4}\times40\times60 = 301.6$$

455. 목형의 중량이 $3.0kgf$일 때 6 · 4 황동 주물의 중량은 약 몇 kgf인가?(단, 목형의 비중은 0.4, Cu의 비중은 8.9, Zn의 비중은 7.0이다.)

가. 54.13　　　　나. 58.22
다. 61.05　　　　라. 67.05

해설

$$W = \frac{S}{S'}\times W'$$

W : 주물의 중량(kgf), W' : 목형의 중량(kgf)
S : 주물의 비중, S' : 목형의 비중

$$W = \frac{8.9\times0.6+7.0\times0.4}{0.4}\times3 = 61.05kgf$$

450. 다　451. 라　452. 가　453. 나　454. 다　455. 다

456. 구리의 일반적 성질에 관한 설명으로 올바른 것은?

가. 전성·연성이 낮아 가공이 어렵다.
나. 전기와 열의 전도성이 나쁘다.
다. 화학적 저항력이 약하여 매우 잘 부식된다.
라. Zn, Sn, Ni, Ag 등과 용이하게 합금을 만든다.

457. 알루미늄 분말, 산화철 분말과 점화제의 혼합 반응으로 열을 발생시켜 용접하는 방법은?

가. 테르밋 용접
나. 일렉트로 슬랙 용접
다. 피복 아크 용접
라. 불활성 가스 아크 용접

458. 표준 스퍼 기어에서 기어의 잇수가 25개, 피치원의 지름이 75mm일 때 모듈은 얼마인가?

가. 3　　나. 9.42
다. 0.33　　라. 6

해설

$M = \frac{D}{Z}$

M : 모듈, D : 피치원 지름(mm)
Z : 잇수

$M = \frac{D}{Z} = \frac{75}{25} = 3$

459. 탄소강의 조직 중에서 경도가 가장 큰 조직은?

가. 페라이트　　나. 마텐자이트
다. 오스테나이트　　라. 펄라이트

460. 같은 재료에서도 하중의 상태에 따라 안전율이 각각 다른데, 다음 중 안전율을 가장 크게 정해야 하는 하중은?

가. 충격 하중　　나. 반복 하중
다. 교번 하중　　라. 정 하중

해설 충격하중

작용시간이 극히 짧은 충격적인 하중. 정하중의 2배이다.

461. 직경 300mm의 V벨트 풀리가 300rpm으로 회전하고 있을 때 V벨트의 속도는 약 몇 m/s인가?

가. 3.5　　나. 4.7
다. 2.1　　라. 5.5

해설

$V = \frac{\pi \times D \times N}{1000 \times 60}$

V : 벨트의 속도(m/s)
D : 벨트 풀리의 지름(mm)
N : 풀리의 회전수(rpm)

$V = \frac{\pi \times 300 \times 300}{1000 \times 60} - 4.7m/s$

462. 윤활유의 주요 작용이 아닌 것은?

가. 청정 작용　　나. 밀폐작용
다. 냉각 작용　　라. 응력집중 작용

해설

윤활유는 응력이 집중되지 않도록 분산작용을 한다.

463. 급수펌프의 전 양정이 30m이고 유량이 5 m^3/min, 효율은 82%이다. 이 펌프를 구동시키는데 필요한 전동기의 동력은 약 몇 kW인가?(단, 물의 비중량 $\gamma = 9800N/m^3$이다.)

가. 25　　나. 30
다. 35　　라. 50

해설

$L_w = \frac{\gamma \times Q \times H}{102 \times 60 \times \eta}$

L_w : 펌프동력(kW), γ : 유체의 비중량(N/m^3)
Q : 송출량(m^3/min), H : 전 양정(m)
η : 효율

$L_w = \frac{9800 \times 5 \times 30}{102 \times 60 \times 0.82 \times 9.80665} = 29.86kW$

456. 라　457. 가　458. 가　459. 나　460. 가　461. 나　462. 라　463. 나

464. 관로내의 흐름을 급격히 정지시키면 유체 속도의 급격한 변화에 따라 유체 압력이 크게 상승하는 현상을 무엇이라 하는가?

가. 퍼컬레이션 나. 캐비테이션
다. 수격현상 라. 서징현상

해설
퍼컬레이션 : 여과, 삼투현상
캐비테이션 : 공동, 진공현상
서징현상 : 고유진동수가 같아져 공진을 일으키는 현상

465. 일반적으로 합성수지의 공통된 성질 중 틀린 것은?

가. 열에 약하다.
나. 내식성, 전기 절연성이 나쁘다.
다. 성형 가공이 용이하다.
라. 표면강도가 낮기 때문에 내마모성이나 내구성이 떨어진다.

해설 합성수지의 성질
① 가볍고 튼튼하다.
② 비중과 강도의 비인 비강도가 비교적 높다.
③ 전기 절연성이 우수하다.
④ 열에 약하다.
⑤ 가공성이 크기 때문에 성형이 간단하여 대량 생산적이다.
⑥ 산, 알칼리, 오일, 화학 약품에 강하다(내식성)
⑦ 투명하여 채색이 자유롭고 내구성이 크다.

466. 구리의 일반적인 성질로 맞는 것은?

가. 열 전도성이 나쁘다.
나. 전연성이 좋아 가공이 용이하다.
다. 화학적 저항력이 작아서 잘 부식된다.
라. 강도가 철강보다 강하므로 구조물 재료로 적당하다.

467. 그림과 같은 단면을 가진 외팔보에 등분포 하중이 작용할 때 보에 발생하는 최대 굽힘 응력은 약 몇 N/cm^2인가?

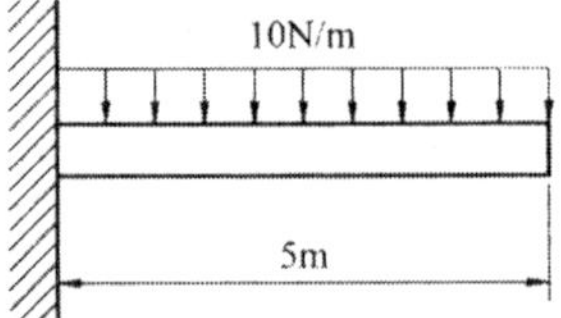

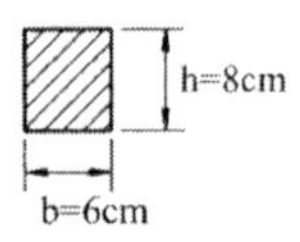

가. 95 나. 145
다. 195 라. 245

해설
$M_{max} = \frac{w \times l^2}{2}$
M_{max} : 최대굽힘 모멘트($N \cdot cm$)
w : 등분포 하중(N), l : 보의 기링(m)
$M_{max} = \frac{10 \times 5^2}{2} = 125N \cdot m = 12500N \cdot cm$
$\sigma_{max} = \frac{M_{max} \times 6}{b \times h^2}$
σ_{max} : 최대 굽힘응력(N/cm^2)
b : 폭(cm), h : 높이(cm)
$\sigma_{max} = \frac{12500 \times 6}{6 \times 8^2} = 195.3N/cm^2$

468. 아래 (보기)와 같은 코일 스프링 장치에서 W는 작용하는 하중이고 스프링 상수를 K_1, K_2라 할 경우 합성 스프링 상수 K를 나타내는 식은?

(보기)
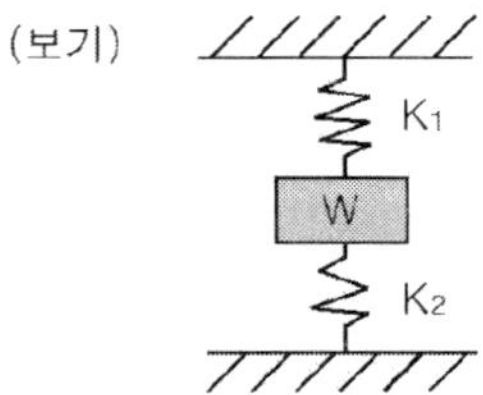

가. $K = \frac{1}{K_1 + K_2}$ 나. $K = K_1 + K_2$
다. $K = \frac{1}{\frac{1}{K_1} + \frac{1}{K_2}}$ 라. $K = \frac{K_1 + K_2}{K_1 \cdot K_2}$

469. 원통의 내면을 보링, 리밍, 연삭 등의 가공을 한 후에 공구를 회전 및 직선왕복 운동시켜 진원도, 직진도, 표면 거칠기 등을 더욱 향상시키기 위한 가공 방법은?

가. 래핑 나. 초음파 가공

464. 다 465. 나 466. 나 467. 다 468. 나 469. 라

다. 숏피닝　　　　라. 호닝

해설
래핑 : 랩이라는 공구와 랩제(劑)를 사용하여 마모와 연삭작용에 의해 공작물을 다듬질하는 정밀 가공법
초음파 가공 : 초음파를 사용해서 금속이나 그 밖의 것을 가공하는 일. 주파수가 약 2만 Hz 이상인, 사람의 귀에는 소리로서 들리지 않는 초음파를 이용하는 가공법
숏피닝 : 경화된 작은 쇠구슬을 피가공물에 고압으로 분사시켜 표면의 강도를 증가시킴으로써 기계적 성능을 향상시키는 가공법

470. $10m/s$로서 50 W동력을 전달시키는 평 벨트 전동장치에서 긴장측의 장력은 약 몇 N인가?(단, 긴장측의 장력은 이완측 장력의 4배이며, 원심력의 영향은 무시한다.)

가. 3.97　　　　나. 4.37
다. 5.48　　　　라. 6.67

471. 모듈이 6, 잇수가 50인 표준 스퍼기어의 바깥지름은 몇 mm인가?

가. 300　　　　나. 312
다. 316　　　　라. 322

해설
$D_o = (Z+2) \times M$
D_o : 바깥 지름(mm), Z : 기어의 잇수
M : 모듈
$D_o = (50+2) \times 6 = 312mm$

472. 길이 측정기가 아닌 것은?

가. 사인 바　　　　나. 마이크로미터
다. 하이트 게이지　　　　라. 버니어 캘리퍼스

해설
사인바 게이지는 직각 삼각형의 2변의 길이로 삼각함수에 의해 각도를 구하는 것으로 삼각법에 의한 측정에 많이 이용된다.

473. 바깥지름이 5cm인 단면에 3500N의 인장하중이 작용할 때 발생하는 인장응력은 약 몇 N/cm^2인가?

가. 126　　　　나. 137
다. 167　　　　라. 178

해설
$\sigma = \frac{W}{A}$
σ : 인장응력(N/cm^2), W : 인장하중(N)
A : 단면적(cm^2)
$\sigma = \frac{W}{A} = \frac{W \times 4}{\pi \times D^2}$ 이므로
$\sigma = \frac{3500 \times 4}{\pi \times 5^2} = 178.25N/cm^2$

474. 나사를 사용목적에 따라 결합용 나사와 운동용 나사로 분류할 때 운동용 나사가 아닌 것은?

가. 사각 나사　　　　나. 사다리꼴 나사
다. 톱니 나사　　　　라. 유니파이 나사

해설
운동용 나사로는 사각 나사, 사다리꼴(애크미) 나사, 톱니 나사 등이 있다.

475. 전기 저항 용접이 아닌 것은?

가. 스폿(점) 용접　　　　나. 심 용접
다. 프로젝션 용접　　　　라. 테르밋 용접

해설 전기 저항 용접의 종류
① 스폿 용접 : 2개의 모재를 겹쳐 전극 사이에 끼워 놓고 전류를 공급하여 접촉면이 전기 저항에 의해 발열되어 용융될 때 압력을 가하여 접합하는 용접법
② 심 용접 : 원판상의 전극에 재료를 끼워 가압하면서 전류를 통하게 하여 접합하는 용접법
③ 프로젝션 용접 : 스폿 용접을 변형시킨 것으로 용접부에 돌기를 전류를 집중시켜 가압하여 접합시키는 용접법
④ 맞대기 용접 : 2개의 모재를 용접기에 설치하여 맞대고 전류를 통해서 접촉부를 용융시켜 접합하는 용접법

476. 용융금속을 금속 주형에 고속, 고압으로 주입하여 정밀도가 높은 알루미늄 합금 주물을 다량 생산하고자 할 때 가장 적합한 주조방법은?

가. 칠드 주조　　　　나. 원심 주조법

470. 라　471. 나　472. 가　473. 라　474. 라　475. 라　476. 다

다. 다이캐스팅　　　라. 셀 주조

해설

다이캐스팅 주조법은 용융금속을 주형에 고압으로 주입하는 방법으로 주물의 정밀도가 높고 표면이 아름다워 기계 다듬질이 필요 없는데 사용된다.

477. 반지름 방향과 축방향의 하중이 동시에 작용할 때 가장 적당한 베어링은?

가. 니들 베어링
나. 스러스트 베어링
다. 테이퍼 롤러 베어링
라. 레이디얼 볼 베어링

478. 일반적으로 양백 또는 양은이라 부르는 동합금의 성분은?

가. Cu + Sn + Zn　나. Cu + Zn
다. Cu + Ni + Zn　라. Cu + Ni

479. 강의 열처리 중 담금질의 주목적으로 옳은 것은?

가. 잔류응력 제거　나. 재질의 경화
다. 인성 증가　라. 균열 방지

해설

담금질은 강의 경도 또는 강도를 증가시키기 위하여 A_1 또는 A_3 변태점 보다 30~50℃ 높게 가열한 후 급랭하여 재료를 경화시키는 열처리를 말한다.

480. 두 축이 평행하고 두 축의 중심선이 약간 떨어진 경우에 각속도의 변화 없이 토크를 전달시키려고 할 때 사용하는 커플링은?

가. 머프 커플링　나. 플랜지 커플링
다. 올덤 커플링　라. 유니버셜 커플링

481. 매분 120회전을 하여 200kW를 전달하는 전동축에서 작용하는 비틀림 모멘트는 약 몇 $N \cdot m$인가?

가. 13917　나. 15917
다. 17917　라. 19917

해설

$$H_{KW} = \frac{2 \times \pi \times T \times N}{102 \times 60 \times 9.8} = \frac{T \times N}{974.5 \times 9.8}$$

H_{KW} : 전달 동력(kW)

T : 비틀림 모멘트($N \cdot m$)

N : 전달축 회전수(rpm)

$1kgf = 9.8N$

$$T = \frac{974.5 \times H_{KW} \times 9.8}{N} = \frac{974.5 \times 200 \times 9.8}{120} = 15916.8N \cdot m$$

482. 화이트메탈(white metal)에 대한 설명 중 틀린 것은?

가. 주석계 화이트 메탈과 납계 화이트 메탈로 구분한다.
나. 주석계 화이트 메탈을 배빗 메탈(Babbit metal)이라고도 한다.
다. 철도 차량용 베어링 재료로 이용된다.
라. 다공질 재료에 윤활유를 흡수시켜 제조한다.

해설 화이트 메탈

Al, Pb, Cu, Sb 등의 합금으로 백색의 금속으로 일반적으로 연하여 다듬질이 쉽다. 주석계 화이트 메탈과 납계 화이트 메탈등이 있다. 주석계 화이트 메탈을 배빗매탈이라고도 하며, 우수한 베어링 합금이다.

483. 아크 용접에서 용접 입열이란 무엇을 말하는가?

가. 용접봉에서 모재로 용융금속이 옮겨가는 상태
나. 단위 시간당 소비되는 용접봉의 중량
다. 용접봉이 녹기 시작하는 온도
라. 용접부에 외부에서 주어지는 열량

484. 절삭공구 인선의 파손 중에서 공구 인선의 일부가 미세하게 탈락되는 현상을 무엇이라 하는가?

가. 크레이터 마모　나. 플랭크 마모
다. 치핑　라. 구성인선

해설 절삭 공구의 마멸

① 크레이터(crater) 마모 : 공작물 가공시 변형에

477. 다　478. 다　479. 나　480. 다　481. 나　482. 라　483. 라　484. 다

의하여 경화된 칩이 공구 면에 작용하여 마멸되거나 고온, 고압으로 인하여 공구에 융착 현상이 발생되어 공구 표면층의 일부가 움푹하게 파여지며, 절삭 도중 떨어져 나가는 현상을 말한다.

② 플랭크(flank wear) 마모 : 공구의 플랭크가 절삭 면에 평행하게 마멸되는 현상을 말한다.

③ 치핑(chipping) : 밀링, 셰이퍼 등과 같이 절삭날 끝에 충격이 작용하는 경우나 경질합금과 같이 공구 재료를 사용하는 경우 발생하는 현상으로 날 끝의 일부가 파괴되어 탈락되는 것을 말한다.

485. 내열용 Al 합금에 해당되지 않는 것은?

가. Y합금(Y alloy)

나. 두랄루민(duralumin)

다. 로우엑스(Lo-Ex)

라. 코비탈륨(cobitalium)

해설 두랄미늄

구리가 포함되어있어 내식성, 내열성에 좋지 않음

486. 유압펌프는 크게 용적형 펌프와 비용적형 펌프로 분류할 수 있고 또 용적형 펌프에는 회전 펌프와 피스톤 펌프로 분류할 수 있다. 이때 회전 펌프에 속하는 것은?

가. 터빈 펌프　　나. 벨류트 펌프

다. 축류 펌프　　라. 베인 펌프

해설

회전형 펌프는 기어 펌프, 베인 펌프, 나사 펌프 등이 있다.

487. 냉간 가공과 열간 가공을 구분하는 것은?

가. 가공경화　　나. 변형 경화

다. 나선 전위　　라. 재결정 온도

해설

소성 가공 방법에는 냉간 가공와 열간 가공으로 분류되며, 재결정 온도 이하의 낮은 온도에서의 가공을 냉간 가공, 재결정 온도이상의 높은 온도에서의 가공을 열간 가공이라 한다.

488. 베어링과 축, 피스톤과 실린더 등과 같이 서로 접촉하면서 운동하는 접촉면이 마찰을 적게 하기 위해 사용되는 것으로 가장 적합한 것은?

가. 냉매　　나. 절삭유

다. 윤활유　　라. 냉각수

489. 가로 a, 세로 b인 직사각형의 단면을 갖는 봉이 하중 P를 받아 인장되었다. 이 봉에 작용한 인장응력을 구하는 식은?

가. $(a \cdot b^2)/P$　　나. $P/(a \cdot b^2)$

다. $(a \cdot b)/P$　　라. $P/(a \cdot b)$

해설

$\sigma = \dfrac{P(\text{하중})}{A(\text{단면적})}$

490. 연성 재료의 절삭가공시 절삭저항이 가장 적고 절삭 가공면이 매끈한 칩의 형식은?

가. 전단형　　나. 유동형

다. 균열형　　라. 열단형

해설

유동형은 고속으로 절삭할 때 칩이 바이트의 경사면에 따라 흐르는 것과 같이 연속적으로 발생한다. 절삭저항이 적고 절삭 가공 면이 매끈하다. 가공재료가 연하고 경사각이 비교적 클 때 발생한다.

491. 축의 지름 d, 축 재료에 걸리는 전단 응력이 τ일 때 비틀림 모멘트 T는?

가. $\dfrac{\pi}{32}d^4\tau$　　나. $\dfrac{\pi}{32}d^3\tau$

다. $\dfrac{\pi}{16}d^4\tau$　　라. $\dfrac{\pi}{16}d^3\tau$

492. 외접하는 한 쌍의 표준 평치차 중심거리가 $360mm$, 모듈이 8, 속도비가 1:6이면 피니언의 바깥지름은 몇 mm인가?

가. 120　　나. 128

다. 136　　라. 144

485. 나　486. 라　487. 라　488. 다　489. 라　490. 나　491. 라　492. 다

해설

$L = \frac{D_a \pm D_b}{2}$, $D_b = 2 \cdot L \cdot R$,

$OD = M \times (2+Z)$, $Z = \frac{D_b}{M}$

D_a : 링기어 지름(mm)

D_b : 피니언 지름(mm)

OD : 바깥지름(mm), M : 모듈, Z : 잇수

L : 중심거리(mm), R : 회전비

$D_a = 2 \times 360 \times \frac{5}{6} = 600mm$

$D_b = 2 \times 360 \times \frac{1}{6} = 120mm$

$Z = \frac{120}{8} = 15$

$OD = 8 \times (2+15) = 136mm$

493. 다음 그림과 같이 측정된 버니어캘리퍼스의 측정값은?(단, 아들자의 최소눈금은 1/50 mm이다.)

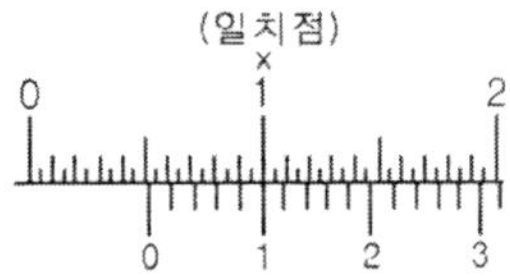

가. 5.01mm　　나. 5.05mm

다. 5.10mm　　라. 5.15mm

해설

어미자눈금 = 5.0mm, 아들자눈금 = 0.1mm

측정값 = 어미자눈금+아들자눈금

494. 바닥이 넓은 축열실(蓄熱室) 반사로를 사용하여 선철을 용해 정련하는 제강법은?

가. 평로　　나. 전기로

다. 전로　　라. 용광로

해설 평로

제강용 반사로를 말한다. 사각형 내화물을 붙인 얕은 노저(爐底)와 곡면에 가까운 천장이 있고, 노저에 선철·고철·철광석 등을 배합해서 넣고 노의 좌우에 있는 풍구의 한쪽으로부터 주입되는 연료와 송풍에 의해 용철(熔鐵) 속의 탄소와 불순물을 산화제거하여 강을 만든다.

495. 펌프의 송출압력이 90N/cm^2, 송출량이 60 ℓ/min인 유압 펌프의 펌프 동력은 몇 W인가?

가. 700　　나. 800

다. 900　　라. 1000

해설

$L_w = \frac{P \times Q}{102 \times 60}$

L_w : 축동력(kW), P : 송출압력(kgf/m^3)

Q : 송출량(m^3/min)

$L_w = \frac{90 \times 60 \times 1000}{120 \times 60 \times 100 \times 9.8}$

$= 0.900kW = 900W$

496. 축간거리가 600mm이고 회전수가 $N_1 = 200$ rpm, $N_2 = 100rpm$인 외접 원통 마찰 차의 지름 D_1, D_2는 각각 몇 mm인가?

가. $D_1 = 400mm$, $D_2 = 600mm$

나. $D_1 = 400mm$, $D_2 = 800mm$

다. $D_1 = 600mm$, $D_2 = 600mm$

라. $D_1 = 800mm$, $D_2 = 400mm$

해설

$\frac{600 \times 2}{2+1} = 400$에서

$D_1 = 1 \times 400 = 400mm$

$D_2 = 2 \times 400 = 800mm$

497. 탄소강에서 인(P)이 증가하면 충격치는 급격히 저하되고 가공시 균열을 발생시키는 약하고 여린 취성재료가 된다. 이때 취성을 무엇이라 하는가?

가. 고온 취성

나. 청열 취성

다. 상온 취성

라. 적열 취성

해설

탄소강에서 인이 증가하면 편석을 만드는 경향이 크고 일반적으로 충격 저항을 감소시키며, 가공 균열 및 상온 취성이 발생된다.

493. 다　494. 가　495. 다　496. 다　497. 다

498. 그림과 같은 스프링장치에서 스프링상수가 $k_1 = 10N/cm$, $k_2 = 20N/cm$일 때 무게 W에 의하여 스프링 길이가 위쪽 스프링은 $2cm$ 늘어나고 아래쪽의 스프링은 $2cm$ 압축되었다면 추의 무게 W는 몇 N인가?

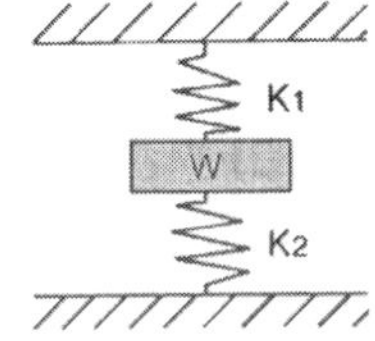

가. 135.3　　나. 33.3
다. 40　　라. 60

해설

$k = k_1 + k_2$
$W = k \times a = (10+20) \times 2 = 60$

499. 재료역학에서의 보에 대한 설명이다. 틀린 것은?

가. 정정보는 보의 지정반력을 정역학적 평형조건을 이용하여 구할 수 있는 보이다.
나. 외팔보는 보의 한쪽 끝만을 고정한 것이며, 단순보라고도 한다.
다. 돌출보는 보가 지점 밖으로 돌출한 보이다.
라. 양단고정보는 양끝이 고정된 보를 말한다.

500. 피치 $3mm$인 2줄 나사의 리드는?

가. $1.5mm$　　나. $2mm$
다. $3mm$　　라. $6mm$

해설

$L = n \times P$
L : 리드(mm), n : 줄 수, P : 피치(mm)
$L = 2 \times 3 = 6mm$

501. 비틀림 압을 받은 축에서 다른 조건은 같게 하고 축 지름을 2배로 늘리면 허용 토크는 몇 배 증가하는가?

가. 4　　나. 6
다. 8　　라. 10

해설

$T = \frac{\pi}{16} \times d^3 \times \tau \fallingdotseq \frac{1}{5} \times d^3 \times \tau$
T : 허용토크, d : 축의 지름
τ : 축의 허용 응력

502. 회전수 $2000rpm$에서 최대 토크가 $36N \cdot m$로 계측된 축의 전달동력은 약 몇 kW인가?

가. 7.3　　나. 10.3
다. 15.3　　라. 20.3

해설

$H = \frac{2 \times \pi \times n \times T}{75 \times 60 \times 1.36}$
H : 전달 동력(kW), n : 회전수(rpm)
T : 토크($kgf-m$), $1kW = 1.36(PS)$
$1N = 1.01972 \times 10^{-1}$
$H = \frac{2 \times \pi \times 2000 \times 35 \times 0.101972}{75 \times 60 \times 1.36} = 7.32kW$

503. 코터 이음(Cotter joint)을 하기에 가장 적합한 곳은?

가. 리벳 연결을 해야 할 부분
나. 배관 이음을 설치할 부분
다. 인장이나 압축력이 축에 수직 방향으로 작용하면서 회전하는 부분
라. 축방향의 인장이나 압축을 받는 2개의 봉을 연결하는 부분

해설

코터(cotter)는 축 방향으로 인장 또는 압축하는 두 축을 연결하는 것으로 로드(rod), 소켓(socket), 코터로 구성되어 있다.

504. 강의 열처리 방법인 풀림의 효과가 아닌 것은?

가. 불균일한 조직이 균일화 된다.
나. 소성가공에 의한 잔류 응력이 제거된다.
다. 절삭성을 향상시키고 냉간 가공성이 개선된다.
라. 경도가 증가하고 탄성계수가 높아진다.

498. 라　499. 나　500. 라　501. 다　502. 가　503. 라　504. 라

해설

강의 경도 또는 강도를 증가시키기 위해 하는 열처리는 담금질이다.

505. 응력과 변형률에 관련된 설명 중 올바른 것은?

가. 탄성한계 내에서 변형률과 응력은 반비례한다.

나. 포와송 비는 세로변형률과 가로변형률의 곱으로 나타낸다.

다. 응력은 단위 부피당 내력의 크기를 말한다.

라. 변형률은 응력이 작용하여 발생한 변형량과 변형 전 상태량과의 비를 말한다.

506. 일정 유량으로 유체가 흐를 때 관의 지름을 두 배로 하면 유속은 몇 배인가?

가. 1/4배　　나. 1/2

다. 2　　라. 4

해설

Q(유량) $= A$(단면적) $\times V$(속도)

507. 구동축과 피동축 간에 거리가 멀 경우 동력을 전달하는 간접 전동장치인 것은?

가. 원통 마찰차에 의한 전동

나. 원추 마찰자에 의한 전동

다. 기어에 의한 전동

라. 체인에 의한 전동

508. 보통 선반을 구성하고 있는 부분에 해당되지 않는 것은?

가. 주축대　　나. 테이블

다. 베드　　라. 심압대

해설 보통 선반의 주요 구성품

① 주축대 : 공장물을 지지하고 회전운동을 하는 부분이다.

② 심압대 : 센터로 공작물을 지지하거나 구멍 뚫기 작업시 드릴이나 리머를 설치하는 부분이다.

③ 왕복대 : 공구를 부착시켜 이송 운동에 의해 공작물을 절삭하는 부분이다.

④ 베드 : 주축대, 심압대, 왕복대, 이송 변속장치 등을 지지하며 왕복대, 심압대 이동의 가이드 역할을 한다.

509. 지름이 $4cm$, 길이가 $4m$인 황봉에 6000 kgf의 인장력을 받아서 길이가 $0.20cm$ 늘어나고 지름이 $0.0008cm$ 줄어들었을 때 재료의 내부에 생기는 인장응력(σ)은 약 몇 kgf/cm^2 인가?

가. 42.4　　나. 47.7

다. 424.4　　라. 477.5

해설

$$\sigma = \frac{W}{A}$$

σ : 응력(kgf/cm^2), W : 인장력(kgf)

A : 단면적(cm^2)

$$\sigma = \frac{6000}{\frac{\pi \times 4^2}{4}} = 477.5kgf/cm^2$$

510. 냉간가공에 대한 설명으로 틀린 것은?

가. 가공면이 깨끗하고 정확한 치수가공이 가능하다.

나. 열간가공에 비해 짧은 시간 내에 강력한 가공이 가능하다.

다. 재료의 변형저항이 크므로 동력소모가 많다.

라. 재료 내부에 응력이 잔류하게 되어 자연 균열(season crack)이 발생할 수가 있다.

해설 냉간 가공의 특징

① 제품의 치수를 정확히 할 수 있으며, 가공면이 깨끗하다.

② 어느 정도 기계적 성질을 개선할 수 있다.

③ 가공 경화로 강도가 증가하고 연신율이 감소한다.

④ 가공 방향으로 섬유 조직이 되어 방향에 따라 강도가 달라진다.

⑤ 재료의 변형저항이 크므로 동력소모가 많다.

⑥ 재료 내부에 응력이 잔류하게 되어 자연 균열(season crack)이 발생할 수가 있다.

505. 라　506. 가　507. 라　508. 나　509. 라　510. 나

511. 강철 재료를 순철, 강 및 주철의 3종류로 분류할 때 순철로 구분되는 재료의 탄소 함유량으로 적합한 것은?

가. 0.3% 이하　　나. 0.1% 이하
다. 0.002% 이하　　라. 0.2% 이하

해설
순철 : 물질에서 100% 순도는 거의 없으므로, 보통 순철이라 하면 다른 철에 비해 순도가 아주 높은 것을 말한다.

512. 연삭숫돌은 연삭이 계속 진행되면 자동적으로 입자가 탈락되면서 새로운 예리한 입자에 의해 연삭이 진행하게 되는데 이 현상을 무엇이라 하는가?

가. 자생작용　　나. 트루잉
다. 글레이징　　라. 드레싱

해설 연삭 숫돌의 수정 용어
① 트루잉(truing) : 숫돌의 연삭면을 숫돌과 축에 대하여 평행 또는 일정한 형태로 성형시켜 주는 방법이다.
② 글레이징(glazing) : 숫돌바퀴의 입자가 탈락이 되지 않고 마멸에 의해서 납작하게 된 상태를 말한다.
③ 드레싱(dressing) : 숫돌면의 표면층을 깎아 떨어뜨려서 절삭성이 나빠진 숫돌의 면에 새롭고 날카로운 입자를 발생시켜주는 수정법이다.

513. 점 용접(spot welding)의 3대 요소가 아닌 것은?

가. 가압력　　나. 통전시간
다. 전도율　　라. 용접전류

해설
전기 저항 용접은 용접물에 전류가 흐를 때 발생되는 저항 열로 접합부가 가열되었을 때 가압하여 접합하는 방법으로 저항 용접의 3대 요소는 용접 전류, 통전 시간, 가압력이다.

514. 어떤 펌프가 매분 3000회전으로 전양정 150 m에 대하여 0.3m^3/s인 수량(水量)을 방출한다. 이것과 상사(相似)인 것으로 치수가 2배인 펌프가 매분 2000회전이고 다른 것은 동일한 상태로 운전될 때 전양정은 몇 m인가?

가. 201　　나. 224
다. 243　　라. 267

해설
$$H_2 = H_1 \times (\frac{D_2}{D_1})^2 \times (\frac{N_2}{N_1})^2$$
$$H_2 = 150m \times 2^2 \times (\frac{2000}{3000})^2 = 266.67m$$

515. 두 재료를 천천히 가까이 접촉시키면 접촉점에 단락 대전류가 흘러 접촉저항과 대전류 밀도에 의하여 국부적으로 발열하여 잠시 과열 용융되어 불꽃이 비산하면서 용접되는 방법은?

가. 플래시 용접　　나. 아크 용접
다. 프로젝션 용접　　라. 시임 용접

해설 전기저항 용접의 종류
① 맞대기 용접 : 2개의 금속을 용접기에 설치하여 맞대고 전류를 통전시키면 접촉부가 전기저항 열에 의해 용융될 때 압력을 가해 접합시키는 용접으로 선이나 봉을 맞대어 접합하는 업셋 용접과 아크를 발생시켜 접합하는 플래시 용접이 있다.
② 심 용접 : 용접부를 겹쳐 한 쌍의 롤러 사이에 끼우면 롤러의 회전에 의해 접합선에 따라서 연속적으로 용접하는 방법으로 점 용접의 전극 대신에 롤러 모양의 전극을 이용하여 접합하는 용접
③ 프로젝션 용접 : 금속 전극의 돌기부에 접합부를 접촉시켜 압력을 가하고 전류를 통전시키면 전기 저항 열의 발생을 비교적 작은 특정 부분에 한정시켜 접합하는 용접

516. 크랭크축의 회전수가 800rpm, 축지름 50 mm, 저널 길이 120mm, 수직 하중이 1200N일 때 베어링의 허용 압력은 몇 N/cm^2인가?

가. 10　　나. 15
다. 20　　라. 25

해설
$$P_a = \frac{P}{d \times l}$$

511. 다　512. 가　513. 다　514. 라　515. 가　516. 다

P_a : 베어링의 허용 압력(N/cm^2)
P : 수직하중(N)
d : 축 지름(cm)
l : 저널 길이(cm)
$P_a = \frac{1200}{5 \times 12} = 20N/cm^2$

517. 평행한 두 축 사이에 회전을 전달시키는 기어는?

가. 원통 웜 기어 나. 헬리컬 기어
다. 직선 베벨 기어 라. 하이포이드 기어

해설 기어의 분류

① 두 축이 서로 평행한 기어 : 스퍼기어, 인터널 기어, 헬리컬 기어, 더블 헬리컬 기어, 래크
② 두 축이 교차하는 기어 : 스퍼 베벨기어, 스파이럴 베벨기어, 헬리컬 베벨 기어
③ 두 축이 만나지도 평행하지도 않는 기어 : 하이포이드 기어, 스크루 기어, 웜기어

518. 나사 중 기계부품의 결합 등 주로 체결용으로 사용되는 것은 어떤 것인가?

가. 사각 나사 나. 관용 나사
다. 사다리꼴 나사 라. 볼 나사

해설 나사의 용도

① 사각 나사 : 나사산의 형상이 사각형이며, 삼각나사에 비하여 마찰 저항이 적어 힘의 전달용으로 나사 잭, 나사 프레스, 선반의 이송나사 등에 사용된다.
② 관용 나사 : 파이프에 사용되는 체결용 나사로 나사로 수밀, 기밀, 유밀을 유지하는데 사용된다.
③ 사다리꼴 나사 : 동력전달용 나사로 사각 나사보다 정밀 가공할 수 있고 나사산의 각도는 미터 계열이 30°, 인치 계열은 29°이며, 애크미 나사라고도 한다.
④ 둥근 나사 : 큰 힘을 받는 곳이나 먼지, 모래 등이 나사산에 들어가도 나사 작용에 지장이 없는 매몰용으로나 전구, 호스의 이음부에 사용된다.

519. 주물에서 기공(blow hole)의 유무를 검사하는 일반적인 방법이 아닌 것은?

가. 자기 탐상법 나. 현미경 탐상법
다. 초음파 탐상법 라. 방사선 탐상법

520. 500rpm으로 회전하고 있는 볼베어링에 500kgf의 레이디얼 하중이 작용하고 있다. 이 베어링의 기본 동적 부하용량이 3000 kgf일 때 베어링의 정격수명은?(단, 하중계수는 1로 한다.)

가. 6400시간 나. 7200시간
다. 5400시간 라. 9600시간

해설

$L_h = 500 f_h^{\ 3}$
L_h : 레이디얼 볼 베어링 정격수명(h)
f_h : 수명계수
$f_h = f_n \times \frac{C}{P}$
f_n : 속도계수
C : 가본 부하용량(kgf)
P : 하중(kgf)
$f_n = (\frac{33.3}{N})^{\frac{1}{3}}$
$L_h = 500 \times \left\{ (\frac{33.3}{500})^{\frac{1}{3}} \times \frac{3000}{500} \right\}^3 = 7210$

521. 축에는 키 홈이 없고, 축의 원호에 접할 수 있도록 하며 보스에만 키 홈을 파는 경하중용에 사용하는 키는?

가. 안장 키 나. 접선 키
다. 평 키 라. 반달 키

522. 모듈이 8인 외접한 한 쌍의 표준 스퍼기어의 잇수가 각각 21, 73일 때 중심거리는 몇 mm인가?

가. 188 나. 376
다. 752 라. 1,504

해설

$L = \frac{M \times (Z_a + Z_b)}{2}$
L : 중심거리(mm), M : 모듈
Z_a, Z_b : A, B 기어의 잇수
$L = \frac{8 \times (21 + 73)}{2} = 376mm$

523. 마이크로미터 스핀들 나사의 피치가 0.5 mm이고 딤블의 원주 눈금이 50등분 되어 있으면 최소 측정값은 몇 mm인가?

517. 나 518. 나 519. 나 520. 나 521. 가 522. 나 523. 가

가. 0.01　　나. 0.05
다. 0.001　　라. 0.005

524. 총 양정이 $5.5m$, 공급유량 $2.5m^3/\min$인 펌프의 축동력은 약 몇 kW인가?(단, 유체의 비중은 0.82이고, 펌프효율은 0.93이다.)

가. 1　　나. 2
다. 3　　라. 4

해설

$L_w = \frac{\gamma \times Q \times H}{102 \times 60 \times \eta}$

L_w : 펌프동력(kW),
γ : 유체의 비중량(kgf/m^3)
Q : 송출량($m^3/\min$), H : 전양정(m)
η : 효율

$L_w = \frac{0.82 \times 2.5 \times 1000 \times 5.5}{102 \times 60 \times 0.93} = 1.98kW$

525. 금속재료를 특정온도에서 장시간 하중을 가하면 변형이 증가하는 현상을 무엇이라 하는가?

가. 탄성 변형　　나. 피로(fatigue)
다. 크리프(creep)　　라. 관성 변형

해설 크리프

외력이 일정하게 유지되어 있을 때, 시간이 흐름에 따라 재료의 변형이 증대하는 현상

526. 양수관의 하단에 압축공기를 보내서 이때 물보다 가벼운 물과 공기의 혼합체를 만들어 이 혼합체의 비중량이 물의 비중량보다 가벼워지는 것을 이용하여 양수하는 펌프는?

가. 기포 펌프　　나. 제트 펌프
다. 수격 펌프　　라. 점성 펌프

527. 체인의 특성이 아닌 것은?

가. 미끄럼을 일으키지 않고 정확한 속도비를 얻을 수 있다.
나. 전동효율은 롤러 체인이 95% 이상이다.
다. 2축이 평행하지 않아도 전동이 가능하다.
라. 유지 및 수리가 쉽다.

해설

체인의 전동은 2축이 평행하여야 전동이 가능하다.

528. 심 용접법에서 모재를 맞대어 놓고 이음부에 동일 재질의 얇은 박판을 대고 가압하는 용접은 무엇인가?

가. 맞대기 심 용접　　나. 매시 심 용접
다. 포일 심 용접　　라. 인터랙 심 용접

해설

맞대기 심 용접 : 수평 대 수평으로 연결된 곳을 용접하는 것
매시 심 용접 : 자동차 차제 조립에 적용되는 테일러드 블랭킹 공법

529. 최대 전단응력설에 의한 상당한 비틀림 모멘트(Te)는?(단, M : 굽힘모멘트, T : 비틀림 모멘트이다.)

가. $\sqrt{M^2+T^2}$
나. $\sqrt{M+T}$
다. $\frac{1}{2}(M+\sqrt{M^2+T^2})$
라. $\frac{1}{2}(M+T)$

530. 노치, 구멍, 필렛, 키홈 등과 같이 단면의 형상이 급변하는 부분에 하중이 작용할 때 국부점으로 대단이 큰 응력이 발생하는 현상은?

가. 잔류변형　　나. 공칭응력
다. 응력집중　　라. 국부응력

해설

잔류변형 : 영구변형
공칭응력 : 변형력
국부응력 : 부분응력

531. 6:4 황동에 1~2%의 철을 첨가한 것으로 강도가 크고 내식성이 좋아 광산, 선박, 화학 기계에 쓰이는 것은?

가. 7:3 황동　　나. 톰백
다. 델타메탈　　라. 인청동

524. 나　525. 다　526. 가　527. 다　528. 다　529. 가　530. 다　531. 다

해설 델타메탈

구리와 아연을 주성분으로 하고 소량의 망간이나 철 따위를 함유한 특수 합금. 잘 늘어나며 부식에 견디는 힘이 강하여 기계의 부품이나 선박 기계를 만드는 데 쓴다.

532. 절삭공구의 수명이 종료되어 공구를 다시 연삭하거나 새로운 절삭공구로 바꾸기 위한 공구수명 판정방법이 아닌 것은?

가. 가공 면에 광택이 있는 색조나 반점이 생길 때
나. 공구인선의 마모가 일정량에 도달하였을 때
다. 완성치수의 변화량이 일정량에 도달했을 때
라. 절삭저항의 이송분력과 배분력이 급격히 감소할 때

533. 탄소강을 오스테나이트조직으로 한 후 물 속에 급랭하여 나타나는 침상조직으로 열처리 조직중 경도가 최대이며, 부식에 대한 저항이 크고 강자성체이며, 경도와 강도는 크나 취성이 있고 연성이 작은 조직은?

가. 마텐자이트　　나. 소르바이트
다. 트루스타이트　　라. 오스테나이트

534. 선반의 베드를 가능한 짧게 하여 주로 공작물의 면 절삭에 쓰이는 것으로 길이가 짧고 직경이 큰 공작물의 가공에 주로 쓰이는 것은?

가. 수직선반　　나. 터릿선반
다. 정면선반　　라. 모방선반

해설

정면선반 : 주축대에 지름이 큰 척(chuck)을 장치한 선반

535. 윤활유의 작용이 아닌 것은?

가. 밀폐작용　　나. 밀봉작용
다. 청정작용　　라. 보온작용

536. 필요에 따라 한 축에서 다른 축으로 운전을 단속할 필요가 있을 때 사용되는 축 이음은?

가. 유니버설 조인트
나. 올덤 커플링
다. 맞물림 클러치
라. 플레시블 커플링

해설 커플링의 용도

① 고정 커플링 : 동력전달 중의 축과 축의 연결을 탈착할 수 없는 축이음을 말한다.
② 플렉시블 커플링 : 두 축의 중심선을 완전히 일치시키기 어려운 경우, 전달 회전력의 변동이 많은 원동기에서 다른 기계로 동력을 전달하는 경우, 고속 회전으로 진동을 일으키는 경우에 사용한다.
③ 올덤 커플링 : 두 축이 평행하며, 그 거리가 비교적 짧은 경우에 이용되는 것으로 접촉면의 마찰저항이 커 윤활이 필요하다.
④ 유니버설 커플링 : 두 축이 일직선상에 있지 않고 서로 어떤 각도로 교차하는 경우의 축이음으로 두 축 끝에 설치되어 있는 요크에 십자형의 핀이 회전할 수 있도록 연결한 것이다.

537. 비중이 7.1, 용융온도는 420℃로 주조성 및 기계적 성질이 우수하여 자동차용 및 건축용 부품에 많이 쓰이는 다이캐스팅용 합금으로 이용되는 금속은?

가. Zn　　나. Sn
다. Pb　　라. Ni

538. 브레이크 드럼에 $5000 kgf-cm$의 토크가 작용하고 있을 때 이 축을 정지시키는데 필요한 접선방향 제동력은 몇 kgf인가? (단, 브레이크 드럼의 지름은 $500 mm$이다.)

가. 300　　나. 250
다. 200　　라. 150

해설

$$T = f \times \frac{D}{2}$$

T : 브레이크 드럼에 작용하는 토크($kgf \cdot cm$)
f : 제동력(kgf)
D : 브레이크 드럼(cm)

532. 라 533. 가 534. 다 535. 라 536. 다 537. 가 538. 다

$$f = \frac{5000 \times 2}{50} = 200kgf$$

539. 허용응력이 $5kgf/mm^2$인 훅 볼트가 하중 4톤을 지지하고 있을 때 볼트 나사부의 호칭 지름은 몇 mm인가?

가. 20　　나. 35
다. 40　　라. 55

해설

$$d = \sqrt{\frac{2 \times W}{\sigma_t}}$$

d : 나사의 지름(mm)
W : 하중(kgf)
σ_t : 허용응력(kgf/mm^2)

$$d = \sqrt{\frac{2 \times 4000}{5}} = 40mm$$

540. 아크 용접에서 언더컷의 발생 원인으로 틀린 것은?

가. 아크길이가 너무 길 때
나. 부적당한 용접봉을 사용했을 때
다. 용접전류가 너무 낮을 때
라. 용접봉 선택이 불량했을 때

해설

언더컷(UnderCut) 원인
① 전류가 높을 때
② 아크 길이가 길때
③ 용접봉취급이 부적당
④ 용접속도가 빠를 때
대책
① 낮은 전류를 사용한다.
② 아크 길이를 짧게 한다
③ 용접봉의 유지각도를 바꾼다
④ 용접속도(운봉)을 천천히 한다.

541. 스프링 재료가 갖추어야 할 가장 중요한 성질은?

가. 소성　　나. 탄성
다. 가단성　　라. 전성

542. 기어의 각부 명칭 중 피치원의 둘레를 잇수로 나눈 값을 무엇이라 하는가?

가. 원주피치　　나. 모듈
다. 지름피치　　라. 물림 길이

해설

$$\text{원주피치} = \frac{\text{피치원둘레}}{\text{잇수}}$$

$$\text{모듈} = \frac{\text{피치원지름}}{\text{잇수}}$$

$$\text{지름피치} = \frac{\text{잇수}}{\text{피치원지름}}$$

543. $0.01mm$를 측정할 수 있는 마이크로미터의 딤블을 2눈금 회전시켰을 때 스핀들의 움직인 양은 몇 mm인가?(단, 마이크로미터 딤블의 원주는 50등분 되어 있고 피치는 $0.5mm$이다.)

가. 0.02　　나. 0.025
다. 0.5　　라. 0.1

544. 유압 제어밸브를 기능상 크게 3가지로 분류할 때 여기에 속하지 않는 것은?

가. 압력 제어밸브　　나. 온도 제어밸브
다. 유량 제어밸브　　라. 방향 제어밸브

해설 제어 밸브의 종류

① 압력제어 밸브 : 유압을 일정하게 유지하거나 최고 압력을 제한하여 일의 크기를 결정한다.
② 유량조절 밸브 : 유로의 면적을 변화시켜 유량을 제어하여 일의 속도를 결정한다.
③ 방향제어 밸브 : 작동유의 흐름 방향을 제어하여 일의 방향을 결정한다.

545. 연삭숫돌 표면에 무디어진 입자나 기공을 메우고 있는 칩을 제거하여 본래의 형태로 숫돌을 수정하는 방법은?

가. 로딩(loading)
나. 글레이징(glazing)
다. 웨이팅(weighting)
라. 드레싱(dewssing)

해설 연삭숫돌 용어의 정의

① 로딩 : 연삭 작업 중 숫돌 입자의 표면이나 기공에 쇳가루가 메워진 상태이다.
② 투루잉 : 숫돌의 연삭면을 숫돌과 축에 대하여 평행 또는 일정한 형태로 성형시키는 수정하는 방법이다.
③ 글레이징 : 숫돌 바퀴의 입자가 탈락하지 않고

539. 다 540. 다 541. 나 542. 가 543. 가 544. 나 545. 라

마멸에 의해 납작하게 된 현상이다.
④ 드레싱 : 숫돌면의 표면층을 깎아 떨어뜨려서 절삭성이 나빠진 숫돌면을 새롭고 날카로운 입자를 발생시켜 주는 수정 방법이다.

546. 용접부의 결함이 생기는 그 원인을 설명한 것으로 틀린 것은?

가. 기공 : 용접봉에 습기가 있었다.
나. 언더컷 : 운동속도가 불량했다.
다. 오버랩 : 전류가 과대했다.
라. 슬래그 섞임 : 슬래그 유동성이 좋았다.

해설 오버랩의 원인
① 운봉 속도가 느릴 때
② 용접 전류가 낮을 때
③ 모재에 비해 용접봉이 굵을 때

547. 축류 펌프의 구성 요소가 아닌 것은?

가. 회전차　　나. 안내깃
다. 축　　라. 피스톤

해설 피스톤
유체(流體)의 압력을 받아 실린더 속을 왕복 운동하는 원판형 또는 원통형의 부품

548. 단면계수가 $10m^3$인 원형 봉의 최대 굽힘 모멘트가 $2000N\cdot m$일 때 최대 굽힘 응력은 몇 N/m^2인가?

가. 20000　　나. 2000
다. 200　　라. 200

해설

$$\sigma_{\max} = \frac{M_{\max}}{z}$$

$\sigma_{\max}$: 최대 굽힘응력(N/m^2)
$M_{\max}$: 최대 굽힘모멘트($N\cdot m$)
z : 단면계수(m^3)

$$\sigma_{\max} = \frac{2000N\cdot m}{10m^3} = 200n/m^2$$

549. 나사의 피치가 $3mm$인 2줄 나사의 리드는 몇 mm인가?

가. 3　　나. 4
다. 5　　라. 6

해설

$L = n \times P$
L : 리드(mm), n : 줄 수, P : 피치(mm)
$L = 2 \times 3 = 6mm$

550. 다음 중 재결정 온도(℃)가 가장 낮은 금속은?

가. Fe　　나. Ni
다. W　　라. Al

해설 재결정 온도
① Fe : 450℃　② Ni : 600℃
③ W : 1200℃　④ Al : 150℃

551. 전양정이 $20m$, 송출하는 유량은 $0.5m^3/\text{min}$, 효율이 70%일 때 원심펌프에 필요한 축 동력은 약 몇 kW인가?(단, 물의 비중량은 9800 N/m^3이다.)

가. 1.14　　나. 2.17
다. 2.33　　라. 3.35

해설

$$L_w = \frac{\gamma \times Q \times H}{102 \times 60 \times \eta}$$

L_w : 펌프동력(kW)
γ : 유체의 비중량(kgf/m^3)
Q : 송출량(m^3/min)
H : 전양정(m)
η : 효율
$1N = 0.101972kgf$

$$L_w = \frac{9800 \times 0.101972 \times 0.5 \times 20}{102 \times 60 \times 0.7} = 2.33kW$$

552. 직선 왕복운동을 회전운동으로 변화시키는 축의 명칭은?

가. 플렉시블 축　　나. 직선 축
다. 크랭크 축　　라. 중간 축

해설 크랭크축
크랭크라고도 부른다. 예를 들면, 자전거나 재봉틀에서 발의 상하운동을 체인풀리나 벨트풀리의 회전운동으로 바꿀 때 사용된다. 또 가솔린기관이나 디젤기관과 같은 내연기관에서 피스톤의 왕복운동을 회전운동으로 바꾸는 곳에 널리 사용된다.

546. 다 547. 라 548. 다 549. 라 550. 라 551. 다 552. 다

553. 미끄럼 베어링과 비교한 구름 베어링의 특징이 아닌 것은?

가. 폭은 작으나 지름이 크게 된다.
나. 충격 흡수력이 우수하다.
다. 기동 토크가 적다.
라. 표준형 양산품으로 호환성이 높다.

해설 구름 베어링의 특징

① 마찰 저항이 적다.
② 동력손실이 적다.
③ 밀봉장치의 교정이 쉽고 윤활방법이 편리하다.
④ 저널의 길이를 짧게 할 수 있다.
⑤ 윤활유 소비가 적다.

554. 탄소강 중 규소(Si)는 선철과 탈산제로부터 잔류하게 되는데 탄소강에 미치는 영향으로 맞는 것은?

가. 인장강도, 탄성한계, 경도를 감소시킨다.
나. 연신율과 충격값을 증가시킨다.
다. 결정립을 최대화 시킨다.
라. 용접성을 향상시킨다.

555. 시편 지름이 $D=14mm$, 평행부가 $60mm$, 표점거리는 $50mm$, 인장하중이 $P=9930N$일 때 인장응력 $\sigma(N/mm^2)$ 및 연신율 $\varepsilon(\%)$은 약 얼마인가?(단, 절단 후의 표점 거리 $\ell=64.3mm$이다.)

가. $\sigma=64.5$, $\varepsilon=28.6$
나. $\sigma=64.5$, $\varepsilon=38.6$
다. $\sigma=54.5$, $\varepsilon=38.6$
라. $\sigma=54.5$, $\varepsilon=28.6$

해설

$\sigma=\frac{P}{A}$

σ : 인장응력(N/mm^2), P : 인장하중(N)

A : 단면적(mm^2)

$\sigma=\frac{9930\times4}{\pi\times14^2}=64.5N/mm^2$

$\varepsilon=\frac{l-l_0}{l_0}$

ε : 연신율(%), l : 늘어난 표점거리

l_0 : 표점거리

$\varepsilon=\frac{64.3mm-50mm}{50mm}\times100=28.6\%$

556. 점성이 큰 가공물을 경사각이 적은 절삭공구로 가공할 때 칩이 경사면에 정착되어 원활하게 흘러 나가지 못하고 절사공구의 전진에 따라 압축되어 가공재료 일부에 터 진 현상이 발생하는 칩의 상태는?

가. 유동형 칩　　나. 경작형 칩
다. 전단형 칩　　라. 균열형 칩

해설 절삭 칩의 생성

① 유동형 : 고속으로 절삭할 때 칩이 바이트의 경사면에 따라 흐르는 것과 같이 연속적으로 발생한다.
② 전단형 : 연성인 재료를 사용하여 저속으로 절삭할 때 날 끝의 경사된 위쪽에 칩이 일정 간격을 두고 전단이 발생되는 형태
③ 경작형 : 절삭속도가 느린 경우 칩이 경사면에 점착되어 날 끝에서 비스듬히 아래쪽을 향해서 균열이 일어나면서 절삭된다.
④ 균열형 : 절삭속도가 매우 느릴 경우 순간적으로 균열이 발생되어 칩이 공작물에서 분리되는 형태

557. 탄소강의 응력 변형 곡선에서 항복점을 나타내는 점은?

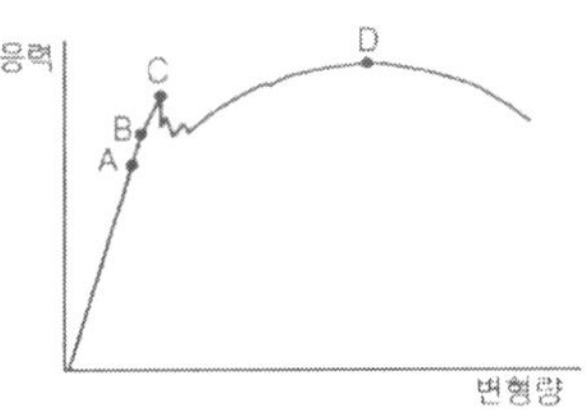

가. A　　나. B
다. C　　라. D

해설 응력-변율 선도

① A : 비례한계
② B : 탄성한계
③ C : 항복점
④ D : 극한강도(인장강도)

558. 평벨트 전동 장치에서 벨트의 원주속도 $v=10m/s$, 긴장축의 장력이 $T_1=150N$, 이완측의 장력은 $T_2=30N$일 때, 유효장력은 몇 N인가?

553. 나　554. 다　555. 가　556. 나　557. 다　558. 나

가. 30　　나. 120
다. 150　　라. 180

해설

$T_e = T_1 - T_2$

T_e : 유효장력(N), T_1 : 긴장측 장력(N)

T_2 : 이완측 장력(N)

$T_e = 150 - 30 = 120N$

559. $100N \cdot m$의 굽힘 모멘트를 받는 단순보가 있다. 이 단순보의 단면이 직사각형이며, 폭이 $20mm$, 높이가 $40mm$일 때 최대 굽힘응력은 약 몇 N/mm^2인가?

가. 12.4　　나. 15.6
다. 18.8　　라. 20.2

해설

$$\sigma_{max} = \frac{6 \times P \times \ell}{b \times h^2} = \frac{6 \times M}{b \times h^2}$$

σ_{max} : 최대 굽힘응력(N/mm^2)

P : 하중(N), ℓ : 길이(m)

b : 폭(mm), h : 높이(mm)

M : 굽힘모멘트($N \cdot m$)

$$\sigma_{max} = \frac{6 \times 100 \times 1000}{20 \times 40^2} = 18.75$$

560. 공기압 발생장치인 압축기의 일반적인 설치 조건으로 가장 적합하지 않은 것은?

가. 습기제거를 위해 직사광선이 있는 곳에 설치한다.
나. 저온, 저습 장소에 설치하여 드레인 발생을 적게 한다.
다. 지반이 견고한 장소에 설치하여 소음, 진동을 예방한다.
라. 빗물, 바람 등에 보호될 수 있도록 지붕이나 보호벽을 설치한다.

561. 절삭 및 비절삭 가공 중에서 절삭가공에 속하는 것은?

가. 주조　　나. 단조
다. 판금　　라. 호닝

562. 재료의 성질을 나타내는 세로탄성계수(영률 E)의 단위가 맞는 것은?

가. N　　나. N/cm^2
다. N·m　　라. N/cm

563. 기어나 피스톤 핀 등과 같이 마모작용에 강하고 동시에 충격에도 강해야 할 때 강의 표면을 경화하기 위하여 열처리하는 방법이 아닌 것은?

가. 침탄법　　나. 침탄질화법
다. 저온소둔법　　라. 고주파법

564. 지름이 100㎜인 탄소강재를 선반 가공할 때 1회 가공 소요시간은 약 몇 초인가?(단, 회전수는 400rpm이고 이송은 0.3㎜/rev이며 탄소강재의 길이는 50㎜이다.)

가. 20초　　나. 25초
다. 30초　　라. 40초

해설

$$T = \frac{L}{nXf}$$

T: 가공시간(min) L: 길이(mm)

n: 회전수(rpm) f: 이송(mm/rev)

$$T = \frac{50mm \times 60}{400 \times 0.3} = 25sec$$

565. 다이얼 게이지로 측정하는 것이 가장 적합한 것은?

가. 캠 축의 휨
나. 나사의 피치
다. 피스톤의 외경
라. 피스톤과 실린더의 간극

해설

다이얼게이지는 다이얼 인디케이터(dial indicator)라고도 한다. 측정물의 길이를 직접 측정하는 것이 아니라 길이를 비교하기 위한 것으로, 평면의 요철(凹 凸), 공작물 부착 상태, 축 중심의 흔들림, 직각의 흔들림 등을 검사하는 데 사용한다.

566. 속이 찬 회전축의 전달마력이 7㎾인 축에 350rpm으로 작동한다면 축의 전달토크는 약 몇 N·m인가?

가. 101　　나. 151
다. 191　　라. 231

559. 다　560. 가　561. 라　562. 나　563. 다　564. 나　565. 가　566. 다

해설

$$H_{kw}=\frac{2\times\pi\times T\times N}{102\times 60}=\frac{T\times N}{974}$$

H_{kw}: 전달동력$(kgf-m)$

T: 전달토크$(kgf-m)$

N: 전달축회전수(rpm)

$1kgf\cdot m=0.101972N\cdot m$

$$T=\frac{7\times 974}{350\times 0.101972}=191.03N\cdot m$$

567. 길이가 2m이고 직경이 1㎝인 강선에 작용하는 인장 하중 1600kgf/㎠일 때 강선의 늘어난 길이는?(단, 탄성계수(E)=2.1×106kgf/㎠)

가. 0.1941㎝
나. 1.1814㎝
다. 0.1579㎝
라. 0.1327㎝

해설

$$\lambda=\frac{W\times\ell}{E\times A}$$

$\lambda=$ 늘어난 길이(㎝)

W: 하중(kgf)

$\ell=$ 길이(㎝)

A : 단면적(㎠),

E: 탄성계수(kgf/㎠)

$$\lambda=\frac{1600\times 200}{0.785\times 2.1\times 10^6}=0.1941cm$$

568. 용적형 펌프에 해당하는 피스톤 펌프는 어느 형식에 속하는 펌프인가?

가. 왕복식 펌프
나. 원심식 펌프
다. 사류 펌프
라. 회전식 펌프

해설 용적형 펌프의 분류

① 왕복형 : 피스톤 펌프, 플런저 펌프
② 회전형 : 기어 펌프, 베인 펌프
③ 특수형 : 마찰 펌프, 분사 펌프, 기포 펌프, 수격 펌프

569. 그림과 같이 길이 L인 단순보의 중앙에 집중하중 W를 받는 때 최대 굽힘모멘트(Mmax 점)은 얼마인가?

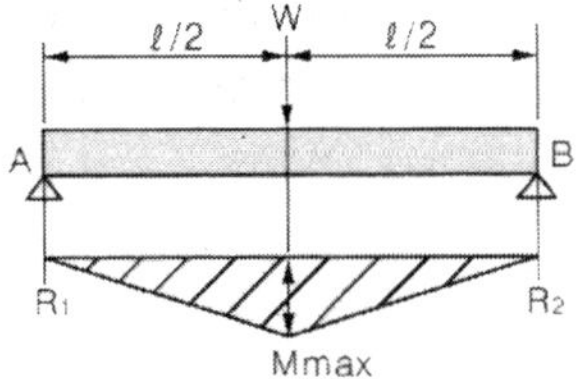

가. $\frac{W\ell}{4}$　　나. $\frac{W\ell}{2}$

다. $\frac{W\ell^2}{4}$　　라. $\frac{W\ell^2}{2}$

570. 나사의 접촉면 사이의 틈이나 나사면을 따라 증기나 기름 등이 누출되는 것을 방지하는데 주로 사용하는 너트는?

가. 홈붙이 너트　　나. 캡 너트
다. 플랜지 너트　　라. 원형 너트

해설 너트의 용도

① 홈붙이 너트 : 너트의 위쪽에 분할 핀을 끼워 너트의 풀림을 방지할 때 사용된다.
② 캡 너트 : 나사의 틈이나 접촉면 등에서 유체의 유출을 방지할 경우에 사용된다.
③ 플랜지 너트 : 너트의 밑면에 6각보다 큰 지름의 와셔가 부착된 너트로 접촉 면적을 크게 할 경우에 사용된다.
④ 둥근 너트 : 너트를 돌리기 위한 스패너를 걸 수 있게 되어 있으며, 6각 너트를 사용할 수 없을 때 이용된다.

571. 코일 스프링에서 코일의 평균지름 D = 50㎜이고, 유효 권수가 10, 소선 지름이 d = 6㎜이고, 축방향 하중 10N이 작용할 때 비틀림에 의한 전단 응력은 약 몇 Mpa인가?

가. 1.5　　나. 3.0
다. 5.9　　라. 15.9

해설

$$\tau=\frac{8\times P\times D}{\pi\times d^3}$$

τ: 전단응력(MPa), P: 하중(N)

D: 코일의 평균지름(mm)

d: 소선지름(mm)

$$\tau=\frac{8\times 10\times 50}{\pi\times 6^3}=5.89$$

567. 가　568. 가　569. 가　570. 나　571. 다

572. 표준 스퍼 기어에서 기어의 잇수가 25개, 피치원의 지름이 75㎜일 때 모듈은 얼마인가?

가. 3　　나. 9.42
다. 0.33　　라. 6

해설

$M = \frac{D}{Z}$

M: 모듈, D: 피치원지름(mm), Z: 잇수

$M = \frac{D}{Z} = \frac{75}{25} = 3$

573. V벨트 전동과 비교한 체인전동의 특징을 설명한 것으로 틀린 것은?

가. 전동 효율이 높다.
나. 고속 회전에 적합하다.
다. 미끄럼이 없어 속도비가 일정하다.
라. V벨트 길이보다는 체인길이를 쉽게 조절할 수 있다.

해설 체인 전동장치의 특징

① 미끄럼 없이 일정한 속도비를 얻을 수 있다.
② 큰 동력을 전달할 수 있고 효율이 높다.
③ 유지 및 수리가 쉽다.
④ 어느 정도의 충격을 흡수할 수 있다.
⑤ 내유, 내열, 내습성이 크다.

574. 베어링에 오일 실(oil seal)을 사용하는 가장 중요한 이유는?

가. 접촉이 잘되도록 하기 위하여
나. 열 발산을 잘하기 위하여
다. 유막이 끊어지지 않도록 하기 위하여
라. 기름이 새는 것과 먼지 등의 침입을 막기 위하여

575. 비중이 2.7인 이 금속은 함금원소를 첨가하여 높은 강도, 가벼운 무게와 내부식성이 강한 합금으로 개선하여 자동차 트랜스미션 케이스, 피스톤, 엔진블록 등으로 사용되는 것은?

가. 납　　나. 아연
다. 마그네슘　　라. 알루미늄

576. 두께가 같은 10㎜인 강판의 겹치기이음의 전면 필렛 용접에서 작용하중이 5000N이면, 용접부의 허용 응력이 6N/㎟일 때 용접부 유효길이는 약 몇 ㎜ 이상이어야 하는가?

가. 50　　나. 59
다. 65　　라. 72

해설

$\sigma = \frac{0.707 \times P}{l \times t}$

σ: 허용응력(N/mm^2)

P: 작용하중(N)

l: 용접부 유효길이(mm)

t: 두께(mm)

$l = \frac{0.707 \times P}{\sigma \times t} = \frac{0.707 \times 5000}{6 \times 10} = 58.9mm$

577. 다음 중 선반의 4개 주요 구성 부분에 속하지 않는 것은?

가. 삼압대　　나. 주축대
다. 바이트　　라. 왕복대

해설

선반은 공작물을 회전시키고 바이트를 절입과 이송시켜 공작물을 가공하는 기계로 주축대, 심압대, 왕복대, 베드의 4대 주요 구성부분으로 되어 있다.

578. 유량이 6㎥/min, 손실 양정 6m, 실양정 30m인 급수펌프를 1750rpm으로 운전할 때 소요동력은 약 몇 ㎾인가?

가. 20　　나. 30
다. 35　　라. 40

해설

$L_m = \frac{\gamma \times Q \times H}{102 \times \eta}$

L_w = 축동력(kw)

H: 전행정(m)

γ = 유체의 비중량(kgf/m^3)

Q: 송출량($m^3/\min$)

η: 전달효율

$L_w = \frac{1000 \times 6 \times 36}{102 \times 60 \times 0.88} = 40.1$㎾

572. 가 573. 나 574. 라 575. 라 576. 나 577. 다 578. 라

579. 가공 경화된 재료를 연한 재질상태로 돌아가게 하는 열처리 방법은?

가. 불림(normalizing)
나. 풀림(annealing)
다. 뜨임(tempering)
라. 담금질(quenching)

해설 강의 열처리

① 불림 : 단조된 재료나 주조된 재료 내부에 생긴 내부 응력을 제거하거나 결정조직을 균일화시킬 목적으로 강을 균일한 오스테나이트 조직까지 가열한 후 공기 중에서 냉각시키는 열처리
② 풀림 : 재료가 가공 경화나 내부 응력이 생겼을 때 이를 제거하기 위해 $A_1 \sim A_3$ 변태점보다 30~50°C 높게 가열한 후 서냉하는 열처리로 완전 풀림과 저온 풀림이 있다.
③ 뜨임 : 경도가 큰 재료를 A_1 변태점 이하로 가열한 후 서냉하여 담금질에서 생긴 내부 응력을 제거하거나 EH는 인성을 개선하는 열처리로 저온 뜨임과 저온 뜨임이 있다.
④ 담금질 : 강의 경도 또는 강도를 증가시키기 위하여 A_1 또는 A_3 변태점 보다 30~50°C 높게 가열한 후 급냉하여 재료를 경화시키는 열처리

580. 선삭 가공이나 드릴로 뚫어진 구멍의 형상과 치수를 정밀하게 다듬질하는 작업은?

가. 리밍　　나. 탭핑
다. 다이스 작업　　라. 스크레이퍼 작업

해설

리밍(REAMING)
1) 공구명 : 리머(REAMER)
2) 작업명 : 내경을 정밀하게 다듬질하는 작업
보링(BORING)
1) 공구명 : BORE
2) 작업명 : 내경을 확장 및 다듬질하는 작업

581. 길이가 300㎜인 봉이 인장력을 받아 1.5㎜ 늘어났을 때 길이 방향 변형률은?

가. $5.0x10^{-3}$
나. 5.0×10^{-2}
다. 1.33×10^{-3}
라. 1.33×10^{-2}

해설

$\varepsilon = \frac{\lambda}{\ell}$

ε : 변형률, λ : 신장량, ℓ : 길이

$\varepsilon = \frac{\lambda}{\ell} = \frac{1.5mm}{300mm} = 0.005 = 5.0\times10^{-3}$

582. 볼류트 펌프(volute pump)나 디퓨저 펌프(diffuser pump)는 어떤 펌프 형식에 속하는가?

가. 원심 펌프　　나. 축류 펌프
다. 왕복 펌프　　라. 회전 펌프

해설

볼류트 펌프나 디퓨터 펌프(터빈 펌프)는 원심펌에서 안내깃(guide vane) 유무에 따라 분류하는 것으로 임펠러의 외주에 안내깃이 없으면 볼류트 펌프, 안내깃이 있으면 디퓨저 펌프이다.

583. 두 축이 만나지도 평행하지도 않는 경우 사용하는 것으로 자동차의 뒤 차축용 등에 사용되는 기어는?

가. 하이포이드 기어
나. 헬리컬 베벨 기어
다. 랙과 피니언 기어
라. 더블 헬리컬 기어

해설 기어의 분류

① 두 축이 서로 평행한 기어 : 스퍼기어, 인터널기어, 헬리컬 기어, 더블 헬리컬 기어, 래크
② 두 축이 교차하는 기어 : 스퍼 베벨기어, 스파이럴 베벨기어, 헬리컬 베벨 기어
③ 두 축이 만나지도 평행하지도 않는 기어 : 하이포이드 기어, 스쿠루 기어, 웜기어

584. 스프링 상수가 5N/㎝인 코일 스프링에 30N의 하중을 작용시키면 처짐은 몇 ㎜인가?

가. 10　　나. 30
다. 60　　라. 90

해설

$k = \frac{W}{a}$

k : 스프링 상수(N/㎝), W : 하중(N),

579. 나　580. 가　581. 가　582. 가　583. 가　584. 다

a : 변형량(cm)

$a = \frac{30}{5} = 6$ cm $= 60$ mm

585. 공기 압축기에서 생산된 압축공기를 탱크에 저장하는 경우에 공기탱크의 압력이 설정압력에 도달하면 압축공기를 토출하지 않는 무부하 운전이 되게 하는 것은?

가. 언로드 밸브(unload valve)
나. 릴리프 밸브(relief valve)
다. 시퀀스 밸브(sequence valve)
라. 카운터 밸런스 밸브(counter balance valve)

해설 압력 제어 밸브의 종류 및 기능

① 언로드 밸브 : 공기 압축기의 흡입 밸브에 설치되어 공기탱크의 압력이 설정압력에 도달하면 압축작용을 정지시켜 무부하 운전을 유지시키는 역할을 한다. 유압장치에서는 회로 내의 압력이 소정의 값에 도달하면 유압 펌프로부터 환원시켜 펌프를 무부하로 유지시키는 밸브이다.
② 릴리프 밸브 : 회로 내의 최고 압력을 낮추어 설정압으로 유지하는 밸브이다.
③ 시퀀스 밸브 : 2개 이상의 분기 회로를 가진 회로 내에서 작동 순서를 제어하는 밸브이다
④ 카운터 밸런스 밸브 : 1방향의 흐름을 규제된 방향에 의한 제어된 흐름이며, 반대쪽 흐름은 자유 흐름인 밸브이다.
⑤ 안전 밸브 : 유압이 설정압에 도달하면 유압유를 배출시켜 관로와 유압기기를 과부하로부터 보호하는 밸브이다.
⑥ 리듀싱 밸브 : 유량이나 입구측의 압력과는 관계없이 미리 설정한 2차측 압력을 일정하게 해주는 밸브이다.

586. 가공방법 중에서 6각 구멍붙이 볼트의 머리를 표면에 보이지 않게 묻기 위한 가공법은?

가. 카운터 보링　　나. 보링
다. 카운터 싱킹　　라. 리밍

해설 드릴링 머신의 기본 작업

① 카운터 보링 : 작은 나사, 둥근 머리 볼트의 머리를 공작물에 묻히게 하기 위해 턱 있는 구멍을 뚫는 가공
② 보링 : 뚫린 구멍이나 주조한 구멍을 넓히는 작업
③ 카운터 싱킹 : 접시 머리 볼트의 머리 부분이 묻히도록 원뿔자리를 파는 작업
④ 리밍 : 뚫린 구멍을 리머로 다듬는 작업
⑤ 드릴링 : 구멍을 뚫는 작업
⑥ 스폿 페이싱 : 너트가 닿는 부분을 절삭하여 자리를 만드는 작업

587. 주형에서 코어(core) 받침대가 사용되는 주요 이유가 아닌 것은?

가. 코어의 자중
나. 주형의 자중
다. 쇳물의 부력
라. 쇳물의 압상력(押上力)

해설

코어 받침대는 주물의 코어형을 외형 내에 채우는 경우 필요한 두께의 주물로 하기 위해 코어와 외형과의 사이에 넣어서 코어를 받치는 I형의 철판을 말하며, 사용되는 이유는 코어의 자중, 쇳물의 부력, 쇳물의 압상력이다.

588. 원통 마찰차에서 원동차의 지름이 130㎜, 종동차의 지름이 400㎜이다. 이때 마찰차의 마찰계수가 0.2이고 서로 밀어 붙이는 힘은 2kN일 때 최대 토크는 몇 N·m인가?

가. 50　　나. 60
다. 80　　라. 120

해설

$T = \frac{\mu \times P \times D_2}{2}$

T : 전달 토크(N·m), μ : 마찰계수
P : 밀어 붙이는 힘(N), D_2 : 종동차의 지름(m)

$T = \frac{0.2 \times 2000 \times 0.4}{2} = 80$ N·m

589. 벨트 전동에서 평벨트 전동과 비교했을 때 V벨트 전동의 특징이 아닌 것은?

가. 속도비를 크게 할 수 있다.
나. 미끄럼이 적고 효율이 좋다.
다. 주행상태가 원활하고 정숙하다.
라. 벨트가 끊어졌을 때 쉽게 접합할 수 있다.

585. 가　586. 가　587. 나　588. 다　589. 라

해설 V 벨트의 특징

① 미끄럼이 적고 속도비가 크다.
② 축간 거리가 짧다.
③ 운전이 정숙하며, 충격을 완화시킨다.
④ 베어링의 부담이 적다.
⑤ 고속 운전을 할 수 있다.
⑥ 미끄럼이 적고 효율이 좋다.

590. 마이크로미터에서 스핀들 나사의 피치가 0.5㎜이고 딤블을 100등분하였다면 측정 가능한 정밀도는 몇 ㎜인가?

가. 0.01㎜ 나. 0.05㎜
다. 0.001㎜ 라. 0.005㎜

해설

정밀도 $= \frac{0.5\text{mm}}{100} = 0.005\text{mm}$

591. 선반의 부속장치로 심압대에 꽂아서 사용하는 것으로 선단이 원뿔형이고 대형 가공물에 사용되며, 자루부는 테이퍼로 되어 있는 것은?

가. 척(chuck)
나. 센터(conter)
다. 심봉(mandrel)
라. 돌림판(driving plate)

592. 받침점의 반력을 힘의 평형과 모멘트의 평형으로 구할 수 있는 보는?

가. 고정보 나. 내다지보
다. 연속보 라. 고정지지보

해설 보의 종류

① 고정보 : 양 끝이 모두 고정되어 있는 보
② 내다지보 : 받침점의 바깥쪽에 하중이 걸리는 보로 받침점의 반력을 힘의 평형과 모멘트의 평형으로 구할 수 있다.
③ 연속보 : 3개 이상의 받침점을 가진 보
④ 고정지지보 : 한 끝은 고정하고 다른 한 끝은 받치고 있는 보

593. 대형의 가공물이나 불규칙한 가공물을 편리하게 가공할 수 있는 가장 적당한 선반은?

가. 공구선반(tool lathe)
나. 탁상선반(bench lathe)
다. 보통선반(engine lathe)
라. 수직선반(vertical lathe)

해설 선반의 종류

① 공구 선반 : 보통 선반과 같으나 정밀한 형식으로 되어있고 부속장치가 있다(taper, 여유각을 깎는 relieving 장치)
② 탁상 선반 : 작업대에 설치하여 사용하는 소형 선반으로 계기, 시계 등의 부품과 같은 것을 절삭하는 것.
③ 보통 선반 : 기본적인 구조와 기능을 가진 대표 적인 기계로 베드, 주축대, 왕복대, 심압대, 이송장치 등으로 구성되어 있으며, 작업범위가 넓다.
④ 수직 선반 : 테이블이 수평면 내에서 회전하고 공구는 수직 방향으로 이송(대형으로 무거운 일감)

594. 구름 베어링을 미끄럼 베어링과 비교한 특징을 설명한 것이다. 다음 중 틀린 것은?

가. 마찰계수가 작다.
나. 시동 저항이 크다.
다. 충격 흡수력이 작다.
라. 일반적으로 소음이 크다.

해설 구름 베어링의 특징

① 마찰 저항이 적다.
② 동력손실이 적다.
③ 밀봉장치의 교정이 쉽고 윤활방법이 편리하다.
④ 저널의 길이를 짧게 할 수 있다.
⑤ 윤활유 소비가 적다.

595. 수퍼피니싱에 사용하는 숫돌 입자의 재질은?

가. Si 나. MgO
다. NaCI 라. A_2O_3

해설 수퍼 피니싱(super finishing)

① 입도가 작고 결합도가 작은 숫돌을 공작물에 가볍게 누르고 매분 500~2000회 정도의 진동 수로 진동을 주면서 왕복운동을 시킴과 동시에 공작물에도 회전을 주어 가공면을 단시간에 매우 편평한 면으로 초정밀 가공하는 것.
② 탄소강과 합금강은 WA(AL_2O_3) 숫돌을 사용

590. 라 591. 나 592. 나 593. 라 594. 나 595. 라

하며, 주철, 알루미늄, 동합금에는 GC(SiC) 숫돌이 사용된다.

596. 그림과 같이 균일 분포 하중을 받는 단순보에서 최대 굽힘 응력은?

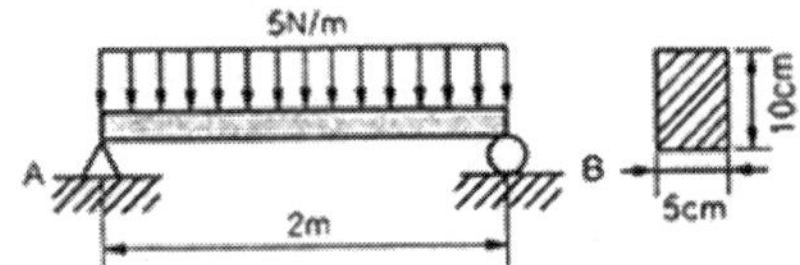

가. 3MPa　　나. 4MPa
다. 6MPa　　라. 8MPa

해설

$$\sigma_{max} = \frac{M_{max}}{Z} = \frac{\frac{P \cdot \ell}{4}}{\frac{b \cdot h^2}{6}} = \frac{6 \cdot P \cdot \ell}{4 \cdot b \cdot h^2}$$

σ_{max} : 최대 굽힘 응력(N/m²)
N_{max} : 최대 굽힘 모멘트(N·m)
P : 하중(N), ℓ : 스팬의 길이(m)
b : 너비(m), h : 높이(m)
1Pa : 1N/m²

$$\sigma_{max} = \frac{6 \times 5 \times 2}{4 \times 0.05 \times 0.1^2} = 3000\text{N/m}^2 = 3\text{MPa}$$

597. 펌프의 송출압력이 70N/㎠, 송출량은 40L/min인 유압펌프의 동력은 몇 ㎾인가?

가. 267　　나. 367
다. 467　　라. 567

해설

$$L_w = \frac{70 \times 40 \times 10^6}{102 \times 60 \times 100 \times 9.8} = 466.85\text{㎾}$$

L_w : 펌프 동력(㎾), P : 송출압력(N/㎠)
Q : 송출량(m³/min)

$$L_w = \frac{70 \times 40 \times 10^6}{102 \times 60 \times 100 \times 9.8} = 466.85\text{㎾}$$

598. 그림과 같이 3개의 스프링을 조합하여 연결하였을 때 조합된 스프링 상수는 몇 N/㎜인가?(단, 스프링 상수 K_1=20N/㎜, K_2=30N/㎜, K_3=40 N/㎜이다.)

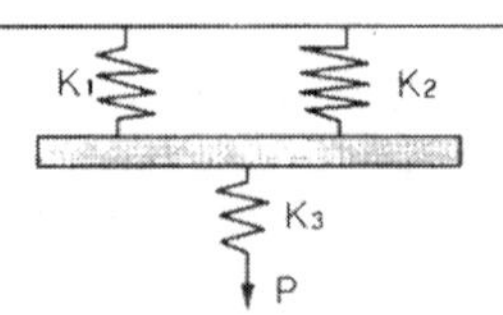

가. 22.22　　나. 44.44
다. 66.67　　라. 266.67

해설

직렬접속 : $k = \frac{1}{\frac{1}{k_1} + \frac{1}{k_2}} \cdots\cdots + \frac{1}{k_n}$

병렬접속 : $k = k_1 + k_2 \cdots\cdots + k_n$

$$k = \frac{1}{\frac{1}{k_1 + k_2} + \frac{1}{k_3}} = \frac{1}{\frac{1}{20+30} + \frac{1}{40}} = 22.22$$

599. 절삭 공구용 특수강에 속하는 것은?

가. 강인강　　나. 침탄강
다. 고속도강　　라. 스테인리스강

해설

고속도강은 테일러가 발명한 것으로 고온 경도가 커서 고속절삭에 사용할 수 있으며, 하이스라고도 한다.

600. 용접의 종류 중 압접(preesure welding)에 해당하는 것은?

가. 미그 용접　　나. 스폿 용접
다. 레이저 용접　　라. 원자수소 용접

해설 전기 저항 용접(압접)의 종류

① 스폿 용접 : 2개의 모재를 겹쳐 전극 사이에 끼워 놓고 전류를 공급하여 접촉면이 전기 저항에 의해 발열되어 용융될 때 압력을 가하여 접합하는 용접법
② 심 용접 : 원판상의 전극에 재료를 끼워 가압하면서 전류를 통하게 하여 접합하는 용접법
③ 프로젝션 용접 : 스폿 용접을 변형시킨 것으로 용접부에 돌기를 전류를 집중시켜 가압하여 접합시키는 용접법
④ 맞대기 용접 : 2개의 모재를 용접기에 설치하여 맞대고 전류를 통해서 접촉부를 용융시켜 접합하는 용접법

596. 가　597. 다　598. 가　599. 다　600. 나

601. 세로 방향으로 쪼개져 있어 구멍의 크기가 핀보다 작아도 망치로 때려 박을 수 있는 핀으로 충격이나 진동을 받는 곳에 사용하며, 지지력이 매우 큰 장점이 있는 핀은?

가. 스냅(snap) 핀
나. 스프링(spring) 핀
다. 평행(parallel) 핀
라. 테이퍼(taper) 핀

602. 다음은 베어링 규격을 나타낸다. 규격 표시가 틀린 것은?

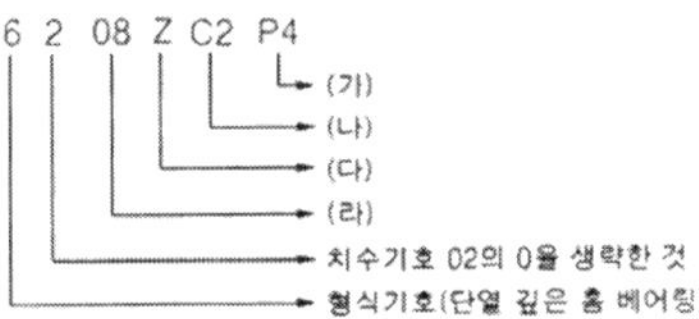

가. P4 : 등급기호
나. C2 : 틈새기호
다. Z : 실드기호
라. 08 : 테이퍼 구멍 번호

해설
08은 베어링의 안지름 번호이다.

603. 암나사를 수기가공으로 작업을 할 때 사용되는 공구는?

가. 탭(tap)
나. 리머(reamer)
다. 다이스(dies)
라. 스크레이퍼(scraper)

해설 공구의 용도
① 탭 : 암 나사를 가공하는데 사용하는 공구
② 리머 : 드릴로 뚫은 구멍의 내면을 매끄럽게 정밀도가 높은 구멍으로 다듬질하는데 사용하는 공구
③ 다이스 : 수 나사를 가공하는데 사용하는 공구
④ 스크레이퍼 : 기계가공이나 줄 작업후 가공된 평면이나 원뿔면을 정밀하게 다듬질하기 위해 사용하는 공구

604. 급수펌프의 전양정이 30m이고 유량이 5㎥/min, 효율은 82%이다. 이 펌프를 구동시키는데 필요한 전동기의 축동력은 약 몇 ㎾인가?(단, 물의 비중량은 9800N/㎥이다.)

가. 25 나. 30
다. 35 라. 50

해설

$$L_w = \frac{\gamma \times Q \times H}{102 \times 60 \times \eta}$$

L_w : 펌프동력(㎾)
γ : 유체의 비중량(kgf/㎥)
Q : 송출량(㎥/min)
H : 전양정(m)
η : 효율, $1N = 0.101972$kgf

$$L_w = \frac{9800 \times 0.101972 \times 5 \times 30}{102 \times 60 \times 0.82} = 29.86 \text{㎾}$$

605. 재료의 성질에서 열 응력과 가장 관계 깊은 인자는?

가. 경도
나. 전단강도
다. 피로한도
라. 선팽창계수

해설 선팽창계수
금속에 열을 가하면 길이 및 체적이 증가한다. 이것을 열팽창이라 하며, 1℃의 온도가 올라감에 따라 길이가 늘어나는 비율을 선팽창계수라 한다.

606. 선반에서 지름 5㎝인 연강의 둥근 막대를 절삭할 때 주축의 회전수가 120rpm이라고 하면 절삭속도는 몇 m/min인가?

가. 9.4 나. 18.8
다. 19.6 라. 37.6

해설

$$V = \frac{\pi \times D \times N}{1000}$$

V : 절삭속도(m/min)
D : 지름(㎜)
N : 회전수(rpm)

$$V = \frac{\pi \times 50 \times 120}{1000} = 18.84 \text{m/min}$$

601. 나 602. 라 603. 가 604. 나 605. 라 606. 나

607. 그림과 같은 균일분포 하중 w(kgf/m)가 받는 외팔보의 자유단에 반력 P(kgf)를 작용시켜 처짐이 0이 되도록 하려면 이때의 하중은?

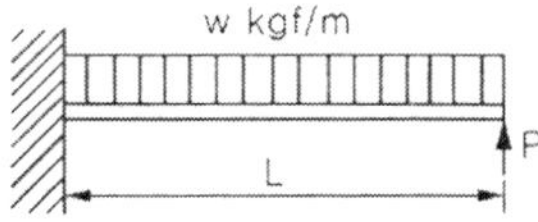

가. $P=\frac{8wl}{3}$　　나. $P=\frac{3wl}{8}$
다. $P=\frac{3wl}{48}$　　라. $P=\frac{48wl}{3}$

608. 부정정보는 어느 것인가?

가. 연속보　　나. 단순보
다. 돌출보　　라. 외팔보

해설 부정정보의 종류

① 연속보 : 3개 이상의 받침점을 가지는 보
② 고정보 : 양 끝이 모두 고정되어 있는 보
③ 고정 지지보 : 한 끝은 고정하고 다른 한 끝은 받치고 있는 보
※ 단순보, 돌출보(내다지지보), 외팔보는 정정보이다.

609. 브레이크 드럼에 5000N·㎝의 토크가 작용하고 있는 축을 정지시키는 데에 필요한 최소제동력은 몇 N인가?(단, 브레이크 드럼의 지름은 50㎝이고, 마찰계수는 0.1이다.)

가. 10　　나. 20
다. 100　　라. 200

해설

$T=\frac{\mu\times f\times D}{2}$

T : 제동 토크(N-㎝), μ : 마찰계수
f : 제동력(N)
D : 브레이크 드럼의 지름(㎝)

$f=\frac{2\times 5000N\cdot cm}{0.1\times 50cm}=2000N$

610. 펌프 중에서 왕복운동으로 압력을 활용하는 펌프는?

가. 제트 펌프　　나. 원심 펌프
다. 피스톤 펌프　　라. 기어 펌프

해설 펌프의 종류

① 원심 펌프 : 1개 EH는 여러 개의 임펠러에 원심력에 의해 압력을 발생시키는 펌프로 디퓨저 펌프, 볼류트 펌프가 있다.
② 축류 펌프 : 회전차의 날개를 회전시켜 발생하는 양정에 의해 압력 및 속도 에너지를 공급하며, 유체가 회전차 내를 축방향으로 흐르는 펌프로 프로펠러 펌프가 있다.
③ 왕복식 펌프 : 피스톤이나 플런저의 왕복운동에 의해 유체를 흡입하여 압력을 발생시키는 펌프로 피스톤 펌프, 플런저 펌프가 있다.
④ 회전 펌프 : 베인, 기어, 나사를 이용하여 유체를 밀어내는 방식의 펌프로 기어 펌프, 베인 펌프 등이 있다.
⑤ 특수 펌프 : 마찰 펌프, 제트 펌프, 기포 펌프

611. 열처리 작업 중 풀림을 하는 목적과 거리가 먼 것은?

가. 경도를 증가시킨다.
나. 내부응력을 저하시킨다.
다. 조직의 균일화, 표준화시킨다.
라. 일반적으로 강의 경도가 낮아져서 재료를 연화시킨다.

해설 풀림의 목적

재료가 가공 경화나 내부 응력이 생겼을 때 이를 제거하기 위해 A_1~A_3변태점보다 30~50°C 높게 가열한 후 서냉하는 열처리로 완전 풀림과 저온 풀림이 있다.

① 열처리로 경화된 재료의 연화
② 가공 경화된 재료의 연화
③ 내부 응력의 제거
④ 재질의 균질화

612. 표준 스퍼기어에서 모듈이 3, 잇수가 40개이고 압력각이 14.5°일 때 기어의 피치원 지름은 몇 ㎜인가?

가. 60　　나. 120
다. 180　　라. 360

해설

$D=M\times Z$

D : 피치원 지름(㎜), M : 모듈, Z : 잇수

$D=3\times 40=120$㎜

607. 나 608. 가 609. 라 610. 다 611. 가 612. 나

613. 그림과 같이 하중이 작용하는 차축의 지름은 몇 ㎜인가?(단, 축에 작용하는 하중은 3000 kgf, 축 길이는 800㎜, 허용 휨 응력은 5kgf/㎟이다.)

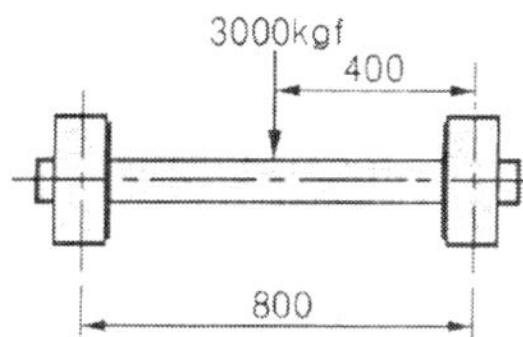

가. 86　　나. 18.8
다. 101　　라. 107

해설

$d = \sqrt[3]{\frac{16 \times T}{\pi \times T_a}}$

T : 비틀림 모먼트(kgf-㎜)
T_a : 허용 휨 응력(kgf/㎟)
d : 축의 지름(㎜)

$d = \sqrt[3]{\frac{16 \times 3000 \times 400}{\pi \times 5}} = 106.92$㎜

614. 속이 빈 모양의 목형(木型)을 주형 내부에서 지지할 수 있도록 목형에 덧붙여 만든 돌출부를 무엇이라고 하는가?

가. 라운딩(rounding)
나. 덧붙임(stop off)
다. 코어 프린트(core print)
라. 목형 기울기(draft taper)

해설 목형 제작

① 수축여유 : 수축을 고려하여 둔 여유량. 주물에서 냉각, 수축을 고려하여 목형을 제작할 때 수축 량만큼 크게 만든다. 수축 여유는 주철은 8.5~10.5㎜, 주강은 18~21㎜, 황동은 10.6~18㎜, 청동은 13~20㎜, 알루미늄은 20㎜이다.
② 가공여유 : 손(手) 가공, 기계 가공을 고려하여 둔 여유량. 주물에서 목형을 제작할 경우 손 가공이나 기계 가공할 치수만큼 크게 만든다. 가공 여유는 거친 다듬질일 경우 1~5㎜, 중간 다듬질일 경우 3~5㎜, 정밀 다듬질 5~10㎜, 주철, 주강의 경우는 3~6㎜이다.
③ 목형구배 : 주형에서 목형을 빼내기 쉽게 하기 위해 목형의 수직면에 약간의 기울기를 두는 것으로 목형의 크기와 모양에 따라 다르나 1m 길이에 6~10㎜ 정도의 구배를 둔다.
④ 라운딩 : 모서리 부분이 응고될 때 결정조직이 경계가 생겨 약해지기 때문에 모서리를 둥글게 한다.
⑤ 덧붙임 : 얇고 넓은 판상 목형의 넓은 판면에 각제를 보충하여 응력에 대한 변형, 균열을 방지하기 위해 주형이나 목형에 덧붙여 보강한다.
⑥ 코어 프린트 : 코어의 위치를 정하거나 주형에 쇳물을 부었을 때 쇳물의 부력에 코어가 움직이지 않도록 하거나 또는 쇳물을 주입했을 때 코어에서 발생되는 가스를 배출시키기 위하여 코어에 코어 프린트를 붙인다. 코어 프린트는 속이 빈 주물을 만들 때 이용한다.

615. 연삭숫돌의 작업과 관련된 용어 설명 중 맞는 것은?

가. glazing이란 숫돌차를 정형하는 작업이다.
나. truing이란 숫돌입자의 자생작용이 잘 안 되어 입자가 마모되는 현상이다.
다. loading이란 숫돌입자의 표면이나 기공에 칩이 끼어 연삭성이 나빠지는 현상이다.
라. dressing이란 연삭 휠에서 결합제가 숫돌입자를 지지하는 힘이다.

해설 연삭숫돌의 수정 용어

① 글레이징(dlazing) : 숫돌바퀴의 입자가 탈락이 되지 않고 마멸에 의해서 납작하게 된 상태를 말한다.
② 트루잉(truing) : 숫돌의 연삭면을 숫돌과 축에 대하여 평행 또는 일정한 형태로 성형시켜 주는 방법이다.
③ 로딩(loading) : 연삭 작업 중 숫돌 입자의 표면이나 기공에 칩이 차 있는 현상
④ 드레싱(dressing) : 숫돌면의 표면층을 깎아 떨어뜨려서 절삭성이 나빠진 숫돌의 면에 새롭고 날카로운 입자를 발생시켜주는 수정법이다.

616. 주철 조직에 유리 탄소(free carbon)와 Fe_3C가 혼재하고 있으며, 주조와 절삭이 쉬워 일반 공작기계의 베드용으로 사용되는 주철은?

가. 반주철　　나. 백주철
다. 회주철　　라. 페라이트 주철

613. 라　614. 다　615. 다　616. 다

617. 매우 작은 입자의 숫돌표면에 극히 작은 압력으로 가압하면서 가공면의 표면을 따라 축방향으로 진동을 주면서 원통의 내면, 외면 및 평면을 가공하는 방법은?

가. 래핑　　나. 호닝
다. 브로칭　　라. 수퍼피니싱

해설 정밀 입자 가공의 종류

① 랩핑 : 공작물보다 경도가 낮은 주철, 구리, 목재로 만든 랩을 공작물의 다듬질할 면 사이에 적당한 연삭 입자를 넣고 공작물과 적당한 압력으로 접촉시켜 상대 운동을 시킴으로서 입자가 공작물의 표면에서 아주 적은 양을 깎아내어 표면을 매끈하게 다듬는 가공
② 호닝 : 숫돌을 이용하여 연삭 가공을 끝낸 원통의 내면을 정밀하게 다듬질하는 가공
③ 브로칭 : 브로치의 공구를 사용하여 브로칭 머신에서 공작물의 내면 또는 표면을 다듬는 가공
④ 수퍼 피니싱(super finishing) : 입도가 작고 결합도가 작은 숫돌을 공작물에 가볍게 누르고 매분 500~2000회 정도의 진동수로 진동을 주면서 왕복운동을 시킴과 동시에 공작물에도 회전을 주어 가공면을 단시간에 매우 편평한 면으로 초정밀 가공하는 것

618. 기계구조용으로 많이 사용되는 KS 재료기호 SM35C의 설명으로 가장 적합한 것은?

가. 최저 인장강도 35kgf/㎟인 기계 구조용 탄소강
나. 최저 인장강도 35kgf/㎟인 기계 구조용 탄소강
다. 탄소 함유량이 약 35% 정도인 기계 구조용 탄소강
라. 탄소 함유량이 0.35% 정도인 기계 구조용 탄소강

해설

SM은 기계 구조용이며, 35C는 탄소 함유량이 0.35%인 탄소강을 나타내는 것이다.

619. 원통 마찰 전동장치에서 원동차의 지름이 125㎜이고, 종동차의 지름이 350㎜이며, 접촉면의 마찰계수가 0.2일 때 200N의 힘으로 서로 밀어 붙일 경우 최대 전달 토크는 몇 N·㎝인가?

가. 350　　나. 700
다. 1400　　라. 2800

해설

$T = \dfrac{\mu \times f \times D_2}{2}$

T : 최대 전달 토크(N·㎝)
μ : 접촉면의 마찰계수
f : 밀어 붙잉는 힘(N)
D_2 : 중동차의 지름

$T = \dfrac{0.2 \times 200 \times 35}{2} = 700N$

620. 피복 금속 아크 용접봉에서 피복제의 역할이 아닌 것은?

가. 용융 금속의 용적을 미세화하여 용착 효율을 높인다.
나. 용착 금속의 냉각속도를 빠르게 하고 탈산을 방지한다.
다. 산화, 질화 등의 해를 방지하여 용착 금속을 보호한다.
라. 슬래그 제거를 쉽게 하고 파형이 고운 비드를 만든다.

해설 피복제의 역할

① 중성 또는 환원성 분위기를 만들어 대기 중의 산소나 질소의 침입을 방지하고 용융금속을 보호한다.
② 아크를 안정시킨다.
③ 용융점이 낮은 가벼운 슬래그를 만든다.
④ 용접 금속의 탈산 및 정련 작용을 한다.
⑤ 용접 금속에 적당한 합금원소를 첨가한다.
⑥ 용적을 미세화하고 용착효율을 높인다.
⑦ 용융금속의 응고와 냉각속도를 지연시킨다.
⑧ 모든 자세의 용접을 가능케 한다.
⑨ 슬랙의 제거가 쉽고 파형이 고운 비드를 만든다.
⑩ 모재 표면의 산화물을 제거하여 완전한 용접이 되도록 한다.
⑪ 전기 절연 작용을 한다.

621. 크랭크축의 회전수가 200rpm, 축지름 40㎜, 저널 길이 80㎜, 수직 하중이 800N일 때 발생하는 베어링 압력은 몇 N/㎟인가?

가. 0.10　　나. 0.15

617. 라 618. 라 619. 나 620. 나 621. 라

다. 0.20　　　　　라. 0.25

622. 가공 제품을 숏 피닝(shot peening)하는 가장 중요한 이유는?

가. 취성을 높이기 위해
나. 담금질 효과를 얻기 위해
다. 피로 강도를 높이기 위해
라. 절삭성을 향상시키기 위해

해설 쇼트 피닝(shot peening)

여러 개의 철, 지름 0.7~0.8㎜ 정도 강의 볼 또는 망간 주철구, 칠드 주철구를 10~50m/sec로 가공품의 표면에 분사시켜 가공물을 연마와 동시에 강도, 피로강도를 증대시키는 가공으로 스프링, 축, 기어 등의 가공에 이용된다.

623. 두 축의 중심선이 어느 정도 어긋났거나 경사졌을 때 사용하며 결합 부분에 합성고무, 가죽, 스프링 등의 단성재료를 사용하여 회전력을 전달하는 축이음은?

가. 슬리브(sleeve) 이음
나. 프랜지(flange) 이음
다. 플랙시블(flexible) 이음
라. 올덤 커플링(Oldham's coupling)

해설 축 이음의 종류

- 슬리브 이음 : 주철로 만든 원통 속에 두 개의 축을 양쪽에서 각각 집어넣고 키로서 고정시킨 것으로 축 지름 30㎜ 이하에서 사용한다.
- 플랜지 이음 : 축 끝의 플랜지를 키로 고정하고 플랜지를 볼트로 조인 것으로 큰 축과 고속도인 정밀 회전축에 이용된다.
- 플렉시블 이음 : 두 축의 중심선을 완전히 일치시키기 어려운 경우, 고속 회전으로 진동을 일으키는 경우에 이용되는 축 이음을 말한다.
- 올덤 커플링 : 두 축이 평행하며, 그 거리가 비교적 짧은 경우에 이용되는 것으로 접촉면의 마찰 저항이 커 윤활이 필요하다.
- 셀러 커플링 : 원뿔 모양의 접촉면에서 조립된 주철제의 바깥쪽 원통 1개와 안쪽 원통 2개를 볼트로 축에 조여 사용하는 이음이다.
- 유니버설 커플링 : 두 축이 일직선상에 있지 않고 서로 어떤 각도로 교차하는 경우에 이용되는 축 이음으로 훅 조인트 또는 만능 이음이라고도 한다.

624. 공기압 회로 중 압축공기 필터에 대한 설명으로 틀린 것은?

가. 필터는 공기 배출구에 설치한다.
나. 드레인 여과 방식으로 수동식과 자동식이 있다.
다. 수분·먼지가 침입하는 것을 방지하기 위해 설치한다.
라. 오염의 정도에 따라 필터의 엘리먼트를 선정할 필요가 있다.

해설

공기압 회로에서 압축공기 필터는 공기 흡입구에 설치되어 수분이나 먼지가 방지하기 위해 설치되어 있다.

625. 감어걸기 전동장치는 V벨트에 관한 내용으로 옳지 않는 것은?

가. 형식은 M, A, B, C, D, E의 6가지가 있다.
나. 크기는 단명의 크기와 전체 길이로 나타낸다.
다. 풀리의 호칭 지름은 피치원 지름으로 나타낸다.
라. 길이는 단명의 바깥을 지나는 둘레의 호칭번호이다.

해설

V 벨트의 길이는 단면의 중앙을 지나는 유효둘레를 호칭번호로 나타낸다.

626. 길이 1000㎜, 지름 6㎜인 둥근 축에 2000 N·㎜의 비틀림 모멘트가 작용할 때 축에 생기는 최대 전단 응력은 몇 N/㎟인가?

가. 23.6　　　　　나. 47.2
다. 141.6　　　　라. 283.2

627. 재료의 성질 중에서 포아송 비를 바르게 표시한 것은?

가. $\frac{\text{세로변형율}}{\text{가로변형율}}$　　　나. $\frac{\text{가로변형율}}{\text{세로변형율}}$
다. $\frac{\text{세로변형율}}{\text{전단변형율}}$　　　라. $\frac{\text{전단변형율}}{\text{세로변형율}}$

622. 다 623. 다 624. 가 625. 라 626. 나 627. 나

628. 전기저항 용접의 종류가 아닌 것은?

가. 심(seam) 용접
나. 점(spot) 용접
다. 테르밋(thermit) 용접
라. 프로젝션(projection) 용접

해설 전기저항 용접의 종류

- 점 용접 : 2개의 모재를 겹쳐 전극사이에 끼워 넣고 전류를 흐르게 하여 접촉면이 전기저항에 의하여 발열되어 접합부가 용융될 때 압력을 가해 접합시키는 용접
- 심 용접 : 용접부를 겹쳐 한 쌍의 롤러 사이에 끼우면 롤러의 회전에 의해 접합선에 따라서 연속적으로 용접하는 방법으로 점 용접의 전극 대신에 롤러 모양의 전극을 이용하는 접합하는 용접
- 프로젝션 용접 : 금속 전극의 돌기부에 접합부를 접촉시켜 압력을 가하고 전류를 통전시키면 전기저항 열의 발생을 비교적 작은 특정 부분에 한정시켜 접합하는 용접
- 맞대기 용접 : 2개의 금속을 용접기에 설치하여 맞대고 전류를 통전시키면 접촉부가 전기저항 열에 의해 용융될 때 압력을 가해 접합시키는 용접

629. 선반작업에서 발생하는 구성인선(Built-up edge)의 감소 대책으로 옳은 것은?

가. 절삭 깊이를 깊게 한다.
나. 상면 경사각을 작게 한다.
다. 절삭 속도를 고속으로 한다.
라. 마찰 저항이 큰 공구를 사용한다.

해설 구성인선의 방지책

절삭 깊이를 작게 할 것
경사각을 30° 이상 크게 할 것
공구의 인선(날부분)을 예리하게 할 것
절삭속도를 크게(빠르게) 한다.
윤활성이 있는 절삭제를 사용한다.

630. 접선 키(key)는 2개의 키를 동시에 끼우는 것으로 축동력을 전달하는 목적이 옳은 것은?

가. 축의 접선방향으로 낮은 회전력을 전달하기 위해서
나. 축의 반지름방향으로 낮은 인장력을 전달하기 위해서
다. 축의 접선방향으로 높은 압축력을 전달하기 위해서
라. 축의 반지름방향으로 낮은 굽힘력을 전달하기 위해서

631. 공기탱크와 압축기 사이에 설치한 클램프 상태에 있는 회로에서 압력저하에 따른 위험방지 목적으로 압축기 정지시 역류 방지용 등에 사용되는 밸브는?

가. 스톱(stop) 밸브
나. 체크(check) 밸브
다. 셔틀(shuttle) 밸브
라. 스로틀(throttle) 밸브

632. 고속도강으로 만든 지름이 16㎜인 드릴로, 연강재 일감에 구멍을 뚫을 때, 드릴링 머신의 스핀들 회전수는?(단, 절삭속도는 20m/min로 한다.)

가. 199rpm　　나. 398rpm
다. 796rpm　　라. 1250rpm

633. 표준 평기어의 잇수가 100개이고, 피치원의 지름이 400㎜인 경우 이 기어의 모듈은?

가. 2　　나. 3
다. 4　　라. 5

634. 독일에서 발명된 고강도 A_1 합금으로 C_uAI_2 및 Mg_2Si 등의 석출에 의한 시효경화성 A_1 합급은?

가. 건메탈(포금)　　나. 다우메탈
다. 델타메탈　　라. 두랄루민

해설 두랄루민

① Al-Cu-Mg-Mn의 합금으로 항공기, 자동차 등의 재료로 사용된다.
② 담금질 후 시효경화에 의해 기계적 성질이 개선되어 강도가 크고 성형성이 좋다.
③ 알루미늄 합금 중에서도 열처리에 의해 지질의 개선이 가능한 합금이다.
④ 가볍고 강인하여 단조용으로 우수한 재료이다.

628. 다 629. 다 630. 다 631. 나 632. 나 633. 다 634. 라

635. 프레스 가공을 분류할 때 전단가공의 종류에 속하지 않는 것은?

가. 엠보싱(embossing)
나. 블랭킹(blanking)
다. 트리밍(trimming)
라. 셰이빙(shaving)

해설 용어 해설

① 엠보싱(embossing) : 기계 부품 등에 장식과 보강을 위해 냉간가공으로 파형의 홈을 만드는 압축 가공을 말한다.
② 블랭킹(blanking) : 판재를 펀치와 다이를 사용하여 필요한 형상으로 뽑아낸 부분이 제품이 되는 판금 가공법
③ 트리밍(trimming) : 프레스 가공이나 주조 가공 등으로 생산된 제품의 불필요한 테두리나 핀 등을 잘라내거나 따내어 제품을 깨끗이 정형하는 판금 작업
④ 셰이빙(shaving) : 뽑기나 구멍 뚫기를 한 제품의 가장자리에 붙어 있는 파단면 등이 편평하지 못하므로 제품의 끝을 약간 깎아 다듬질하는 작업

636. 정련된 용강에 규소강, 망간강 또는 알루미늄 분말 등의 강한 탈산제를 충분히 첨가하여 완전히 탈산한 강은?

가. 설철(pig iron)
나. 킬드(killde) 강
다. 림드(rimmed) 강
라. 세미킬드(semi-killed) 강

해설 강괴의 종류

① 킬드(killed) 강 : 레이들 안에서 강력한 탈산제인 페로실리콘, 페로망간, 알루미늄 등을 첨가하여 충분히 탈산시킨 다음 주형에 주입하여 응고시킨 것.
② 림드(rimmed) 강 : 탈산조작이 충분하지 않기 때문에 응고가 진행되면서 용강의 잔류 탄소와 산소가 반응하여 기포 상태로 남아 있다.
③ 세미킬드(semi-killed) 강 : 탈산의 정도가 킬드강과 림드강의 중간정도이다. 일반 구조용 강, 두꺼운 판 등의 소재로 사용된다.

637. 주조할 때 주형에 접한 표면을 급냉시켜 표면은 시멘타이트가 되게 하고, 내부는 서서히 냉각시켜 펄라이트가 되게 한 주철은?

가. 백주철　　나. 회주철
다. 칠드주철　　라. 가단주철

638. 브레이크 드럼의 지름이 450㎜, 브레이크 드럼에 작용하는 수직방향 힘이 250N인 경우 드럼에 작용하는 토크는 몇 N·m인가?

가. 8.43　　나. 12.6
다. 16.8　　라. 17.5

해설

$T = \frac{\mu \times f \times D}{2}$

T : 드럼에 작용하는 토크(N·m)
μ : 드럼의 마찰계수
f : 드럼에 작용하는 힘(N)
D : 브레이크 드럼의 지름(m)

$T = \frac{0.3 \times 250 \times 0.45}{2} = 16.8$ N·m

639. 비틀림 모멘트를 받는 원형단면 축에 발생되는 최대 전단 응력에 대한 설명으로 옳은 것은?

가. 축 지름이 증가하면 최대 전단 응력은 감소한다.
나. 단면 계수가 감소하면 최대전단 응력은 감소한다.
다. 축의 단면적이 증가하면 최대전단 응력은 증가한다.
라. 가해지는 토크가 증가하면 최대전단 응력은 감소한다.

640. 비틀림 모멘트 T와 극관성 모멘트 I_p가 일정할 때, 길이 ℓ을 갖는 축의 단위 길이당 비틀림 각(ϕ/ℓ)은?(단, ϕ는 길이 ℓ의 축에 발생하는 전체 비틀림 각이고, G는 축의 전단 탄성계수이다.)

가. $\frac{T^2}{GI_p}$　　나. $\frac{GI_p}{T}$
다. $\frac{T}{GI_p}$　　라. $\frac{GI_p}{T^2}$

635. 가 636. 나 637. 다 638. 다 639. 가 640. 다

641. 유압프레스에서 용량이 5kN이고 프레스 효율이 80% 단조물의 유효단면적이 300㎟일 때, 단조 재료의 변형저항은 약 몇 N/㎟인가?

가. 10.3　　나. 13.3
다. 15.3　　라. 16.7

642. 베어링과 축, 피스톤과 실린더 등과 같이 서로 접촉하면서 운동하는 접촉면에 마찰을 적게 하기 위해 사용되는 것으로 가장 적합한 것은?

가. 냉매　　나. 절삭유
다. 윤활유　　라. 냉각수

643. 모듈6, 기어의 이가 22개, 97개인 한 쌍의 표준평기어가 외접하여 물려있을 때 중심거리는 얼마인가?

가. 132㎜　　나. 357㎜
다. 450㎜　　라. 714㎜

644. 체인의 원동차 잇수(Z_1)가 20개, 회전수(N_1) 300rpm이고, 종동차 잇수(Z_1)가 30개일 때 종동차의 회전수(N_2)와 종동차의 속도(V_2)는 각각 얼마인가?

가. N_2=200rpm, V_2=1.5m/s
나. N_2=200rpm, V_2=2.5m/s
다. N_2=400rpm, V_2=1.5m/s
라. N_2=450rpm, V_2=2.25m/s

645. 연삭숫돌의 결함에서 숫돌 입자의 표면이나 기공에 칩(chip)이 끼어 연삭성이 나빠지는 현상은?

가. 트루잉　　나. 로딩
다. 글레이징　　라. 드레싱

646. 그림과 같이 로프로 고정되어 A점에 1000kgf의 무게를 매달 때 AC 로프에 생기는 응력은 약 몇 kgf/㎠인가?(단, 로프 지름은 3㎝이다.)

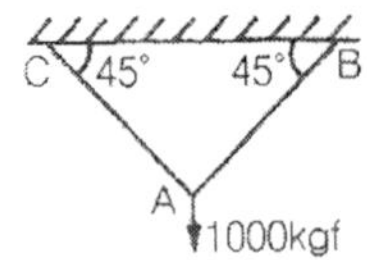

가. 100　　나. 210
다. 431　　라. 640

해설

$$\sigma = \frac{1000}{\frac{\pi}{4}\times 3^2}\times \cos 45 = 100kgf$$

*2008년 8월 31일 시행 일반기계공학 41번 문제와 동일

647. 원통형 케이싱 안에 편심 회전자가 있고 그 회전자의 홈 속에 판 모양의 깃이 원심력 또는 스프링 장력에 의하여 벽에 밀착하면서 회전하여 액체를 압송하는 펌프는?

가. 피스톤펌프　　나. 나사펌프
다. 베인펌프　　라. 기어펌프

648. 소성가공을 할 때 열간가공과 냉간가공을 구분하는 온도와 가장 관계있는 것은?

가. 재결정 온도　　나. 용융 온도
다. 동소변태 온도　　라. 임계 온도

649. 10kN·m의 비틀림 모멘트와 20kN·m의 굽힘 모멘트를 동시에 받는 축의 상당 굽힘 모멘트는 약 몇 kN·m인가?

가. 2.18　　나. 21.18
다. 211.8　　라. 230

650. 알루미늄 분말, 산화철 분말과 점화제의 혼합 반응으로 열을 발생시켜 용접하는 방법은?

가. 테르밋 용접
나. 피복 아크 용접
다. 일렉트로 슬래그 용접
라. 불활성 가스 아크 용접

641. 나　642. 다　643. 나　644. 가　645. 나　646. 가　647. 다　648. 가　649. 나　650. 가

651. 주물에서 기공(blow hole)의 유무를 검사하기 위한 비파괴시험 방법에 속하지 않는 것은?
가. 자기 탐상법
나. 현미경 탐상법
다. 초음파 탐상법
라. 방사선 탐상법

652. 유효낙차가 100m이고 유량이 200m³/s인 수력 발전소의 수차에서 이론 출력을 계산하면 몇 ㎾인가?
가. 412×10^3
나. 326×10^3
다. 196×10^3
라. 116×10^3

653. 두 축이 평행하고, 두 축의 중심선이 약간 어긋났을 경우에 각속도의 변화 없이 토크를 전달시키려고 할 때 사용하는 커플링은?
가. 머프 커플링
나. 플랜지 커플링
다. 올덤 커플링
라. 유니버설 커플링

654. 유압기기의 부속장치 중 유압에너지 압력에 대해 맥동 제거, 압력 보상, 충격 완화 등의 역할을 하는 것은?
가. 스트레이너
나. 증압기
다. 축압기
라. 필터 엘리먼트

655. 축열실과 반사로를 사용하여 장입물을 용해 정련하는 방법으로 우수한 강을 얻을 수 있고 다량생산에 적합한 용해로는?
가. 도가니로
나. 전로
다. 평로
라. 전기로

656. 주철의 성질에 대한 설명으로 틀린 것은?
가. 압축강도가 크다.
나. 절삭성이 우수하다.
다. 융점이 낮고 유동성이 양호하다.
라. 단련, 담금질, 뜨임이 가능하다.

657. 이끝원의 지름이 126㎜, 잇수가 40인 기어의 모듈은?
가. 3 나. 4
다. 5 라. 6

658. 50000N·㎝의 굽힘 모멘트를 받는 단순보의 단면계수가 100㎤이면 이 보에 발생되는 굽힘 응력은 몇 N/㎠인가?
가. 250 나. 500
다. 750 라. 1000

659. 같은 전단 응력이 작용하는 보에서 원형단면의 지름을 2배로 하면 전단 응력(τ)은 얼마인가?
가. $\frac{\tau}{2}$
나. $\frac{\tau}{4}$
다. $\frac{\tau}{8}$
라. $\frac{\tau}{16}$

660. 축의 허용전단 응력이 3N/㎟이고, 축의 비틀림모멘트가 3.0×10^5N·㎜일 때 축의 지름은?
가. 63.4㎜
나. 72.6㎜
다. 79.9㎜
라. 83.4㎜

661. 절삭공구 재료가 갖추어야 할 성질이 아닌 것은?
가. 취성
나. 강인성
다. 내마모성
라. 피삭재에 비하여 충분한 고온경도

651. 나 652. 다 653. 다 654. 다 655. 다 656. 라 657. 가 658. 나 659. 나 660. 다 661. 가

662. 지름 75㎜의 앤드 밀 커터가 매분 60회전하며 절삭할 때 절삭 속도는 약 몇 m/min인가?

가. 14　　나. 20
다. 26　　라. 32

663. 축의 비틀림 강도를 고려하여 원형축에 비틀 틀림모멘트(T)를 가했을 때 비틀림각(θ)를 구할 수 있다. 비틀림각(θ)에 관한 설명 중 틀린 것은?

가. 비틀림각은 극관성모멘트에 비례한다.
나. 축의 길이가 증가할수록 비틀림각은 증가한다.
다. 횡탄성계수가 작을수록 비츨림각은 증가한다.
라. 비틀림모멘트와 비틀림각은 비례한다.

664. 모듈이 8인 외접한 한 쌍의 표준 스피기어의 잇수가 21, 73일 때 중심거리는 몇 ㎜인가?

가. 188　　나. 376
다. 752　　라. 1504

665. α황동을 냉간 가공하여 재결정온도 이하의 낮은 온도로 풀림하면 가공 상태보다 오히려 경화되는 현상이 생긴다. 이것을 무엇이라 하는가?

가. 저온탈아연
나. 경년변화
다. 가공경화
라. 저온풀림경화

666. 그림과 같은 외팔보에서 단면의 폭×높이=b×h일 때, 최대 굽힘 응력(σ_{max})을 구하는 식은?

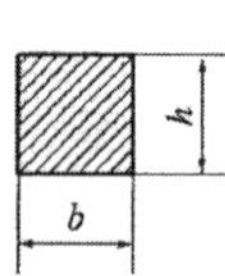

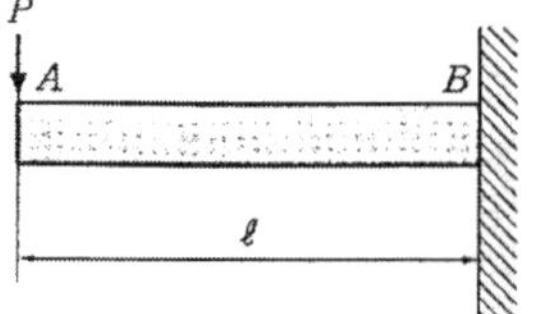

가. $\frac{6pl}{bh^2}$　　나. $\frac{12Pl}{bh^2}$
다. $\frac{6Pl}{b^2h}$　　라. $\frac{12Pl}{b^2h}$

667. 드럼의 지름이 400㎟인 브레이크 드럼에 브레이크 블록을 미는 힘 280N이 작용하고 있을 때 브레이크의 제동력은 얼마인가?(단, 마찰계수는 0.15이다.)

가. 42N　　나. 60N
다. 8400N　　라. 16800N

668. 회전축의 흔들림 검사에 가장 적합한 측정기는?

가. 게이지 블록
나. 버니어 캘리버스
다. 마이크로미터
라. 다이얼 게이지

669. 인발에 영향을 미치는 조건과 거리가 먼 것은?

가. 단면감소율
나. 다이(die)의 각도
다. 윤활방법
라. 펀치의 각도

670. 동력전달용 커플링에서 두 축의 중심선이 보통 30° 이하로 교차하고 있을 때 가장 적합한 축이음은?

가. 고정 커플링
나. 올덤 커플링
다. 유니버설 커플링
라. 플렉시블 커플링

671. 일반용 고무벨트의 종류가 A이고 호칭번호가 30인 V벨트가 있다. 여기에서 A와 30의 설명으로 옳은 것은?

가. 단면이 A형이고, 유효둘레가 30인치이다.
나. 단면이 A형이고, 유효둘레가 30㎜이다.
다. 직경이 30㎝이고, 재료가 A호다.
라. 단면의 두께가 30㎜이고, A는 제작번호다.

662. 가 663. 가 664. 나 665. 라 666. 가 667. 가 668. 라 669. 라 670. 다 671. 가

672. 한 변의 길이가 8㎝인 정4각 단면의 봉에 온도를 20℃ 상승시켜도 길이가 늘어나지 않도록 하는데 28000N이 필요하다면 이 봉의 선팽창 계수는?(단, 탄성계수 (E)는 2.1× 106N/㎝²이다.)

가. 1.14×10^{-5}/℃　　나. 1.04×10^{-5}/℃
다. 1.14×10^{-6}/℃　　라. 1.04×10^{-4}/℃

673. 탄소강에 첨가되어 있는 원소 중에서 탈산제로 첨가되면 강의 경도, 탄성한계, 인장력을 높여주고 전자기적 성질을 개선시키는 원소는?

가. 망간　　나. 규소
다. 인　　라. 황

674. 유량제어 밸브가 아닌 것은?

가. 교축(Throttle) 밸브
나. 체크 밸브
다. 속도 제어 밸브
라. 급속 배기 밸브

675. 용접봉은 사용 전 건조기에 넣어 건조시켜 사용해야 한다. 저수소계 용접봉의 적합한 건조 온도는?

가. 120~150℃
나. 200~230℃
다. 300~350℃
라. 400~430℃

676. 기계요소 중에서 축의 토크를 전달하기보다는 주로 인장력이나 압축력을 받는데 사용하는 것은?

가. 코터　　나. 키
다. 스플라인　　라. 커플링

677. 평벨트와 비교한 V벨트 전동의 특징에 대한 설명으로 틀린 것은?

가. 미끄럼이 작다.
나. 운전이 정숙하다.
다. 끊어지면 접합이 불가능하다.
라. 십자걸기로도 사용이 가능하다.

678. 다음의 비철금속 중 베어링 합금재료로 부적당한 것은?

가. 화이트 메탈　　나. 서멧
다. 켈밋 합금　　라. 배빗 메탈

679. 양수관의 하단에 압축공기를 보내서 이때 물보다 가벼운 물과 공기의 혼합체를 만들어 이 혼합체의 비중량이 문의 비중량보다 가벼워지는 것을 이용하여 양수하는 펌프는?

가. 기포 펌프
나. 제트 펌프
다. 수격 펌프
라. 점성 펌프

680. 밀폐된 용기에 넣은 정지 유체의 일부에 가해지는 압력은 유체의 모든 부분에 동일한 힘으로 전달된다는 유압장치의 기초가 되는 것은?

가. 뉴튼의 제 1법칙
나. 보일·샤를의 법칙
다. 파스칼의 원리
라. 아르키메데스 원리

681. 상온(냉간) 가공에 비교되는 고온(열간)가공에 관련된 설명으로 올바른 것은?

가. 미세결정의 형성이 끝나는 재결정온도보다 높은 온도에서 작업한다.
나. 강에서는 임계 범위보다 높은 온도에서 작업한다.
다. 가공경화를 일으켜 강도와 경도가 증가한다.
라. 강의 경우 보통 1040℃이며 최저 재결정 온도보다 낮아야 한다.

682. 외접한 한 쌍의 표준 평기어의 중심거리가 100mm이고, 한쪽기어의 피치원 지름이 80 mm일 때 상대기어의 피치원 지름은 몇 mm 인가?

가. 40　　나. 90
다. 120　　라. 160

672. 나 673. 나 674. 나 675. 다 676. 가 677. 라 678. 나 679. 가 680. 다 681. 가 682. 다

683. 강의 열처리 방법 중 담금질 후에 재질의 인성을 부여하기 위하여 A_1 변태점 이하에서 다시 가열하여 조직을 연화시키는 방법은?

가. 풀림
나. 불림
다. 표면경화
라. 뜨임

684. 용해된 금속을 금형에 고압으로 주입하여 주물을 만드는 주조법은?

가. 칠드주조
나. 원심주조법
다. 다이캐스팅
라. 셀몰드법

685. 선반의 공구대 이송 나사의 피치가 2mm일 때, 다이얼 눈금이 100등분되어 있다면 ∅50mm의 둥근 봉을 ∅48mm로 절삭하려면 다이얼 눈금을 몇 눈금 회전시키면 되는가?

가. 1　　나. 50
다. 100　　라. 200

686. 10℃에서 양끝은 고정한 연강봉이 온도 30℃로 되었을 때 재료 내부에 생기는 열응력은 약 몇 N/㎠인가?(단, 연강봉의 세로 탄성계수 $E = 2.1 \times 10^6$ N/㎠, 선팽창 계수 a = 0.000012/℃로 한다.)

가. 252
나. 353
다. 454
라. 504

687. 비중 8.9의 은백색을 띄며 내식성과 내열성이 커서 화학공업, 화폐, 도금용으로 널리 사용되는 금속은?

가. 주석(Sn)
나. 아연(Zn)
다. 납(Pb)
라. 니켈(Ni)

688. 한 쌍의 기어가 맞물려서 회전할 때 잇수가 작은 기어를 무엇이라고 하는가?

가. 웜 기어
나. 큰기어
다. 랙 기어
라. 피니언

689. 원래의 길이가 1m이고 2500N의 하중을 받아 늘어난 길이가 0.02m일 때, 이 재료의 세로 변형률(ϵ)은 어느 것인가?

가. 20　　나. 2
다. 0.2　　라. 0.02

690. 아래 그림과 같은 코일 스프링 장치에서 W는 작용하는 하중이고, 스프링 상수를 K_1, K_2라 할 경우, 합성스프링 상수(K)를 나타내는 식은?

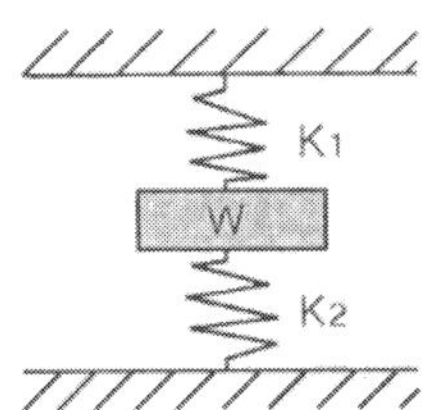

가. $K = \dfrac{1}{K_1 + K_2}$
나. $K = K_1 + K_2$
다. $K = \dfrac{1}{\dfrac{1}{K_1} + \dfrac{1}{K_2}}$
라. $K = \dfrac{K_1 + K_2}{K_1 K_2}$

691. 전기저항 용접으로 원판상의 전극에 재료를 끼워 가압하면서 전류를 통하게 하여 접합하는 용접 방법은?

가. 프로젝션 용접
나. 심 용접
다. 맞대기 용접
라. 테르밋 용접

683. 라　684. 다　685. 나　686. 라　687. 라　688. 라　689. 라　690. 나　691. 나

692. 구름 베어링과 비교한 미끄럼 베어링의 장점이 아닌 것은?

가. 내충격성이 크다.
나. 유막에 의한 감쇠력이 우수하다.
다. 일반적으로 구조가 간단하다.
라. 표준형 양산품으로 호환성이 높다.

693. 원심펌프에서 송출측 압력계의 눈금이 2N/㎟이고 흡입측 진공계의 눈금이 0.5N/㎟이었다. 흡입관과 송출관의 지름이 같고 압력계와 진공계 사이의 높이차가 600mm일 때 펌프의 전양정은 약 몇 m 인가?

가. 206.7
나. 255.7
다. 302.6
라. 356.7

694. 강의 표면경화법의 종류에 속하지 않는 것은?

가. 침탄법
나. 질화법
다. 고주파 담금질
라. 마템퍼링

695. 기계의 작동유가 갖추어야 할 일반적인 특성이 아닌 것은?

가. 윤활성
나. 유동성
다. 기화성
라. 내산성

696. 스패너를 사용하지 않고 손으로 조일 수 있는 너트는?

가. 캡 너트
나. 카운터 보링
다. 리밍
라. 브로칭

697. 비틀림 모멘트를 받는 원형단면 축에 발생되는 전단응력에 대한 설명으로 옳은 것은?

가. 축 지름이 증가하면 전단응력은 감소한다.
나. 극관성 모멘트가 증가하면 전단응력은 증가한다.
다. 토크가 증가하면 전단응력은 감소한다.
라. 단면계수가 감소하면 전단응력은 감소한다.

698. 다음 중 드릴링 머신에서 작업할 수 없는 가공방법은?

가. 보링
나. 카운터 보링
다. 리밍
라. 브로칭

699. 속도 4m/s의 속도로 회전하는 평벨트의 긴장측의 장력을 1kN, 이완측 장력을 0.5kN이라 하면 전달 동력은 몇 kW인가?

가. 1
나. 2
다. 3
라. 4

700. 회전수 2000rpm에서 최대 토크가 35N·m로 계측된 축의 전달동력은 약 몇 kW인가?

가. 7.3
나. 10.3
다. 15.3
라. 20.3

692. 라 693. 나 694. 라 695. 다 696. 나 697. 가 698. 라 699. 나 700. 가

자동차산업기사 2012년도 제1회

제1과목 : 일반기계공학

01. 체인 전동장치의 일반적인 특징에 해당하지 않는 것은?

가. 미끄럼이 없는 일정한 속도비를 얻을 수 있다.
나. 전동 효율이 우수한 편이다.
다. 체인 길이의 신축이 가능하고, 다축 전동이 용이하다.
라. 고속 회전에 적합하다.

해설 체인전동의 특성

1. 체인길이를 쉽게 조절할 수 있다.
2. 미끄럼이 없어 정확한 속도비를 유지할 수 있다.
3. 전동효율이 높다.
4. 유지 및 수리가 쉽다.
5. 두 축이 평행하지 않으면 전동이 어렵다.

02. 볼 베어링의 구조에서 전동체의 원둘레에 고르게 배치하여 전동체가 몰리지 않고 일정한 간격을 유지할 수 있게 하며, 서로 접촉을 피하고 마모와 소음을 방지하는 역할을 하는 것은?

가. 리테이너(retainer)
나. 스트레이너(strainer)
다. 패킹(packing)
라. 실(seal)

해설
볼 베어링은 안 레이스와 바깥 레이스 사이에 몇 개의 볼 등의 전동체를 고르게 넣고 이것이 서로 접촉하지 않도록 적당한 간격으로 배치하기 위해 리테이너를 두고 있다.

03. 버니어캘리퍼스에서 어미자의 1눈금이 0.5mm이고, 아들자는 12mm을 25등분하였다면 최소 측정값은?

가. 0.01mm　　나. 0.02mm
다. 0.05mm　　라. 0.10mm

해설 버니어캘리퍼스의 눈금

$0.5\text{mm}-\frac{12}{25}=0.02\text{mm}$

04. 리드가 36mm인 3줄 나사가 있다. 이 나사의 피치는 몇 mm인가?

가. 3　　나. 12
다. 24　　라. 108

해설

$P=\frac{L}{n}$ [P : 피치, L : 리드, n : 줄수]

$\therefore \frac{36}{3} = 12\text{mm}$

05. 안전계수과 프와송 비를 나타낸 식으로 가장 옳게 짝지어진 것은?

가. 안전계수 = 허용응력/인장강도
　프와송 비 = 세로 변형률/가로 변형률
나. 안전계수 = 허용응력/인장강도
　프와송 비 = 가로 변형률/세로 변형률
다. 안전계수 = 인장강도/허용응력
　프와송 비 = 세로 변형률/가로 변형률
라. 안전계수 = 인장강도/허용응력
　프와송 비 = 가로 변형률/세로 변형률

해설

1. 안전계수 = $\frac{\text{인장강도}}{\text{허용응력}}$
2. 포와송비 = $\frac{\text{가로변형률}}{\text{세로변형률}}$

06. 용융용접의 일종으로서 아크열이 아닌 와이어와 용융슬래그 속에서 전극 와이어를 연속적으로 공급하여 통전된 전류의 저항열을 이용하여 용접을 하는 것은?

가. 이산화탄소 아크 용접
나. 테르밋 용접

01. 라　02. 가　03. 나　04. 나　05. 라　06. 라

다. 불활성 가스 아크 용접
라. 일렉트로 슬래그 용접

해설
1. 이산화탄소 아크용접 : 용접부분에 이산화탄소 가스(실드 가스)를 분사시켜 금속 와이어(전극봉)과 모재와의 사이에 발생하는 아크를 공기와 차단시킨 상태에서 열에 의해 모재를 가열 융합시켜 용접하는 방법이다.
2. 테르밋 용접(thermit welding) : 테르밋 용재(알루미늄과 산화철 분말)를 사용하여 이때 발생하는 고열을 이용하여 강 또는 철재를 이용하는 방법이다.
3. 불활성 가스 아크용접 : 아르곤, 헬륨 등 고온에서도 금속과 반응을 하지 않는 불활성가스의 분위기 속에서 텅스텐(TIG용접)과 금속선(MIG용접)을 전극으로 하여 모재와의 사이에서 아크를 발생시켜 용접하는 방법으로 알루미늄, 구리합금과 같은 특수금속을 용접할 수 있다.

07. 비금속재료 중 하나인 합성수지의 일반적인 특징에 해당하지 않는 것은?
가. 가공성이 크고 성형이 간단하다.
나. 전기 전도성이 좋다.
다. 열에 약하다.
라. 투명한 것이 많고 착색이 자유롭다.

해설 합성수지의 성질
1. 가볍고 튼튼하며, 투명한 것이 많고 착색이 자유롭다.
2. 내식성 및 전기절연성이 좋다.
3. 가공성이 크고, 성형이 간단하다.
4. 산, 알칼리, 유류, 약품 등에 강하다.
5. 열에 약하며, 표면경도가 낮기 때문에 내마모성이나 내구성이 떨어진다.

08. 다음 감아걸기 전동장치에서 축간거리가 가장 멀리 할 수 있는 것은?
가. 로프 전동장치
나. 타이밍 벨트 전동장치
다. V-벨트 전동장치
라. 체인 전동장치

09. 그림과 같이 직사각형 단면(b x h)을 갖는 외팔보의 끝단부 처짐량에 대한 설명 중 맞는 것은?

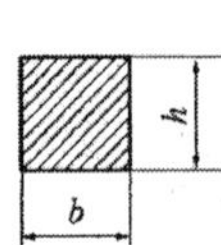

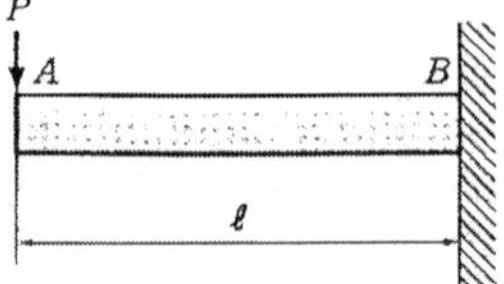

가. 처짐량은 보의 길이의 제곱(l^2)에 비례한다.
나. 처짐량은 보 높이의 세제곱(h^3)에 반비례한다.
다. 처짐량은 하중(P)에 반비례한다.
라. 처짐량은 보의 너비(b)에 비례한다.

해설
외팔보의 끝단부 처짐량 $Q_{max} = \frac{6Pl}{bh^3}$
P : 하중, l : 보의 길이
b : 보의 너비, h : 보의 높이

10. 다음 재료 중 소성가공이 가장 어려운 것은?
가. 저탄소강
나. 구리
다. 알루미늄
라. 주철

해설
주철은 취성이 커 단조나 소성가공이 어려워 주조용으로 사용된다.

11. 비중이 2.7인 이 금속은 합금원소를 첨가하여 높은 강도, 가벼운 무게와 내부식성이 강한 합금으로 개선하여 자동차 트랜스미션 케이스, 피스톤, 엔진블록 등으로 사용되는 것은?
가. 납　　나. 아연
다. 마그네슘　　라. 알루미늄

해설
알루미늄은 비중이 2.7이며 합금원소를 첨가하여 높은 강도, 가벼운 무게와 내부식성이 강한 합금으로 개선하여 자동차 트랜스미션 케이스, 피스톤, 엔진블록 등으로 사용된다.

07. 나　08. 가　09. 나　10. 라　11. 라

12. 플렉시블 커플링의 설명으로 틀린 것은?

가. 어느 정도의 진동은 흡수할 수 있다.
나. 두 축의 수축과 팽창이 일어날 때 원활하게 전동하기 위하여 적용한다.
다. 두 축이 어느 정도의 각도(15°~30°)로 교차할 때 사용한다.
라. 양측의 중심선이 정확히 일치하기 곤란한 곳에 사용한다.

해설
플렉시블 커플링은 두 축의 중심선을 완전히 일치시키기 어려운 경우나 충격 및 진동을 방지할 때 사용하며 가죽이나 고무 등 탄성이 있는 물체를 축 사이에 넣고 축을 연결한다. 이 커플링은 구동축과 피동축의 경사각이 3~5° 이상 되면 진동을 일으키기 쉬워 전동효율이 저하된다.

13. 보 속의 굽힘 응력에 대한 설명으로 옳은 것은?

가. 중립면으로부터의 거리에 비례한다.
나. 중립면에서 굽힘응력이 최대로 된다.
다. 세로탄성계수에 반비례한다.
라. 굽힘 곡률반지름에 비례한다.

14. 베어링 재료에 요구되는 성질로 거리가 먼 것은?

가. 하중 및 피로에 대한 충분한 강도를 가져야 한다.
나. 마찰계수가 크고 녹아 붙지 않아야 한다.
다. 열전도율이 크고 내마모성이 커야 한다.
라. 내식성이 크고 유막의 형성이 용이해야 한다.

해설
베어링 재료의 구비조건은 가, 다, 라항 이외에 마찰계수가 작고 녹아 붙지 않아야 한다.

15. 유압모터로 어떤 물체를 300N·m의 토크로 분당 1000회전시키려고 한다. 이때 모터에 필요한 동력은 몇 kW인가?(단, 효율은 100%이다.)

가. 31.4
나. 41.9
다. 314
라. 419

해설

$$H_{kW} = \frac{TR}{974 \times 9.8}$$

H_{kW} : 동력, T : 토크
R : 회전속도

$$\therefore \frac{300 \times 1000}{974 \times 9.8} = 31.4\text{kW}$$

16. 주형을 만드는데 사용하는 주물사 구비조건이 아닌 것은?

가. 가스 및 공기가 잘빠지지 않을 것
나. 반복 사용에 따른 형상 변화가 거의 없을 것
다. 내열성이 크고 화학적인 변화가 생기지 않을 것
라. 주형제작이 용이하고 쇳물의 압력에 견딜 수 있는 강도를 갖출 것

해설
주물사의 구비조건은 나, 다, 라항 이외에 가스 및 공기가 잘 빠질 것

17. 구리, 주석, 흑연의 분말을 혼합하여 성형을 한 후 가열하고, 윤활제를 첨가하여 소결한 것으로 주유가 곤란한 부분의 베어링으로 사용하는 것은?

가. 포금(gun metal)
나. 인청동(phosphor bronze)
다. 켈밋(kelmet)
라. 오일라이트(oilite)

해설
오일라이트는 오일리스 베어링(oilless bearing)이라고 부르며, 구리, 주석, 흑연의 분말을 소결한 합금으로 만든 것으로 그 다공성을 이용하여 여기에 윤활유를 침투시킨 것이다. 회전 중에 윤활유가 나와 윤활제 역할을 하며, 주유가 곤란한 부분에서 사용한다.

12. 다 13. 가 14. 나 15. 가 16. 가 17. 라

18. 지름이 d인 원형 단면의 허용비틀림응력을 r라 할 때, 이 봉이 받는 허용비틀림모멘트는 다음 중 어느 것인가?

가. $\frac{\pi d^3}{16} r$ 나. $\frac{\pi d^4}{16} r$

다. $\frac{\pi d^3}{32} r$ 라. $\frac{\pi d^4}{32} r$

19. 탭 가공에서 탭의 파손 원인으로 거리가 먼 것은?

가. 막힌 구멍의 밑바닥에 탭 선단이 닿았을 경우

나. 탭이 경사지게 들어간 경우

다. 너무 무리하게 힘을 가했을 경우

라. 구멍이 너무 클 경우

20. 공작물을 단면적 100㎠인 유압실린더로 1분에 2m의 속도로 이송시키기 위해 필요한 유량은 몇 L/min인가?

가. 10 나. 20

다. 30 라. 40

해설

Q = AV

여기서,

Q : 유량, A : 단면적, V : 흐름속도(유속)

$\therefore \frac{100\text{㎠} \times 2m/\text{min}}{10} = 20\text{L/min}$

18. 가 19. 라 20. 나

자동차산업기사 2012년도 제2회

제1과목 : 일반기계공학

01. 유압유의 점도가 너무 높을 때 발생되는 현상으로 거리가 먼 것은?

가. 캐비테이션 발생
나. 장치의 관내저항에 의한 압력 증대
다. 작동유의 비활성으로 응답성 저하
라. 내부 및 외부 누설증대

해설
유압유의점도가 너무 높으면 가, 나, 다항이며. 유압유의 점도가 낮을 때 누설이 증대된다.

02. 체인번동의 일반적인 특징을 잘못 설명된 것은?

가. 미끄럼이 생기므로 일정한 속도비로 전동이 불가능하다.
나. 체인 길이를 신축(伸縮)할 수 있다.
다. 고속회전에는 부적당한 편이다.
라. 다축 전동이 용이하다.

해설 체인전동의 특성

1. 체인길이를 쉽게 조정할 수 있다.
2. 미끄럼이 없어 정확한 속도비를 유지할 수 있다.
3. 전동효율이 높고 다축 전동이 용이하다.
4. 유지 및 수리가 쉽다.
5. 두 축이 평행하지 않으면 전동이 어렵다.
6. 고속회전에는 부적당한 편이다.

03. 다음 탄소강의 첨가원소 중 함유량이 증가하면 내마멸성이 커지고 담금질성을 높게 하는 효과가 있으며, 탈산제로 이용되기도 하고 황에 의하여 일어나는 적열취성을 방지할 수 있는 원소는?

가. Cr
나. Mn
다. W
라. Co

해설 망간(Mn)의 성질

1. 연산율을 그다지 감소시키지 않고 강도, 경도, 인성 및 소성을 증가시킨다.
2. 황에 의한 적열취성을 방지한다.
3. 높은 온도에서 결정이 거칠어지는 것을 방지한다.
4. 강의 점성을 증가시키고 고온가공을 쉽게 한다.
5. 내마멸성이 커지고 담금질성을 높게 하는 효과가 있으며 탈산제로 이용되기도 한다.

04. 다음 측정치의 통계적 용어에 대한 설명으로 맞는 것은?

가. 치우침(bias) : 참값과 모평균과의 차이
나. 오차(error) : 측정치와 시료평균과의 차이
다. 잔차(residual) : 측정치와 모평균과의 차이
라. 편차(deviation) : 측정치와 참값과의 차이

해설

1. 오차 : 어떤 양을 측정하는 경우에 그 참 값을 구하기는 불가능하며 반드시 측정치와 참값 사이에는 발생하게 되는 차이를 말한다.
2. 잔차 : 어느 추정된 수학 모델에 입각하는 예측 값과 실측값과의 차이를 말한다.
3. 편차 : 각 수치와 대표 값과의 차이. 편차의 절대 값 한계를 도수로 나눈 것을 평균 편차라 한다.

05. 그림과 같이 한변이 10cm인 정사각형에 지름 4cm의 구멍이 중앙에 뚫린 단면에 도심축(x-x축)에 대한 단면2차모멘트는 약 얼마인가?

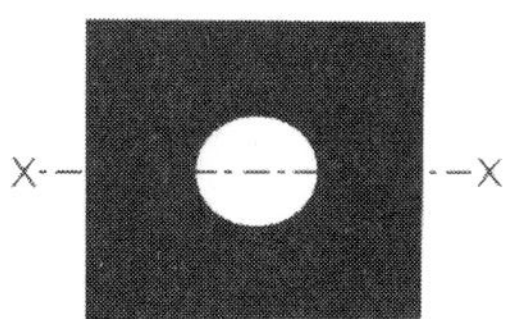

01. 라 02. 가 03. 나 04. 가 05. 가

가. 821cm⁴　　나. 921cm⁴
다. 1021cm⁴　　라. 1121cm⁴

해설

$$M = \frac{bh^3}{12} - \frac{\pi d^4}{64}$$

$$\therefore \frac{10 \times 10^3}{12} - \frac{3.14 \times 4^4}{64} = 821cm^4$$

06. 다음 탄소강 중 내마모성과 경도를 동시에 요구하는 경우에 사용하는 탄소함유량으로 가장 적합한 것은?

가. 0.05~0.1%
나. 0.2~0.3%
다. 0.3~0.45%
라. 0.65~1.2%

해설

탄소함유량 0.65~1.2%의 탄소강은 내마모성과 경도를 동시에 요구하는 경우에 사용한다.

07. 스프링 백 현상은 다음 중 어느 작업 시 가장 많이 발생하는가?

가. 용접　　나. 프레스
다. 절삭　　라. 열처리

해설

스프링 백(spring back)이란 소성재료를 굽힘 가공을 할 때 재료를 굽힌 후 힘을 제거하면 판재의 탄성으로 인하여 탄성변형 부분이 원래의 상태로 복귀하여 그 굽힘 각도나 굽힘 반지름이 열려 커지는 현상이며 프레스 작업이나 판금가공에서 주로 발생한다.

08. 어미자의 최소 1눈금이 0.5mm일 때, 버니어 눈금 12mm를 25등분하여 아들자의 눈금으로 사용하는 버니어 캘리퍼스는 이론적으로 최소 몇 mm까지 읽을 수 있는가?

가. 2mm　　나. 1mm
다. 0.1mm　　라. 0.02mm

해설

$$0.5mm - \frac{12}{25} = 0.02mm$$

09. 그림과 같은 봉에 인장력 P가 작용하였을 때 B부 지름이 A부 지름의 2배이면 인장 응력의 비 $(\frac{\sigma_A}{\sigma_B})$는?

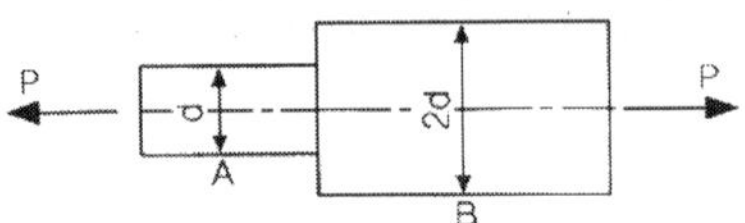

가. 1/4　　나. 1/2
다. 2　　라. 4

해설

$$\sigma a = \frac{P}{A} = \frac{P}{\frac{\pi}{4}(2d)^2}$$

따라서, 인장응력의 비는

$$\frac{\sigma a}{\sigma b} = \frac{\frac{P}{\frac{\pi}{4}d^2}}{\frac{P}{\frac{\pi}{4} \times 4d^2}} = 4$$

10. 하이트 게이지의 사용상의 주의점에 관한 설명으로 틀린 것은?

가. 측정 전에 정반 표면과 하이트 게이지의 베이스 밑면을 깨끗이 닦고 측정해야 한다.
나. 측정 전에 스크라이버 밑면을 정반위에 닿게 하여 0점 확인을 하며, 맞지 않을 경우 0점 조정을 하는 것이 좋다.
다. 아베의 원리에 맞는 구조이므로 스크라이버를 정확히 수평으로 셋팅하는 것이 정확도를 올릴 수 있다.
라. 시차를 없애기 위해서는 어미자와 버니어의 눈금이 일치하는 곳의 수평 위치에서 눈금을 읽어야 한다.

해설

하이트 게이지는 공작물의 높이 측정과 스크라이빙 블록(scribing block)과 함께 정밀한 금긋기에 사용하는 공구이며 사용상의 주의 점은 가, 나, 라항 이외에 버니어캘리퍼스를 수직으로 사용할 수 있도록 하여 높이를 측정한다.

06. 라　07. 나　08. 라　09. 라　10. 다

11. 바깥지름 20mm, 피치 2mm인 3줄 나사를 1/2회전하였을 때, 이 나사가 축방향으로 이동한 거리는 몇 mm인가?

가. 2　　나. 3
다. 4　　라. 6

해설
L = nP[L : 리드, n : 줄수, P : 피치]
∴ 3×2mm×1/2 = 3mm

12. 롤링 베어링의 호칭기호가 N304일 경우 그 설명으로 맞는 것은?

가. 원통 롤러 베어링으로 내륜은 양쪽으로 턱이 있고, 외륜은 턱이 없는 구조이며, 내경은 4mm이다.
나. 원통 롤러 베어링으로 내륜은 양쪽으로 턱이 있고, 외륜은 한쪽 턱이 있는 구조이며, 내경은 4mm이다.
다. 원통 롤러 베어링으로 내륜은 양쪽으로 턱이 있고, 외륜은 턱이 없는 구조이며, 내경은 20mm이다.
라. 원통 롤러 베어링으로 내륜은 양쪽으로 턱이 있고, 외륜은 한쪽 턱이 있는 구조이며, 내경은 20mm이다.

해설
롤링 베어링의 호칭기호가 N304일 경우의 의미는 원통 롤러 베어링으로 내륜은 양쪽으로 턱이 있고 외륜은 턱이 없는 구조이며 내경은 20mm이다.

13. 그림과 같이 한 변이 0.1m인 정사각형 단면의 외팔보 끝에 5 ton의 힘이 작용할 경우 A 점의 최대 굽힘응력은 몇 kgf/cm²인가?

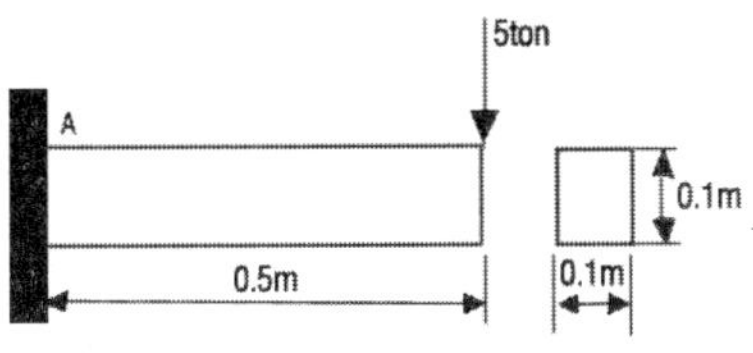

가. 1000　　나. 1200
다. 1500　　라. 1800

해설
$Q_{max} = \dfrac{6Pl}{bh^3}$
P : 하중, l : 보의 길이
b : 보의 너비, h : 보의 높이
$\therefore \dfrac{6 \times 5000 \times 0.5}{0.1 \times 0.1^3 \times 10^5} = 1500kgf/cm^2$

14. 원통커플링에서 원통을 조이는 힘이 50N, 축의 지름이 20mm일 때 전달할 수 있는 토크는 약 얼마인가?(단, 마찰계수는 0.2이다.)

가. 150N·mm　　나. 471N·mm
다. 300N·mm　　라. 942N·mm

해설
T= πDP
T : 토크, D : 축의 지름, P : 원통을 조이는 힘
$\therefore \dfrac{3.14 \times 30mm \times 50N}{10} = 471mm$

15. 그림과 같이 보의 세 점에 집중하중이 가해지는 경우 B점에서의 반력은?

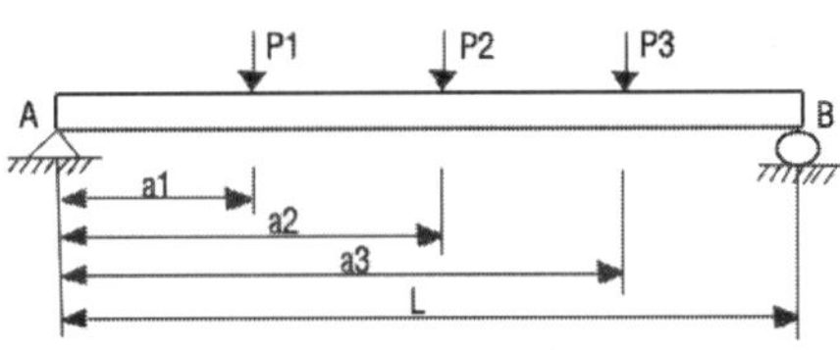

가. $\dfrac{P1 \cdot a1 + P2 \cdot a2 + P3 \cdot a3}{L}$
나. $\dfrac{P1 \cdot a1 + P2 \cdot a2 + P3 \cdot a3}{2L}$
다. $\dfrac{P1 \cdot a1 + 2P2 \cdot a2 + P3 \cdot a3}{2L}$
라. $\dfrac{P1 \cdot a1 + 2P2 \cdot a2 + P3 \cdot a3}{3L}$

16. 터보형 원심식 펌프의 한 종류로서 회전자의 바깥둘레에 안내깃이 없는 펌프는?

가. 플런저 펌프　　나. 볼류트 펌프
다. 베인 펌프　　라. 터빈 펌프

해설
볼류트 펌프는 안내 깃이 없는 와류형 펌프 중에서 가장 간단한 것으로 스크루형으로 되어 있는

11. 나 12. 다 13. 다 14. 나 15. 가 16. 나

방과 프로펠러로 되어 있다. 프로펠러를 고속도로 회전시켜 그 원심력을 이용하여 물을 송출하는 것으로 소형으로 되어 있기 때문에 양수 고도가 30m 이하의 경우에 가장 널리 사용된다.

17. 합성수지의 종류를 열가소성 수지와 열경화성 수지로 구분할 때 열가소성 수지에 해당하는 것은?

가. 페놀 수지
나. 에폭시 수지
다. 아크릴 수지
라. 실리콘 수지

해설

열가소성수지는 열을 가하면 물렁물렁해지며 계속 높은 온도로 가열하면 유동체가 된다. 결정성 열가소성 수지에는 폴리에틸렌, 나일론, 폴리아세틸 수지 등이 포함되고 유백색이다. 비결정성 열가소성 수지에는 염화비닐 수지, 폴리스타이렌, ABS 수지, 아크릴 수지 등의 투명한 것이 많다.

18. 소성가공에 이용되는 성질로 거리가 먼 것은?

가. 가단성　　나. 연성
다. 가소성　　라. 취성

해설

취성이란 외력을 가해면 재료가 부서지거나 깨지는 성질을 말하며 소성가공에는 부적당하다

19. 두 개의 강판이 볼트로 체결되어 500N의 전단력을 받고 있다면, 이 볼트 중간 단면에 작용하는 전단응력은 약 몇 MPa인가?(단, 볼트의 골지름은 10mm라고 한다.)

가. 5.25　　나. 6.37
다. 7.43　　라. 8.76

해설

$\sigma = \frac{W}{A}$

σ : 응력, W : 하중

A : 단면적

$\frac{500N}{0.785 \times 10^2} = 6.37MPa$

20. 다음 중 진직도 측정에 가장 적합한 것은?

가. 수준기　　나. 사인 바
다. 한계게이지　　라. 마이크로미터

해설

진직도란 일정한 구간 즉 시작점과 끝나는 점의 중심을 통과하는 가상의 절대 직선에서 실제적으로 얼마나 어긋나고 있느냐를 나타내는 개념이다. 예를 들어 50mm 구간에서 진직도를 측정한다는 것은 시작점 0부분의 중심점과 끝나는 점 50mm 부분의 중심점을 서로 연결하여 이 선을 기준으로 구간 여러 부분의 중심점과 일치하는가를 측정하는 것이다.

17. 다　18. 라　19. 나　20. 가

자동차산업기사 2012년도 제3회

제1과목 : 일반기계공학

01. 평면 연삭기 숫돌의 원주 속도가 2400m/min 이고, 연삭저항이 15N일 때, 연삭기에 공급된 동력이 735W이면, 이 연삭기의 효율은 약 몇 %인가?

가. 58%　　나. 75%
다. 82%　　라. 93%

해설

$H_{kw} = \dfrac{PV}{102 \times 60 \times n}$

H_{kw} : 연삭기에 공급된 동력, P : 연식저항
V : 숫돌의 원주 속도에서

$\eta = \dfrac{PV}{102 \times 60 \times H_{kw}}$

$\therefore \dfrac{15 \times 2400 \times 10}{102 \times 60 \times 0.735} = 80$

02. 같은 재료에서도 하중의 상태에 따라 안전율이 각각 다르게 적용하는데, 다음 중 일반적으로 안전율을 가장 크게 해야 하는 하중은?

가. 충격 하중　　나. 반복 하중
다. 교번 하중　　라. 정 하중

03. 전양정(H)이 30m 이고, 급수량(Q)이 1.2㎥/min인 펌프를 설계할 때, 펌프의 효율(η)을 0.75로 하면 펌프의 축동력은 몇 ㎾인가?

가. 10.54　　나. 8.73
다. 7.84　　라. 5.73

해설

$H_{kw} = \dfrac{\gamma QH}{102 \times 60 \times \eta}$

H_{kw} : 축동력, γ : 물의 비중
Q : 유량, H : 양정, η : 효율

$\therefore \dfrac{1000 \times 1.2 \times 30}{102 \times 0.75} = 7.84kW$

04. 다음 용접부의 검사 중 비파괴 검사법에 해당하는 것은?

가. 인장 시험　　나. 피로 시험
다. 크리프 시험　　라. 침투탐상 시험

해설

용접부분의 비파괴 검사방법에는 침투탐상검사 외관검사 내압검사 자기탐상검사 X선검사 초음파탐상법 등이 있으며 파괴검사에는 금속 조직검사 분석검사 등이 있다.

05. 미끄럼 베어링에서 베어링과 접촉하고 있는 축 부분을 무엇이라고 하는가?

가. 핀　　나. 플랜지
다. 조인트　　라. 저널

해설

회전축을 지지하는 기계요소를 베어링이라 하고 베어링과 접촉하고 있는 축의 부분을 저널이라 한다.

06. 절삭 공구용 재료가 아닌 것은?

가. 소결초경합금　　나. 인바
다. 주조경질합금　　라. 고속도강

해설

절삭공구용 재료에는 탄소공구강 합금공구강(STS), 고속도강(SKH), 스텔라이트(STELLITE, 주조합금 공구재료), 소결초경합금(WC TIC Tac) 세라믹(ceramic) 등이 있다.

07. 외접 원통마찰차의 속도비가 2 이고, 축간거리가 600㎜라면 두 마찰차의 직경은 각각 몇 ㎜인가?

가. 100, 200　　나. 300, 600
다. 400, 800　　라. 600, 1200

해설

1. $\dfrac{Nb}{Na} = \dfrac{Da}{Db} = 2 \therefore Da = 2Db$
2. $2C = Da + Db = 2Db + Db = 3Db$

01. 다 02. 가 03. 다 04. 라 05. 라 06. 나 07. 다

$= 2 \times 60 = 1200mm$

3. $Db = \frac{1200}{3} = 400mm$

4. $Da = 2Db = 2 \times 400 = 800mm$

08. 주물의 결함에 속하지 않는 것은?

가. 수축공　　나. 기공
다. 압탕　　라. 편석

해설
압탕이란 주조에 주입한 쇳물의 압력을 증가하기 위하여 쇳물을 가득 채우는 빈 곳을 말한다.

09. 제관법의 공정 중 시임 파이프 용접법의 바른 공정은?

가. 슬리팅(slitting)-성형(forming)-용접-사이징(sizing)-절단-완성가공
나. 성형(forming)-슬리팅(slitting)-용접-사이징(sizing)-절단-완성가공
다. 성형(forming)-사이징(sizing)-슬리팅(slitting)-용접-절단-완성가공
라. 성형(forming)-용접-사이징(sizing)-슬리팅(slitting)-절단-완성가공

해설
시임 파이프 용접법의 공정은 슬리팅-성형-용접-사이장-절단-완성가공 순서이다.

10. 길이 4m인 외팔보의 자유단에 10kN의 집중하중이 작용하고 있다. 보의 허용 굽힘 응력이 2MPa일 때, 보의 폭(b)이 25cm인 직사각형 단면의 높이(h)는 약 몇 cm 이상이어야 하는가?

가. 30　　나. 55
다. 70　　라. 100

해설
$\sigma a = \frac{6Pl}{bh^2}$

σa : 허용굽힙응력, P : 하중
l : 길이, b : 보의 폭
h : 높이에서

$h = \sqrt[2]{\frac{6Pl}{b \times \sigma a}}$

$\therefore \sqrt[2]{\frac{6 \times 10000N \times 400cm}{25cm \times 2MPa \times 9.8}} = 69.98cm$

11. 중공단면축의 바깥지름이 5㎜, 안지름이 3㎜, 허용전단응력이 300N/㎟일 때 허용비틀림 모멘트는 약 몇 N·㎜인가?

가. 4291　　나. 5291
다. 6409　　라. 100

해설
$T = \gamma a \times \frac{\pi}{16} \times \frac{d_0^4 - d_1^4}{d_0}$

γa : 허용진단응력

$\therefore 300 \times \frac{3.14}{16} \times \frac{5^4 - 3^4}{5} = 6405.6N.mm$

12. 기어의 종류를 분류할 때 두 축의 상대위치가 평행이 아닌 것은?

가. 스퍼 기어　　나. 베벨 기어
다. 헬리컬 기어　　라. 더블 헬리컬 기어

해설
두 축이 서로 평행한 기어의 종류에는 시퍼기어 내접기어 헬리컬기어 더블헬리컬기어 래크와 피니언 등이 있으며 베벨기어는 두 축이 직각으로 교차하여 맞물려 회전한다.

13. 게이지 블록에 관한 설명 중 틀린 것은?

가. 사용 후 밀착한 상태 그대로 보관해야 표면이 상하지 않는다.
나. 게이지 표면의 방청유를 깨끗한 천으로 충분히 닦아낸 다음 사용한다.
다. 사용 후에는 벤젠이나 에테르로 깨끗이 한 후에 방청유를 칠해 보관한다.
라. 길이의 제작 시 게이지 블록 개수는 최소로 만드는 것이 좋다.

14. 선반작업 시 Φ60㎜의 환봉을 절삭하는데 계산상 회전수는 약 몇 rpm인가?(단, 절삭속도는 50m/min이다.)

가. 1065　　나. 830
다. 530　　라. 265

08. 다　09. 가　10. 다　11. 다　12. 나　13. 가　14. 라

해설

$$V=\frac{\pi DN}{1000}$$

V : 절삭속도, D : 공작물의 지름

N : 공작물의 회전속도에서

$$N=\frac{1000\,V}{\pi D}$$

$$\therefore 1000\times\frac{50}{3.14}\times 60 = 265rpm$$

15. 구름베어링과 비교한 미끄럼베어링의 특성이 아닌 것은?

가. 윤활장치가 필요한 경우가 많다.
나. 비교적 저속회전에서 사용된다.
다. 유체마찰이며, 마찰계수가 크다.
라. 호환성이 없다.

해설 미끄럼 베어링의 장점

1. 구조가 간단하고 값이 싸다.
2. 베어링 수리가 쉽고 충격에 견디는 힘이 크다.
3. 베어링에 작용하는 하중이 클 때 사용한다.
4. 유막에 의한 감쇠력이 우수하다.
5. 유체마찰이며 마찰계수가 크며 호환성이 없다.
6. 윤활장치가 필요한 경우가 많다.

16. 다음 특수 펌프 중 고속 분류로서 액체 또는 기체를 수송하는 것으로 분류펌프 또는 분사펌프라고도 하는 것은?

가. 재생 펌프　　나. 기포 펌프
다. 수격 펌프　　라. 제트 펌프

해설

제트펌프는 특수펌프 중고속 불류로서 액체 또는 기체를 수송하는 것으로 분류펌프 또는 분사펌프라고도 한다.

17. 인장시험 전의 지름이 15㎜이고, 시험 후 파단부의 지름이 13㎜일 때 단면 수축률은 약 몇 %인가?

가. 13.33　　나. 24.89
다. 36.66　　라. 49.78

해설

$$\Phi=\frac{A_0-A_1}{A_0}\times 100$$

Φ : 단면수축률(%), A_0 : 시험 전 단면적(cm^2)

A_0 : 시험 후 단면적(cm^2)

$$\therefore 0.785\times 15^2-0.785\times\frac{13^2}{0.785\times 15^2}\times 100$$

$$=24.86\%$$

18. 액체침탄법의 장점이 아닌 것은?

가. 연성이 좋아진다.
나. 온도조절이 용이하다.
다. 산화가 방지되므로 가공시간이 절약된다.
라. 가열이 균일하고, 제품의 변형을 방지할 수 있다.

해설 액체침탄법의 장점 및 단점

액체 침탄법의 장점	액체 침탄법의 단점
1. 균일한 가열이 이루어지므로 변형이 적다. 2. 온도조절이 용이하다. 3. 산화가 방지되므로 가공시간이 절약된다.	1. 비용이 많이 든다. 2. 침탄층이 얕다. 3. 가스가 유독하다.

19. 다음 중 너트의 풀림 방지법이 아닌 것은?

가. 로크너트 사용　　나. 분할핀 사용
다. 세트스크류 사용　라. 리벳 사용

해설

너트 풀림 방지방법에는 분할 핀 사용, 이중 너트(로크너트) 사용, 스프링와셔 사용, 고정나사(set screw) 사용, 철사 사용 등이 있다.

20. 테이퍼 구멍을 가진 다이를 통과시켜 재료를 잡아 당겨서, 가공제품이 다이 구멍의 최소단면 형상 치수를 갖게 하는 가공법은?

가. 전조가공　　나. 절단가공
다. 인발가공　　라. 프레스가공

해설

인발(drawing)은 드로잉이라고도 하며 다이(die) 구멍에 재료를 통과시켜 잡아당기면 단면적이 감소되어 다이 구멍의 형상과 같은 단면의 봉(捧) 선(線)파이프 등을 만드는 가공 방법이다. 인발의 가공도는 단면감소율로 나타낸다.

15. 나　16. 라　17. 나　18. 가　19. 라　20. 다

자동차정비산업기사 2013년도 제1회

제1과목 : 일반기계공학

01. 철강의 표면경화법 중 강재를 가열하여 그 표면에 Al을 고온에서 확산 침투시켜 표면을 강화하는 법은?

가. 크로마이징(chromizing)
나. 칼로라이징(calorizing)
다. 실리콘나이징(siliconizing)
라. 세라다이징(sheradizing)

02. 드릴 날의 파손원인으로 거리가 먼 것은?

가. 드릴이 짧게 고정된 상태에서 가공할 때
나. 절삭날이 규정된 가고와 형상으로 연삭되지 않아 한쪽으로 과대한 절삭력이 작용할 때
다. 드릴 가공 중에 드릴이 외력에 의해 구부러진 상태로 계속 가공할 때
라. 이송이 너무 커서 절삭저항이 증가할 때

03. 단면적 400㎟인 봉에 6kN의 추를 달았더니, 허용인장응력에 도달하였다. 이 봉의 인장강도가 30MPa이라면 안전율은 얼마인가?

가. 2
나. 3
다. 4
라. 5

04. 저항 점용접은 사용이 간편하고 용접 자동화가 용이하므로 자동차 산업현장에서 널리 이용되고 있다. 이러한 점용접의 품질을 평가하는 방법으로 거리가 먼 것은?

가. 피로 시험
나. 마멸 시험
다. 초음파 탐상 실험
라. 인장 시험

05. 보 속에서 발생하는 굽힘응력의 크기에 대한 설명 중 옳은 것은?

가. 굽힘모멘트의 크기에 반비례한다.
나. 굽힘응력은 중립면에서 최대값을 갖는다.
다. 중립면으로부터 거리에 정비례한다.
라. 단면의 중립축에 대한 단면2차모멘트에 정비례한다.

06. 지름이 d인 원형단면봉에 비틀림 토크가 작용할 때의 전단응력이 τ라고 하면, 지름이 3d인 동일 재질의 원형단면봉에 동일한 비틀림 토크가 작용할 때의 전단 응력은?

가. $\frac{1}{9}\tau$　　나. 9τ

다. $\frac{1}{27}\tau$　　라. 27τ

07. 정확도와 정밀도에 대한 설명으로 틀린 것은?

가. 정확도는 참값에 대한 한쪽으로 치우침이 작은 정도를 뜻한다.
나. 정밀도는 측정치의 흩어짐이 작은 정도를 뜻한다.
다. 정밀도는 모표준편차로 나타낼 수 있다.
라. 정확도는 계통적 오차보다는 우연오차에 의한 원인이 크다.

08. 그림과 같은 기어 트레인 장치에서 A축과 B축이 만나는 기어의 잇수를 각각 Z_1, Z_2^1 라고 하고, B축과 C축이 만나는 기어의 잇수를 각각 Z_2, Z_3^1, C축과 D축이 만나는 기어의 잇수를 각각 Z_3, Z_4라고 할 때, 그 잇수가 다음 표와 같을 경우 A축의 회전수(N_1)가 1600 rpm일 때 D축의 회전수(N_4)는 몇 rpm인가?

01. 나 02. 가 03. 가 04. 라 05. 다 06. 다 07. 라 08. 나

축	기어	잇수(개)	기어	잇수(개)
A축	Z_1	45	-	-
B축	Z_2	32	$Z_2{}^1$	64
C축	Z_3	15	$Z_3{}^1$	75
D축	Z_4	72	-	-

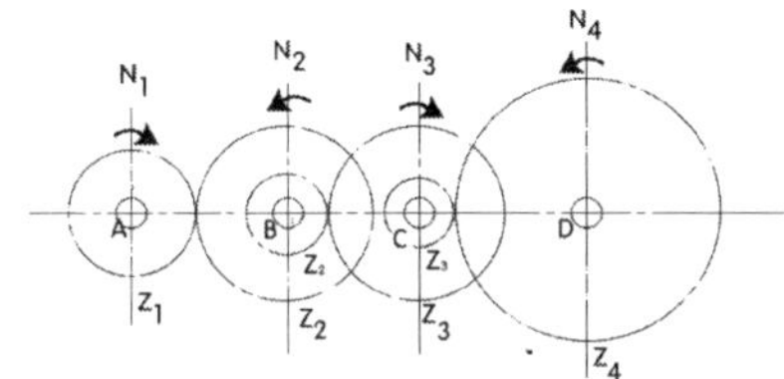

가. 90　　나. 100
다. 110　　라. 120

09. 냉간가공과 열간가공을 구분하는 것은?
가. 가공 경화　　나. 변경 강화
다. 나선 전위　　라. 재결정 온도

10. 나사의 풀림방지를 위한 방법으로 거리가 먼 것은?
가. 분할 핀을 사용하여 조립
나. 캡 너트를 사용
다. 로크 너트를 사용
라. 스프링 와셔를 적용

11. 유압펌프를 처음 시동할 경우 작동방법에 관한 설명으로 옳지 않은 것은?
가. 시동 시 펌프가 차가울 경우 뜨거운 작동유를 사용하여 펌프 온도를 상승시킨다.
나. 신품인 베인펌프는 압력을 걸어 시동하고 최초 5분 정도는 간헐적으로 작동시켜 길들이는 것이 좋다.
다. 시동 전에 회전상태를 검사하여 플렉시블 캠링의 회전 방향과 설치 위치를 정확히 해둔다.
라. 작동유는 적절한 정도로 맑고 깨끗하게 사용해야 한다.

12. 다음 중 베어링용 합금이 아닌 것은?
가. 켈밋(kelmet)
나. 건 메탈(gun metal)
다. 화이트 메탈(white metal)
라. 배빗 메탈(babbitt metal)

13. 주조품을 제작하기 위한 모형(pattern)의 종류 중 주물형상이 크고 소량의 주조품을 요구할 때 그 형상의 골격을 제작한 후 그 간격의 공간을 점토 등의 물질로 메꾸어 제작하는 모형은?
가. 코어 모형
나. 부분 모형
다. 매치 플레이트 모형
라. 골조 모형

14. 축에 끼운 링이 빠지는 것을 바이하기 위하여 사용하며 끝 부분을 두 갈래로 벌려 굽혀 빠지지 않도록 하는 기계요소는?
가. 테이퍼 핀　　나. 코터
다. 분할 핀　　라. 코킹

15. 다음은 각 원소가 탄소강의 성질에 미치는 영향으로 틀린 것은?
가. 망간 : 연신율의 감소를 억제시키고, 인장강도와 고온 강도를 증가시킨다.
나. 규소 : 강의 경도, 탄성한계, 인장강도를 높여 주지만 연신율과 충격치는 감소시킨다.
다. 인 : 상온에서 충격값을 저하시켜 상온 취성의 원인이 된다.
라. 황 : 0.02% 정도의 황은 강의 인장강도, 연신율, 충격치를 증가시킨다.

16. 수나사의 호칭지름은 나사의 어떤 지름을 의미하는가?
가. 유효지름
나. 안지름
다. 골지름
라. 바깥지름

09. 라　10. 나　11. 가　12. 나　13. 라　14. 다　15. 라　16. 라

17. 물체의 외부로부터 가해지는 하중을 작용방향에 따른 분류와 작용시간에 따른 분류로 구분할 때, 다음 중 작용시간에 따른 분류에 속하는 하중은?

가. 충격하중 나. 인장하중
다. 압축하중 라. 굽힘하중

18. 그림과 같은 단식블록 브레이크에서 브레이크에 가해지는 힘 F를 나타내는 식으로 옳은 것은?(단, W는 브레이크 드럼과 브레이크 블록 사이에 작용하는 힘, μ는 마찰계수, f는 마찰력이다.)

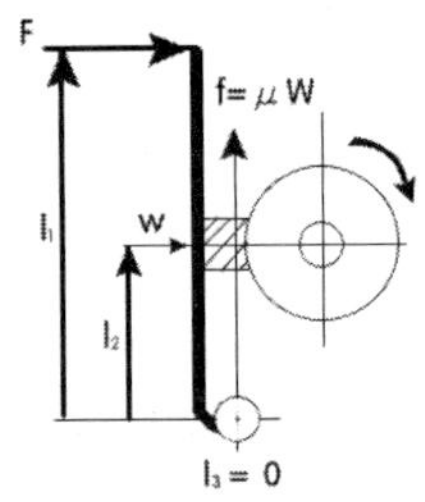

가. $F=\dfrac{\mu W\ell_2}{\ell_1}$

나. $F=\dfrac{W\ell_1}{\ell_2}$

다. $F=\dfrac{W\ell_2}{\ell_1}$

라. $F=\dfrac{\mu W\ell_1}{\ell_2}$

19. 유압펌프의 용적효율이 70%, 압력효율이 80%, 기계효율이 90%일 때 전체 효율은 약 몇 %인가?

가. 50 나. 60
다. 70 라. 80

20. 다음 중 유압 작동유의 구비조건으로 거리가 먼 것은?

가. 비압축성이어야 한다.
나. 점도지수가 작아야 한다.
다. 화학적으로 안정적이어야 한다.
라. 열을 잘 방출할 수 있어야 한다.

17. 가 18. 다 19. 가 20. 나

자동차정비산업기사 2013년도 제2회

제1과목 : 일반기계공학

01. 중심거리가 900mm이고, 외접하는 한 쌍의 표준 스퍼기어의 회전비가 1:3 일 때 피니언(작은 기어)의 피치원지름은 약 몇 mm인가?

가. 450　　나. 750
다. 1050　　라. 1350

해설

$C=\frac{D_1+D_2}{2}, \quad i=\frac{D_1}{D_2}=\frac{N_2}{N_1}=\frac{1}{2}$

$D_1+D_2=2C=2\times 900=1800$

$\frac{1}{3}=D_2+D_2=1800=\frac{1}{3}D_2+\frac{3}{3}D_2$

$=1800=\frac{4}{3}D_2=1800$

$\therefore D_1=\frac{1}{3}D_2=\frac{1}{3}\times 1350=450$

02. 마름모꼴 단면의 코일을 암나사와 수나사 사이에 삽입하여 주철, 경금속, 플라스틱, 목재 등과 같이 강도가 불충분한 모재를 강화하거나, 마멸 등으로 나사산이 손상된 암나사 구멍을 재생하는데 사용하는 기계요소는?

가. 로크 너트(Lock nut)
나. 분할 핀(Split pin)
다. 세트 스크루(Set screw)
라. 헬리 인서트(Helicoid insert)

해설

헬리 인서트는 마모된 암나사를 재생하거나 강도가 불충분한 재료의 나사 체결력을 강화시키는데 사용

03. 고속도강의 대표적인 재료는 18-4-1형이라고 불리는 것인데 이 재료의 표준 조성으로 옳은 것은?

가. W(18%)-Cr(4%)-V(1%)
나. W(18%)-V(4%)- Cr(1%)
다. W(18%)-Cr(4%)-Mo(1%)
라. Mo(18%)-Cr(4%)-V(1%)

해설

고속도강의 표준조성
$W(18\%)-Cr(4\%)-V(1\%)$

04. 그림과 같이 물체에 하중(W_s)을 작용시키면 단면에 수평으로 작용하는 응력(τ)을 무엇이라고 하는가?

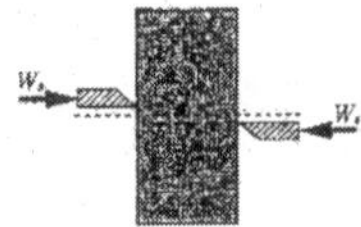

가. 인장응력
나. 전단응력
다. 압축응력
라. 경사응력

05. 다음 중 황동의 주성분은?

가. 구리(Cu), 망간(Mn)
나. 구리(Cu), 아연(Zn)
다. 구리(Cu), 니켈(Ni)
라. 구리(Cu), 규소(Si)

06. 금속 파이프 또는 소재를 컨테이너 속에 넣고 강한 압력으로 다이(Die)를 통과시켜 축 방향으로 일정한 단면을 가진 소재로 가공하는 방법은?

가. 프레스가공
나. 선반가공
다. 압출가공
라. 전조가공

해설

압출가공은 컨테이너 속에 있는 재료를 램으로 눌러 빼는 가공방법으로 봉, 선, 파이프 등의 제작에 사용

01. 가　02. 라　03. 가　04. 나　05. 나　06. 다

07. 스프링상수가 3N/mm인 스프링과 4.5N/ mm인 스프링을 직렬로 연결하여 스프링 저울을 만들었다. 이 스프링 저울로 어떤 물건의 무게를 측정하였더니 저울이 5cm가 늘어났다. 이 물건의 무게는 몇 N인가?

가. 30　　나. 45
다. 75　　라. 90

해설

$k=\frac{1}{k_1+k_2}=\frac{1}{3}+\frac{1}{4.5}=\frac{4.5}{13.5}+\frac{3}{13.5}$

$=\frac{7.5}{13.5}\quad \therefore k=\frac{13.5}{7.5}=1.8$

물건무게 $W=\delta k$

$=50\times 1.8=90N$

08. 강판 원통 내부에 내화벽돌을 쌓은 것으로 제작이 용이하고 구조가 간단하며 일반적으로 주철을 용해시키는데 쓰이는 대표적인 용해로는?

가. 전기로　　나. 전로
다. 반사로　　라. 큐폴라

해설

큐폴라는 강판제의 원통 내벽을 내화벽돌로 쌓고 내화점토를 바른 것으로 제작이 쉽고 구조가 간단해 선철의 용해에 사용
용량은 시간당 용해능력

09. 수력기계에서 공동현상(Cavitation)이 발생하는 근본원인은?

가. 특정 공간에서 유체의 저속 흐름이 원인이다.
나. 낮은 대기압이 원인이다.
다. 특정 공간에서 발생하는 고압이 원인이다.
라. 특정 공간에서 발생하는 저압이 원인이다.

해설

특정 공간에서 발생하는 저압으로 인해 공동현상 발생

10. 균일분포하중(ω[N/m])을 받은 외팔보의 최대굽힘모멘트 (M_{max})는?(단, L[m]은 외팔보의 길이이다.)

가. $M_{max}=\omega\cdot L$　　나. $M_{max}=\frac{wL^2}{2}$
다. $M_{max}=\frac{wL^2}{8}$　　라. $M_{max}=\frac{wL}{4}$

11. 선반가공 중에 발생할 수 있는 구성인선을 방지할 수 있는 대책으로 거리가 먼 것은?

가. 절삭깊이를 적게 한다.
나. 경사각을 적게 한다.
다. 절삭공구의 인성을 예리하게 한다.
라. 절삭속도를 크게 한다.

해설

구성인선 방지법
① 저삭 깊이를 적게 한다.
② 상면 경사각을 크게 한다.
③ 절삭속도를 고속으로 한다.
④ 마찰저항이 적은 공구를 사용한다.

12. L(길이), M(질량), T(시간) 로 나타내는 MLT계 차원으로 물리량을 나타내고자 할 때 공력을 옳게 나타낸 것은?

가. MLT^{-1}　　나. ML^2T^{-3}
다. $ML^{-1}T^{-2}$　　라. $ML^{-2}T$

13. 아크 용접에서 용접 입열이란 무엇을 말하는가?

가. 용접봉에서 모재로 용융금속이 옮겨가는 상태
나. 단위 시간당 소비되는 용접봉의 중량
다. 용접봉이 녹기 시작하는 온도
라. 용접부에 외부에서 주어지는 열량

해설

용접부 외부에서 주어지는 열량을 입열이라함

07. 라　08. 라　09. 라　10. 나　11. 나　12. 나　13. 라

14. 다음 중 천연고무에서 경질고무의 기준은 어떻게 되는가?

가. 황(S)성분이 약 10% 이하의 고무
나. 황(S)성분이 약 15% 이하의 고무
다. 황(S)성분이 약 30% 이하의 고무
라. 황(S)성분이 약 50% 이하의 고무

15. 유압 회로 중 속도제어를 위한 것으로 유량제어밸브를 실린더 입구 측에 설치한 회로는?

가. 무부하 회로
나. 미터 인 회로
다. 로킹 회로
라. 일정 토크 구동 회로

해설

미터-인 회로(meter-in circuit)는 유압 액추에이터의 입력 측에 유량제어밸브를 직렬로 연결하여 액추에이터로 유입된ㄴ 유량을 제어하여 속도를 제어하는 회로이다.

16. 버니어캘리퍼스의 어미자의 1눈금이 1mm이고, 아들자의 눈금은 어미자의 19mm를 20등분하였을 때 읽을 수 있는 최소 눈금은?

가. 0.02mm
나. 0.20mm
다. 0.50mm
라. 0.05mm

해설

$$1-\frac{19}{20}=\frac{20}{20}-\frac{19}{20}=\frac{1}{20}=0.05mm$$

17. 다음 중 나사에 대한 설명으로 틀린 것은?

가. 나사를 1회전 시켰을 때, 축 방향으로 진행한 거리를 리드라고 한다.
나. 오른나사는 시계방향으로 회전할 때 전진하는 나사이다.
다. 유효지름은 수나사의 최대지름이며, 나사의 크기를 나타낸다.
라. 일반적으로는 대부분 오른나사이며, 왼나사는 특수한 목적에 사용된다.

해설

유효지름이란 수나사와 암나사가 접촉하고 있는 뿐의 평균지름, 즉 나사산의 두께와 골의 틈새가 같은 가상 원통의 지름

18. 길이 60cm, 지름 2cm의 연강 환봉을 2000N의 힘으로 길이방향을 잡아당길 때 0.018cm가 늘어난 경우 변형률(Strain)은?

가. 0.0003
나. 0.003
다. 0.009
라. 0.09

해설

$$\epsilon=\frac{l^1-l}{l}=\frac{60.018-60}{60}=0.0003$$

19. 300rpm으로 2.5kW를 전달시키고 있는 축의 비틀림 모멘트는 약 몇 N · m인가?

가. 46.3 나. 59.6
다. 63.2 라. 79.6

해설

$$T=\frac{974\times H_{kw}\times 9.8}{rpm}=\frac{974\times 2.5}{300}\times 9.8$$
$$=79.6N\cdot m$$

20. 코터이음(Cotter Joint)을 하기에 가장 적합한 곳은?

가. 두 개의 강판을 접합해야 할 경우
나. 배관 이음을 해야 할 경우
다. 축 주어심이 일정 거리만큼 떨어진 2개의 평행한 축을 연결할 경우
라. 기본적으로 회전력을 전달하지만, 축방향으로 인장력이나 압축력을 받는 2개의 축을 연결할 경우

해설

코터는 한쪽 또는 양쪽에 기울기를 갖는 평판 모양의 쐐기이며, 축의 토크를 전달하기 보다는 인장력이나 압축력을 받는 2개의 축을 연결하는 기계요소이다.

14. 다 15. 나 16. 라 17. 다 18. 가 19. 라 20. 라

자동차정비산업기사 2013년도 제3회

제1과목 : 일반기계공학

01. 기계 구조물에 여러 하중이 각각 작용할 때, 일반적으로 안전율을 가장 크게 설계해야 하는 하중의 형태는?

가. 정하중　　나. 반복하중
다. 충격하중　　라. 교번하중

02. 동력을 전달하는 축의 강도설계에서 굽힘과 비틀림을 함께 받는 중실축의 최대 전단응력(T_{max})은?(단, 굽힘모멘트는 M이고, 비틀림의 모멘트는 T이며, 중실축의 지름은 d이다.)

가. $T_{max} = \frac{16}{\pi d^3}\sqrt{M^2+T^2}$

나. $T_{max} = \frac{16}{\pi d^3}(M+\sqrt{M^2+T^2})$

다. $T_{max} = \frac{32}{\pi d^4}\sqrt{M^2+T^2}$

라. $T_{max} = \frac{32}{\pi d^4}(M+\sqrt{M^2+T^2})$

03. 바닥이 넓은 축열실(畜熱室) 반사로를 사용하여 선철을 용해, 정련하는 제강법은?

가. 평로
나. 전기로
다. 전로
라. 용광로

04. 프레스 가공에서 굽힘 작업에 속하지 않는 것은?

가. 비딩(beading)
나. 플랜징(flanging)
다. 엠보싱(embossing)
라. 셰이빙(shaving)

05. 웜기어장치에서 회전수 1500rpm인 3줄 웜이 잇수 30개인 웜휠(웜기어)에 물려 돌고 있다면, 이때의 원 휠의 회전수는 몇 rpm인가?

가. 50　　나. 150
다. 180　　라. 280

06. 다음 금긋기용 공구 중 가공물의 중심을 잡거나 정반 위에서의 가공물을 이동시켜 평행선을 그을 때 사용되는 공구의 명칭은?

가. 리머　　나. 펀치
다. 서피스 게이지　　라. 스크레이퍼

07. 피복금속 아크용접에서 용입 불량이 나타나는 원인으로 거리가 먼 것은?

가. 이음 설계에 결함이 있을 때
나. 용접 속도가 너무 느릴 때
다. 용접 전류가 너무 낮을 때
라. 용접봉 선택이 불량할 때

08. 안지름이 1m인 압력용기에 5N/cm^2의 내압이 작용하고 있다. 압력용기의 뚜껑을 18개의 볼트로 체결할 경우 다음 중에서 사용 가능한 가장 작은 볼트는?(단, 볼트 지름방향의 허용인장응력은 1000N /cm^2이고, 볼트에는 인장하중만 작용한다.)

가. M14(골지름 11.835mm)
나. M22(골지름 19.294mm)
다. M27(골지름 23.752mm)
라. M36(골지름 31.670mm)

09. 기본부하용량이 18000N인 볼 베어링이 베어링 하중을 2000N을 받고 150rpm으로 회전할 때 이 베어링의 수명은 약 몇 시간인가?

가. 62000　　나. 71000
다. 76000　　라. 81000

10. 강제 원형봉을 토션바(torsion bar)로 사용하고자 할 때 원형봉에 발생하는 최대 전단응력에 대한 설명으로 틀린 것은?(단, 여기서는 원형봉에 발생하는 최대전단응력, 원형봉의 지름,

01. 다 02. 가 03. 가 04. 라 05. 나 06. 다 07. 나 08. 나 09. 라 10. 다

길이, 재질 비틀림 각도만을 고려하며, 각 보기향에서 지시하지 않는 다른 항목은 일정하다고 가정한다.)

가. 최대 전단응력은 비틀림 각에 비례한다.
나. 최대 전단응력은 원형 봉의 길이에 반비례한다.
다. 최대 전단응력은 전단탄성계수에 반비례한다.
라. 최대 전단응력은 원형봉 지름에 비례한다.

11. 유압펌프의 종류 중 회전식이 아닌 것은?

가. 프스톤 펌프　　나. 기어 펌프
다. 베인 펌프　　라. 나사 펌프

12. 주절 조직에 유리 탄소(free carbon)와 Fe_3-C가 혼재라고 있으며, 주조와 절삭이 쉬워 일반 가공기계의 베드용으로 사용되는 주철은?

가. 회주철　　나. 백주철
다. 반주철　　라. 페라이트주철

13. 원형 단면 봉에 축방향으로 하중이 작용할 때 발생하는 인장응력을 구하는 식으로 옳은 것은?(단, 봉 지름은 d, 인장하중은 P이다.)

가. $\frac{2p}{\pi d^3}$　　나. $\frac{4p}{\pi d^3}$
다. $\frac{2p}{\pi d^2}$　　라. $\frac{4p}{\pi d^2}$

14. 유압기기의 부속장치 중 유압에너지 압력에 대해 맥동제거, 압력보상, 충격완화 등의 역할을 하는 것은?

가. 스트레이너　　나. 패킹
다. 어큐물레이터　　라. 필터엘리먼트

15. 드릴로 뚫은 구멍을 정확한 치수로 다듬는데 사용되는 수공구는?

가. 탭　　나. 다이스
다. 정　　라. 리머

16. 강판의 두께 12mm, 리벳의 지름 20mm, 피치 50mm의 1줄 겹치기 리벳이음에서 1피치당 하중이 12kN 일 경우, 강판의 인장응력은 약 몇 N/mm^2 인가?

가. 33.3　　나. 64.2
다. 75.3　　라. 86.1

17. 다음 중 원추 클러치의 설명으로 틀린 것은?

가. 마찰 클러치의 한 종류이다.
나. 주동축의 운전 중에도 단속이 가능하다.
다. 갑자기 큰 토크가 걸리면 미끄럼이 일어나 안전 장치의 작용을 할 수 있다.
라. 클러치의 재료는 온도상승에 의한 마찰계수 변화가 큰 것이 좋다.

18. 유압유에 요구되는 성질로 가장 거리가 먼 것은?

가. 마찰면에 윤활성이 좋을 것
나. 이물질을 신속히 흡수할 수 있을 것
다. 적정한 점도가 있을 것
라. 산화에 대하여 안정성이 있을 것

19. 담금질한 강에 인성을 갖게 하기 위하여 A_1 변태점 이하의 일정 온도로 가열하는 열 처리는?

가. 풀림(annealing)
나. 불림(normalizing)
다. 뜨임(tempering)
라. 염욕 열처리(salt bath treatment)

20. 자동차부품, 전동기부품, 가정용 공구, 기계 및 공구 등에 사용되는 다이캐스팅용 Al합금의 요구되는 성질 중 틀린 것은?

가. 유동성이 좋을 것
나. 응고수축에 대한 용탕 보급성이 좋을 것
다. 열간메짐이 클 것
라. 금형에 점착하지 않을 것

11. 가　12. 가　13. 라　14. 다　15. 라　16. 가　17. 라　18. 나　19. 다　20. 다

일반기계공학

지 은 이	이승철 · 홍성인
펴 낸 이	김형근
펴 낸 곳	도서출판 기한재
신 주 소	경기도 파주시 회동길 56
구 주 소	경기도 파주시 교하읍 문발리 535-11 (파주출판문화정보산업단지)
전 화	031)955-0900~2
팩 스	031)955-0100
등 록	1990년 3월 15일 제2-968호
발 행	2014년 2월 10일 1판 1쇄
정 가	16,000원

Published by Kihanjae Co.

ISBN 978-89-7018-715-0

http://www.kihanjae.com

E-mail : kihanjae@hanmail.net